건축과 텍스트: **조이스와 피라네지의 각본**

Architecture and the Text: **The (S)crypts of Joyce and Piranesi**

Jennifer Bloomer 편
임기택 옮김

Spacetime

목차

역자서문 임기택

역자가 피라네지를 처음 알게 된 이후, 책을 읽게 되면 알겠지만, 제니퍼 블루머와 같은 과정을 겪으면서, 피라네지와 제임스 조이스는 나의 삶의 일부분, 나의 신체와 사고의 일부분이 되어 나의 건축관과 예술관에 많은 영향을 주고 있다. 이 관계는 아마도 죽을 때까지 계속 될 것이다.

이 책은 한편으로는 난해하지만 매우 흥미롭고 재미있게 읽을 수 있는 구조로 구성되어 있다. 어떤 이는 제임스 조이스나 피라네지에 대하여 자세하고 확실한 정보가 부족하다고 평하는 사람도 있지만, 실제로는 그 이상이라고 생각한다.

이 책은 단순히 피라네지와 조이스를 기술한 책에 그치는 것이 아니라, 조형활동을 포함한 다양한 예술분야에서 예술적인 성과물을 만들기 위해 필연적으로 거쳐야 하는 상징과, 고통스런 심리적 과정과, 작업과정상에서 일어나는 예술창작의 과정을 많은 비유와 은유를 사용하여 설명하고 있다. 특히, 서구문명의 기원과 역사, 신화적인 면에 있어서, 알레고리에 대한 다각적인 분석은 타의 추종을 불허할 정도로 훌륭하다. 예술창작의 과정에 대하여 기술한 책에 관해서는 역자가 접하여 온 어떠한 책보다 훌륭하다고 자신한다. 피라네지와 조이스의 경우를 빌려서 사실은 예술전체의 창작과정에 대한 기술을 하고 있는 것이다.

예술작품은 컴퓨터의 논리화나 논문을 쓰는 것과 같이 논리적인 과정과는 다소 거리가 있는 것이 대부분이다. 때문에 이성적인 부분보다는 빙산처럼 수면 아래 잠겨 있는 심층의 심리와 무의식의 과정 등이 더 많은 부분을 차지하게 마련이다. 그러한 무의식의 세계를 표현하는 것은 논리적인 글쓰기 보다는 들뢰즈의 모자이크식, 패치워크식, 네트워크식 글쓰기가 유효하다고 할 수 있으며, 그러한 면에서 이 책의 3+1 구성은 매우 적절하면서도 재미있는 구성을 취하고 있다고 생각된다.

이 글은 무언가를 만드는데 필연적으로 개입할 수밖에 없는 상징과 앰블럼, 알레고리 등의 과정들에 대하여 상호 연관작용이 어떻게 되는지에 대하여 심층적으로 알 수 있게 되어 있으며 그 과정에서 서구문명이 형성해온 담론들의 다양한 지적 모험을 할 수 있게 될 것이다.

본 역서는 80년대 말부터 90년대 초, 중반을 뜨겁게 달구었던 해체담론의 영향과 여성 특유의 페미니즘적 시각에서 기술된 측면이 강하지만, 그녀의 담론은 시대를 초월하여 조형활동이 이루어지는 근본과정에 대하여 효과적이고도 독창적인 방식으로 기술하고 있으므로 현대를 살아가는 예술가에게도 여전히 유효하며 곱씹어 볼만한 저서이다.

또한 건축과 문학을 적절하게 비교하고 연관시켜 분석한 점 또한 특이하며 다른 분야의 사고자체를 음미할 수 있는 좋은 기회가 될 것이다.

본문에서 나오는 조이스의 피네간의 경야를 인용하는 부분은 사실 자동기술법으로 유럽 수십 개국 언어의 단어와 문장들이 조합되면서 하나의 거대한 이미지를 만들어내는 방식을 취하는 글이므로 독자마다 경험구조에 따라 달리 해석할 여지가 많다. 또한, 그 텍스트는 아직도 학계에서 연구가 진행되고 있으며, 동음이의어의 익살Pun과 수수께끼와 같은 내용으로 되어 있으므로 정확하게 번역하는 것 자체가 불가능한 글이다. 따라서 그 텍스트에 한해서는 많은 오류가 있을 수 있음을 밝히며, 따끔한 질타를 해주시길 바란다. 피네간의 경야 인용부분의 해석 대부분은 전 서울대 교수이고 조이스 문학의 대가이신 김종건 교수님의 피네간의 경야經夜, 범우사, 2003년판을 참고하였음을 밝혀둔다.

학부시절 이 책을 소개해주고 같이 공부했던 서승모 선배에게 감사하며, 지도교수이신 이영수 교수님과 박항섭 교수님께 깊은 감사를 드린다.

임기택 ktlarchitect@hanmail.net

『피네간의 경야』

문학의 최고봉

> 수백가지의 근심, 수천가지의 고통,
> 그런데 그 누가 나를 이해해줄 수 있을까?
> 천년의 밤이 지난다면 그 누군가가?
> – 『피네간의 경야』 중에서

『피네간의 경야經夜』 Finnegans Wake[1]는 "영어로 쓰여진 가장 난해한 작품"이며 문학의 최고봉이다. 그리고 이러한 명성은 앞으로 오랫동안 유지될 것이다. 이 작품은 조이스가 『율리시즈』를 마무리 지은 후, 1923년 3월에 착수하여 17년 후에야 완성을 본 조이스 문학의 집대성이다. 그의 인생에서 "최대의 비극"이었던 딸 루시아의 정신착란증, 아홉 번의 눈 수술, 실명의 위기를 겪으면서도 조이스는 이 작품의 완성에 심혈을 기울였다.

제목 중에서 "Finnegan"은 작자 미상의 아일랜드 민요에 나오는 팀 피네간Tim Finnegan의 이름에서 따온 것이다. 피네간은 벽돌을 나르는 인부로 술을 좋아한다. 어느날 그는 만취된 상태에서 일을 하다가 사다리에서 떨어져 죽는다. 그래서 조객들이 경야經夜; wake ; 죽은 사람의 관 곁에서 밤을 새우는 일)를 하는데, 이들 중 한 사람이 실수로 위스키를 시체에 엎지르자 피네간은 평소에

---

1 김학동, 『예술을 위한 순교자 제임스 조이스』, (건국대 출판부, 2001), p.189-195

좋아하던 술 냄새를 맡고 소생한다는 것이 이 민요의 내용이다.

"Finnegan"은 프랑스어 Fin(종말)과 영어 again(다시)이 결합된 말[2]로서, 주인공이 죽은 후 다시 부활하는 것을 상징한다. 즉 핀은 다시 깨어난다. Finn-again-wakes. 『피네간의 경야』의 주제는 제목이 암시하듯 부활 또는 재생이다. 이 작품은 18세기 이탈리아 철학자 지암바티스타 비코Giambattista Vico의 역사순환론을 구성의 바탕으로 삼고 있다. 비코의 이론은 인류의 역사는 신권정치神權政治의 시대로부터 시작하여 그 다음에 귀족정치의 시대가 오고, 이어서 민주정치의 시대가 오며, 다음에는 혼돈Chaos의 시대가 와서 세계는 파멸을 맞게 되며, 파멸을 맞은 인류는 다시 초자연적인 힘의 필요성을 느껴 다시 신권정치로 돌아가는 사이클을 이루게 된다는 것이다. 『피네간의 경야』도 비코의 역사순환의 네 단계처럼 4부로 구성되어 있고 4부는 각각 4장으로 나누어져 있다. 윌리어 요크 틴들W. Y. Tindall은 이 작품을 네 부분으로 나누어 "인간의 타락" The Fall of Man, "갈등Conflict", "인간중심시대Humanity", 그리고 "부활Renewal"로 나누어서 설명하고 있다.[3] 이것을 한 개인에 적용하면 탄생 – 결혼 – 죽음 – 부활의 사이클이 된다.

인생이란 계속 반복되는 흐름이라는 주제를 담고 있는 이 작품은 시작도 없고 끝도 없이 하나의 원형圓形을 이룬다. 『율리시즈』의 '페넬로페' 에서 강물처럼 흘러가는 몰리의 독백의 연속인 양, 『피네간의 경야』의 첫 구절은 "riverrun, past Eve and Adam' s..."로 시작한다. 그리고 끝 구절은 "A way alone a last a loved a long the"로 되어 있다. 그래서 마지막 단어 "the"가 첫 단어 "riverrun"에 연결된다. 즉 비코가 말한 역사의 순환구조처럼 시작과 끝이 없는 셈이다. "riverrun"은 물의 순환과정을 나타낸다. 바다 – 구름 – 비 – 강 – 바다로 순환하는 물은 조이스 문학 전반에 걸쳐 생명력을 상징한다.

『율리시즈』가 낮의 소설이고 인간의 의식을 다룬 소설인 반면(『키르케』를 제외하고는), 『피네간의 경야』는 밤의 소설이며 인간의 무의식과 잠재의식을 다루고 있다. 조이스는 『율리시즈』에서 인간 의식의 파노라마를 펼쳐나가며, 『피네간의 경야』에서는 인간의 의식을 총체적으로 포괄하려는 시도를 하고 있다. 이 작품은 주인공 험프리 침던 이어위커Humphrey Chimpden Earwicker ; HCE의 초저녁부터 새벽까지 계속되는 꿈 이야기의 형태를 취한다. 꿈에서는 시간과 공간의 순서가 존재하지 않으며, 개인의 정체正體는 혼란을 일으킨다. 조이스는 "집단 무의식의 꿈dreams of the collective unconscious" 의 형식으로 이 작품을 쓰고 있다.

『피네간의 경야』는 한 아일랜드의 가족인 이어위커Earwicker 가家에 관한 이야기이지만 이것은 기본 골격에 불과하며, 이 작품 속에 소우주적인 인류역사를 담고자 하는 것이 작가의 의도이다. 등장 인물들은 이름과 형상을 달리하여 세계역사상 각기 상이한 시대에 반복하여 등장한다. 이렇게 하여 작가는 한 인간에게는 수많은 타인들의 속성이 내재되어 있다는 것을 나타내고자 하였다.

거인 험프리 침던 이어위커는 더블린 외곽에 있는 채프리조드Chapelizod에서 술집을 경영한다. 그 옆에는 리피Liffey강이 흐르고 피닉스Phoenix 공원이 있다. 그는 과거에 피닉스 공원에서 소녀들과 불륜의 관계를 가짐으로써 죄의식에 시달린다. 그의 행위는 원죄로 간주되기도 한다. 또한 그의 딸 이사벨Isabel: Issy과 근친상간을 범하고 싶은 무의식적인 욕망을 갖고 있지만 의식적으로 이를 억제한다. 이러한 죄의식으로 그는 역사상 불륜의 관계를 가진 많은 인물들과 연관되어 있다.

HCE는 모든 시대에 있어서 모든 남성의 속성을 대변하는 원형적原型的 인물이 된다. 그의 별명 "Here Comes Everybody"는 그의 변화무쌍한 모습을 말해준다. 그는 『율리시즈』의 리오폴드 블룸처럼 만인萬人의 세계를 대변한다. HCE는 신God이 되기도 하고 아담, 아브라함, 롯Lot, 노아, 시이저, 오스카 와일

---

2 "Finnegans"는 아포스트로피가 없는 소유격이면서 복수명사의 기능을, "Wake"는 동사와 명사 이중의 기능을 한다.

3 W.Y. Tindall, A Reader' s Guide to James Joyce, pp265-296

4 영국 전래의 민간 동요집에 나오는 커다란 계란 모양의 인물로 담장에서 떨어져 깨짐; 한번 넘어지면 일어나지 못하는 사람.

드, 험프티 덤프티Humpty Dumpty[4] 등 여러 역사적, 가공적 인물로 변용되기도 하고 조이스 자신이 되기도 한다. 조이스의 윤회사상을 엿볼 수 있는 부분이다.

그의 처는 안나 리비아 플루라벨Anna Livia Plurabelle이라는 이름을 갖고 있다. 리비아Livia는 생명력의 상징이며, 그녀는 더블린을 거쳐서 바다로 흐르는 리피Liffey강 자체로 변용變容되기도 한다. 플루라벨Plurabelle은 그녀가 한 여성Anna으로서의 역할을 넘어서 많은 여성의 역할을 하는 것을 암시하며, 그녀는 영원한 여성의 대변자가 된다. HCE가 호우드Howth를 위시한 모든 산들로 변용하듯이 그녀는 모든 강의 화신으로 묘사되어 있다. 제8장인 『A.L.P.Anna Livia Plurabelle에서는 600개 이상의 강 이름으로 그녀를 묘사하고 있다. 그녀는 조이스의 부인 노라, 성모, 이브, 클레오파트라, 셰익스피어의 아내 앤 하사웨이Ann Hathaway, 노아의 아내 등으로 변용한다.

이어위커가家의 자식들도 여러 가지 인물의 역할을 한다. 딸 이시Issy는 이브Eve, 오필리어Ophelia, 쥴리엣Juliet, 이졸데Isolde, 클레오파트라Cleopatra 등 유혹녀 타입의 젊고 아름다운 여성의 대변자 역할을 한다. 쌍둥이 아들 솀Shem과 쇼온Shaun은 마치 카인Cain과 아벨Abel처럼 항상 적대관계에 있다. 이 형제는 상반된 두 힘의 상징이다. 솀은 스티븐 다이달러스처럼 예술가형이고 쇼온은 물질적이며 세속적인 인간형으로 『율리시즈』의 벅 멀리건Buck Mulligan 타입이다. HCE와 ALP는 부성父性과 포용력으로 이들의 대립적인 양극단을 조화시키는 역할을 한다. 그 밖에 HCE의 주점에서 밤늦도록 술을 마시며 남의 험담을 즐기는 12명(십이 사도의 숫자)의 남자손님이 등장한다. HCE의 경야經夜때 조객이었던 이들은 HCE의 죄를 심판하는 심판관으로 바뀐다. 조이스는 등장인물들의 변용을 통해서 반복하는 역사, 인간의 흥망성쇠, 죽음과 부활 등의 복합적인 주제를 이 작품에 담고자 하였다.

『피네간의 경야』가 어떤 스토리를 담고 있는가 하는 것은 별 의의가 없을지도 모른다. 조이스는 내용보다 언어에 더 치중하였기 때문이다. 조이스는 동음이의同音異義의 익살pun, 두음전환頭音轉換;spoonerism, 그리고 혼성어portmanteau와 의성어onomatopoeia를 이용한 신조어coinage 등 여러 가지 언어의 유희word play

를 함으로써 거기에서 생기는 연상적聯想的의미를 독자들이 즐기도록 했다. 또한 말의 음조와 리듬을 중시하고 문법을 무시는 경우가 많다. 조이스는 17여개국의 언어를 혼용하여(여기에는 중국어와 일본어도 포함된다.) 단어나 문장을 조합組合, 마치 프리즘의 스펙트럼처럼 여러 가지 의미를 동시에 도출해 낼 수 있도록 하였다. 6만 4천여 개의 어휘를 구사하고 있는 이 작품은 그야말로 "언어의 혁명revolution of the word[5]이다." 표현마다 여러가지 연상聯想을 불러일으키게 하며, 그 속에 상징적 의미가 내포되어 있기 때문에 여러 가지 해석이 가능하다. 다음은 리피 강에서 빨래하는 두 여인의 이야기인 제 1부 8장 『A.L.P』에 나오는 한 문장이다.

> And What was the wyerye rima she made! O det! O det![6]
> 그리고 그녀는 얼마나 따분한 시詩를 썼던가 말이야! 오 저런! 오 저런!

"wyerye"는 운율 또는 시詩인 rhyme, weary(따분한), 두개의 강 이름인 Wye 강과 Rye 강의 결합, 그리고 watery(물의) 등의 의미를 동시에 도출할 수 있는 조어造語이다. rima는 이탈리아어로서 영어의 rhyme을 의미한다. "O det!"는 본래의 의미 "오 저런" O that에다 ode, odette(송가) 그리고 Oder강 등의 결합이다.[7]

『피네간의 경야』는 이와 같은 언어의 수수께끼로 가득 차있다. 이 작품은 "장례식funeral"에 관한 이야기이다. 조이스의 말장난으로 "funeral"은 "fun for all"(모든이에게 주는 기쁨)로 둔갑한다. 여러 가지 색 실로 엮은 실타래처럼 한 단어, 한 구절, 한 문장마다 갖가지 의미가 숨어있다. 이 색실을 한올 한올 뽑아내어 그 오묘한 함의含意를 파악할 수 있으면, 때로는 놀라움을, 때로는 폭소를 자아내게 될 것이다. 이것이 작가 조이스가 의도한 바이지만 워낙 난해한 작

---

5 김종건, 『피네간의 경야: 번역과 해설』(정음사, 1985), p. 14

6 James Joyce, Finnegans Wake(Harmondsworth: Penguin Books Ltd, 1976)

7 Walton A. Litz, James Joyce(New York: Twayne Publishers Inc., 1963), pp. 174–176

품이라 그 접근에는 아직 한계가 있다. 이 작품의 번역이 가능한가 하는 의문도 제기될 수 있다. 번역하려면 하나의 텍스트에 수 개의 번역본이 나와야 할 것이다.

서문

이 책이 태어나게 된 기원이 되는 씨앗은 루이스 설리반[8]의 과피식물 열매(익으면 벌어지는)와 비슷하기도 하고 한편으로 유클리드의 두 개의 원이 교차하는 후광모양Vesica Piscis(양끝이 뾰족한 타원형의 후광형태)의 도해圖解 [9]와 같다고 말할 수 있다. 각각의 둥근 돌출부는 학생시절 교실에 앉아있을 때에 튀어나와 전개되었고 순간 나는 완전히 당혹스런 느낌을 받았다.

첫 번째 순간은 1969년 마운트 홀요크 대학에서였다. 당시 나는 17살이었고 여자들이 바지를 입는 것과 지적인 면을 공공연히 드러내는 것을 금기시하는 학풍이었던 테네시의 공립 고등학교를 막 졸업한 어리숙한 새내기였다. 지금 생각할 때, 쪽빛south Hadley의 청바지와 평화의 상징이 적힌 작업복 같은 셔츠를 입고 다녔던 것을 보면 얼마나 어리숙했는지 짐작할 수 있다. 그러나 미스 아델레이드 포터 선생이 내준 **피네간의 경야**[10]의 "아나 리비아" 부분에 대한 연구과제는 전혀 다른 것이었다. 당시 꿰뚫을 수 없는 이 쓰레기더미와 같은 작품에 대해 이해할 수 있게 되기를 얼마나 고대했었던가! 월요일 수업시간에, 미스 포터의 훌륭한 해석과 그 글에 대한 암호문과 같은 해독은 나를 그 텍스트

8 루이스 설리반(Louis Herry Sullivan: 1856-1924): 시카고학파의 주요인물. "형태는 기능을 따른다"는 신념을 가지고 있었으며, 마천루의 구조와 기능적인 문제에 관심을 가지고 그 기술과 기능적인 해결을 하나의 의미있는 형태로 통합하려고 시도했다. 고층산업건물을 진정한 예술로 간주했다. 기능적이고 유기적인 건축 창안(루이스 설리반), 프랭크 로이드 라이트의 스승. 주요 설계로는 웨인라이트 빌딩(1891), 개런티 빌딩(1895) 등이 있다.

9 p.44의 도해를 참조할 것.

로 끌어들이는데 실패했고 단지 반 정도의 씨앗을 뿌리는데 그치고 말았다. 수 년 후, 건축학교의 학생으로서 나는 **피네간의 경야** 가 20세기 건축의 위대한 작품 중 하나라는 단언을 접하게 된다. 좌절에 빠져버린 나는, 지난날 묻혀 두었던 책들을 다시 탐독하기 시작했고 그 텍스트들이 의미하는 것이 무엇인가를 찾아내기로 결심했다. 나는 그 안으로 걸어 들어가서 조이스와 관계를 맺기 전까지 수 년 동안 빠져나오지 못했다.

이 후, 두 번째 이파리가 특별한 질문에서부터 자라나오게 되었다. 내가 어떻게 피라네지[11]와 관계를 맺게 되었는가, 앞으로도 그는 나를 가만히 놔두지 않을 것이며 항상(마음속에) 나타나는 존재이다. – 소온Soane의 집에 있는 초상화 갤러리에서, 더없이 즐겁고 외로웠던 시절인 캠브리지 길튼 대학의 차갑고 어두운 홀에서도, 아틀란타에 있는 모리슨 카페의 벽에도, 조지아 애슨에 있는 친정집을 방문한 이후 매번 계단 밑에서도 나타나곤 한다.

1750년에 폴라짜니Polazani가 그린 초상화에서 피라네지는 상반신을 나체로 드러낸 채, 오른팔이 고대 조각처럼 떨어져 나간 상태로 나타나 나를 당황스럽게 했고 한편으로는 나의 남편과 너무나 많이 닮아서(그리고 우리아기도 닮았다.) 우리를 웃기게 만들었다. 나에게 피라네지를 처음 소개한 사람은 나의 남편이었다. 당시에는 그는 남편이 아니라, 선생님이었다. 나의 선생님은 이후 나의 동료가 되었고, 연인이 되었고, 남편이 되었고, 딸의 아버지가 되었다. 나는 언젠가 그의 과부가 될 것이다. 그 때가 되면 그 초라해진 피라네지 – 곰팡내나는 오래된 상점에서 마구 뒤져찾은 기묘한 작은 조각처럼 우리 외엔 그 누구도 원하지도, 좋아하지도 않을 – 는 배회하다가 유령의 한 부분이 될 것이다.

건축학교에서 수학당시, 세그레스트 교수의 도시계획 스튜디오에서, 그는 Campo Marzio(캄포 마르지오 ; 마르지오 광장)의 슬라이드 필름을 보여주었고 피라네지의 총명함과 로마에 대한 계획에 대해 논평을 해주었다. 그리고 그 밖에 다른 것들을 계속 보여주었다. 당시 느꼈던 전율이란 실로 대단한 것이었다. 나는 넓은 강의실에 앉아있는 학생들 중에 피라네지의 내용을 이해하지 못한 유일한 학생이라 생각했으며, 그의 작품이 어떠하든 기가 막힐 정도로 훌륭해서 어떠한 학자로부터의 설명도 필요하지 않다는 것을 이해하지 못한 유일한 학생일 것이라 느낀 것을 지금도 뚜렷이 기억하고 있다. 세그레스트 교수가 너무나도 잘 알듯이, 그것들은 이제 내 목구멍에 달라붙어버릴 정도로 나의 일부가 되어 버렸다. 이후, 나는 수년 동안 피라네지와 함께 세그레스트 교수를 괴롭혀 왔다. 이 책이 거의 막바지에 이르러서야 나는 우리가 거의 대등해졌다고 생각한다.

후광도해Vesica piscis[12]의 두 부분과 같이, 조이스와 피라네지의 이파리는 많은 영역을 공유한다. 그것이 잘 짜여진 이 텍스트를 통해서 사물들 사이의 공간에 대하여 글을 쓰게 된 이유를 설명할 수 있다고 생각한다. 이 책은 퍼즐과 같은 텍스트이다. 그것은 이 책이 까다롭고 도전적이지만, 한편으로는 재미있다는 것을 의미한다. 이 챕터들은 사실 우리가 디자인할 때, 건축가의 작업을 선적인 형태로 묘사하는 것이 너무 어렵다는 좌절감을 느끼면서부터 집필되기 시작했다. 나는 여기서 과학적인 방식으로 설명하기 보다는 디자인에 대한 접근방식을 증명하고자 한다. 나는 내가 가르치는 학생들을 대상으로 하고 있으

---

10 조이스가 17년에 걸쳐 집필한 『피네간의 경야經夜 **Finnegans Wake**』는 언어를 가지고 할 수 있는 모든 것을 담은 최대의 노작勞作이자 난해한 작품으로 평가된다. '경야'는 밤을 지샌다는 뜻. 『피네간의 경야』는 저녁에 시작해 새벽에 끝나는 더블린에서의 하룻밤에 관한 이야기로, 더블린 외곽에서 주점을 운영하고 있는 이어위커**Earwicker**의 잠재의식 또는 꿈의 무의식을 그린 작품이다. 역자는 이 책의 서두에서, 이 작품의 명확한 개요나 줄거리를 말한다는 것은 불가능하다고 밝히고 있다. 이 작품의 난해함은 조이스가 구사하는 언어적 복잡성과 다차원적인 서술전략에 기인한다. 조이스는 『피네간의 경야』에서 영어를 기본으로 하면서, 동시에 65개의 언어를 사용했다. 영어를 모국어로 사용하는 이들조차 해설없이 읽기 어려운 이유는 작품을 이루고 있는 대부분의 문장이 말장난, 어형변화, 신조어 등으로 사전에서 조차 찾을 수 없는 단어를 쓰고 있기 때문이다.

11 메스트레 출생. 고대 로마의 폐허와 유적에 정열을 쏟아 명암明暗을 대비시켜 극적인 효과를 동판銅版에 새겼으며, 자유분방한 구상력에 따른 건축물은 신비한 몽환적夢幻的인 세계를 재현했다. C. 로랑(1600~1682)의 풍경화에서 영향을 받았으며, 그의 작품은 이탈리아의 낭만적인 풍경화의 패턴이 되었다. 작품은 고대 로마 예술로의 단순한 복고復古가 아니라, 독자적으로 상상력이 풍부한 해석을 전개시켜 유럽 신고전주의新古典主義의 건축 · 장식예술, 그리고 낭만주의 문학에까지도 깊은 영향을 미쳤다. 『카르체리 **Carceri**』와 『로마의 경관 **Vedute di Roma**』 등이 널리 알려진 작품이며, 건축가로서는 몰타 여자수도원의 설계 등이 있다.

12 p44의 도해를 참조.

며, 특히 건축이 그 직업과 마찬가지로 엄청나게 광대하고 깊은 학문이라는 것을 알고 있으며, 더 특별하게는 그것이 꼭 그렇지만도 않다는 것을 이해하고 있는 학생들을 대상으로 이 책을 썼다. 모든 건축이 그래야만 하는 것처럼, 이 글을 쓰는 과정은 관습과 고안, 비평, 교묘한 암시, 기하학 그리고 가슴으로부터 나온 무언가가 뜨겁게 넘치는 것이었다. 나는 이 책이 여러분에게 기쁨을 주기를 바란다.

책이 집필된 기간은 나의 두 딸들이 언어의 세계에 입문하는 시기였다. 두 딸과 두 개의 거울이 만난다. 친숙한 주제이다. 첫째 딸, 사라 엘리자베스가 말을 하기 시작하면서 이 책이 기획되기 시작하였고 이제 11년이 지난 지금, 둘째딸 로라 바레트가 놀랍게도 "마마마mamama"라는 말로 젖을 요구하며 언어의 세계에 들어오면서 이 책도 마무리 되게 되었다.

이야기형식으로 꿈은 우리에게 다가온다. 육체는 욕망의 구축을 말이라는 재료로 만든다. 그리고 다시 시작된다.

탈고에 부쳐, 1992년 1월 13일

조이스가 사망한지 51년 후

감사의 말

많은 분들이 이 작업을 수행하면서 나에게 많은 친절을 베풀어 주셨다. 그들 모두를 거명하기에는 충분한 지면을 할애하기 힘들다. 그럼에도 불구하고 특별히 감사를 전할 사람들이 있다.

이 글이 책으로 묶이기까지 오랜 기간동안 나를 질책해준 켄 노스펠Ken Knoespel과 엔젤 마이너Angel Meina와 존 아셔John Archea, 그리고 마르코 프라스카리Marco Frascari에게 감사를 전한다.

작업 초반부터 끝까지 의견을 함께 나눈 그렉 울머Greg Ulmer에게 감사한다.

글쓰기와 수정, 그리고 의견을 나눈 것에 대해 가이 데번포트Guy Davenport에게 감사를 전하고자 한다.

친절한 용기의 말을 해준 것과 우리 중 누구도 내가 무엇에 관해 말하는지 알지 못했던 때에도 끈기있게 경청해준 점에 대해 자크 데리다Jaques Derrida에게 깊이 감사한다.

지적 유산에 대한 감사뿐만 아니라 열정을 가진 두 명의 살아있는 아버지인 피터 아이젠만Peter Eisenmann과 만프레도 타푸리Manfredo Tafuri에게 감사를 전한다.

인풋Input과 피드백Feedback, 격려, 따뜻한 애정, 비싼 전화대금에 대해, 나의 학문적 형제 자매들인 앤 버그렌Ann Bergren, 비트리즈 콜러미너Beatriz Colomina, 마이클 헤이Michael Hays, 캐서린 인그래엄Catherine Ingraham, 제프 키프니스Jeff Kipnis와 마크 위글리Mark Wigley에게 감사를 전한다.

나의 스튜디오와 세미나들이 이와 같은 결실로 맺어지게 도왔던 조지아

테크와 플로리다 대학에 있는 나의 학생들에게 감사를 전한다. 특히 의욕이 솟게 도와주고 작업 후 친구로 남게 된 더험 크로Durham Crout와 미케쉬 메케Mikesch Muecke에게 감사의 말을 전한다.

예일 대학 출판부에 있는 두 명의 원더우먼 — 이 계획에 대하여 열정적으로 지원을 아끼지 않은 수석 편집장 쥬디 메트로Judy Metro와, 힘이 없는 원고를 인상적인 지적능력으로 해학적 문체로 훌륭하게 바꿀 수 있게 도와주었던 원고편집자, 수잔 레이티Susan Laity에게 감사를 전한다. 그리고 이 책에 대한 믿음을 가지고 있넌 바크 라키탄스키Mark Rakatansky에게 감사의 말을 전한다.

나의 아이들인 사라 엘리자베스 콕스Sarah Elizabeth Cox, 테일러 세그레스트Taylor Segrest와 로라 바렛 블루머—세그레스트Laura Barrett Bloomer-Segrest에게 감사하며, 특히 아장아장 걷는 시기의 생활을 지켜보면서 이 책의 주요한 영감을 얻게 해준 사라에게 감사를 전한다. 사라는 정말 나와 모든 것이 연결되게끔 도와주었던 것이다.

나의 남편인 로버트 세그레스트Robert Segrest와 동요하지 않았던 나의 관대함과 인내와 내가 존재하고 있다는 사실에 대하여 감사한다.

CHAPTER 0

기폭제
A Priming

"하지만 어느 문서의 문자 그대로의 의미 또는 심지어 심리적 내용에 오로지 집중하여 상황실증常況實證하는 밀봉 사실들 자체를 뼈아프게 무시한다면. . . . 누가 여성의 의상착의품衣裳着衣品의 사실이 언제나 그곳에 있는지 또는 여성이 허구가 사실보다 한층 신비롭게 또한 동시에 단지 배면背面에 있는지를 마음속으로 의심하는고? 또는 이것과 저것이 분리될 수 있는고? 또는 그러면 그들 양자가 동시에 숙고될 수 있는고? 아니면 각각이 채택되어 다른 것과 분리하여 번갈아 사고思考될 수 있는고?"
(피네간의 경야 109.12−36)[13]

편지! 파지破紙!(*The letter! The litter!*) 그리고 위급危急하면 더욱 신호辛好나니! 눈썹필화筆畵의, 입술 점화필點筆畵에 의한. **(피네간의 경야 93, 24−25)**

전통적으로 모든 학구적인 작업("독창적 연구")은 우리가 그 분야에서 암묵적으로 가장 잘 알려진 한 사람으로부터 쓰여지곤 한다. 객관성이라는 위장 하에 "내가 관심이 있는 것"이 바로 "이 연구의 초점"이 된다. 이후 챕터는 객관성이 있는 척하지 않는다. 그것들은 내 자신과 문화적 역량, 건축에 대한 열정(사랑과 증오)의 잔재를 보여준다. 언어와 역사(그리고 건축)에 대한 비 중립성이 나의 관심사이다. 이 작업에서, 무언가에 대한 신념을 지속적으로 고수하려고 이 작업을 인식론상의 싸움터에 가져다 놓으려는 것은 논리의 오류가 될 것이다. 그래서 나는 이 책을 다른 방식으로 썼다.

현재의 텍스트는 도입부로 알레고리 상의 알레고리적인 구축의 시작이고, 지암 바티스타 피라네지의 에칭에 대한 3 플러스 1 소론[14]을 모아 놓은 것이며, 여러 가지 해석으로 이끄는 가이드의 역할을 하는 부가적인 글이다. 구축시킨 텍스트 안에는 3 플러스 1 구성 속에 이중으로 살짝 미끄러져 들어가는 구

---

13 『피네간의 경야經夜』, 김종건 역, 범우사, 2003 의 해석을 인용.

14 3+1의 구조 역시 『피네간의 경야』에서 주요하게 계속적으로 쓰이는 구조이다.

조가 있다. 챕터 1, 2와 3은 챕터 4와 함께 3개조가 된다.(챕터 3 플러스 1): 플러스 1이 챕터 4 로: 챕터2 안에 있는 세 가지의 구조는 3 플러스 1의 구조인데 챕터3(책이 지은 집)과 함께 3개조로 이루어져 있다. 두 경우에서 "플러스 1"은 약간은 과도할 정도로(이미 완벽하다고 여겨질 수도 있는 것에 덧붙여서) 완벽한 것이다.(가까이에 있는 세 개의 불완전한 점에 보충하여). 3이라는 숫자와 3 플러스 1과 이들 두 숫자의 합은 책의 주요 숫자의 보강재를 형성한다. 이 작업을 쓰고 구축하고 해석하기 위한 전략은 제임스 조이스의 **피네간의 경야**의 텍스트로부터 상세히 분석된 전략과 비슷히게 사용된다.

피라네지는 주로 동판화를 많이 그린 것으로 알려진 18세기의 건축가로 건축에 대한 논평으로 유명했던 것은 아니었으며, 지어진 건축작업으로는 더더욱 아니었다. 그럼에도 불구하고 그는 위에서 나열한 그 모든 것 이상의 존재였다. 많은 점에서 그의 작품은 그 당시의 시, 공간의 관습들을 고통스럽게 종합시킨 것이었고, 작업의 몇몇은 기묘하고 착란의 상태에서 만들어진 것으로 해석되고 있다. 피라네지를 무언가의 범주로 분류하는 것은 물론 불합리하다. 라부루찌Labruzzi가 그린 초상화에서, 그는 아름다운 실크 새틴의 코트와 빳빳한 오건디(얇은 메린스 천) 주름장식을 새롭게 편 셔츠 위에 어두운 스웨이드 가죽으로 만든 양복조끼를 입고 있다. 그림 속에서 그는 그가 그린 동판화 에칭 중 한 작품을 드러내 보이면서 그의 특성에 어울리는 자세를 하고 앉아 있다. 그의 손톱 아래에는 검은 점들이 보인다.

제임스 조이스는 주로 단편 작품집과 짧은 소설, 그리고 외설적이라고 평가받았던 명작을 쓴 것으로 알려진 20세기 작가로 미국에서는 그의 걸작에 해당되는 작품들이 출판금지 되었다. 그러한 기준때문에 그의 걸작보다 더욱 기묘하게 변형된 덜 알려진 작품들의 경우에는 문제시될 여지가 없을 정도로 시장가치가 없다고 판단되었고 때문에 미국에서 출판금지를 면할 수 있었다. 그의 필생의 역작은 그의 시대와 장소의 관습을 고통스럽게 종합한 것이었고, 작품 중 몇몇은 기묘하고 착란상태에서 만든 것으로 해석되고 있다. 그는 가장 위대한 모더니즘 작가이자 첫 포스트모던 작가로 세간에 회자되어 왔다. 조이스를 어떤 범주로 분류하는 것은 물론 불합리하다. 중요한 것은 그의 수집된 이미지와 두꺼운 안경 뒤에 엄청난 비례로 확대된 그의 눈과 같은 이미지이다. 여기에서는 어떠한 사진도 초점이 맞추어져 있지 않고 약간 교차하고 있는데, 그것들은 어두움과 그림자로 가득 차 있다는 암시를 비치고 있다.

두 개의 이미지들, 즉 아직 글로서 기술되지 않은 피라네지의 그림과 조이스의 사진은 이 텍스트에서는 나오지 않는다. 정말로 나타나는 대부분의 이미지들—피라네지의 에칭의 재판再版들과 조이스의 텍스트로서의 이미지들—은 텍스트가 언급하는 에칭의 실례들을 보여주고 있다. 그러나 더욱 중요한 것은 그것들이 알레고리적인 텍스트를 해석하기 위한 앰블럼이거나 지도라는 사실이다. 실제로 이미지가 텍스트보다 읽기가 더 쉽다는 것은 가장 평범한 사실로 이미지는 가장 단순한 수준에서 인지 가능하다.

여기에서의 주요 논쟁은 건축과 서구문화에서 이미지와 시각적인 것에 대한 우위가 어떻게 되느냐였다. 그래서 이 책은 시각적—이미지 논쟁의 영역을 탐구하는 동시에 현재 활발히 논의되고 있는 언어의 비—중립성(투명성)과 평행한 움직임 속에서 이미지의 중립성에다가 텍스트로 이미지를 압축시키는 과정을 보여주려 하고 있는데, 그것은 시각적인 것의 우월성이 특징이 되고 있다. 지금까지 독자는 일차적, 이차적 문서와 가설에 대한 증명과 극단적인 논리와 계층적인 선적 사고방식—"과학적 방법"으로 불리고 있는 연구—로만 인식하기를 강요받는 사료편찬의 관습에 빠져있는 자신을 인식할 수 있게 될 것이다. 이러한 관습으로 믿어왔던 사실들이 넓은 측면에서 생각해 보았을 때, 사실이 아닐 수 있다. 그들(조이스, 피라네지)의 진행방식은 맹목적인 신념이였던 과학적 방법에 근거한 연구가 아니다. 이러한 면에서 이 책은 전통적인 방법에 대하여 다시 의문을 품게 만들 것이다. 이 책은 가설보다는 수 없이 많은 질문으로 시작되는 비평적 분석작업이 될 것이다. 건축과 글쓰기 작업사이의 관계에 있어서 이 같이 심도있게 연구된 것이 있었던가? 언어(예를 들어, 피터 아이젠만과 어그레스트Diana Agrest와 마리오 간델소너스Mario Gandelsonas의 작품에 대한 초기 건축작품 연구)와 단순한 유추법(죠르쥬 실베티Jorge Silvetti,

로버트 벤츄리Robert Venturi와 마이클 그레이브스Michael Graves의 초기 작업)사이의 의미론과 통사론에 의존하는 지난 20년에 걸친 논쟁의 함정과 막다른 골목에 이르게 된 연구를 의미하는 것이다. 우연한 일치는 아니더라도, 과연 무엇이 그러한 관계의 장소가 될 것인가? 정말 언어와 문학과 글쓰기와 그림과 건물과 건축사이의 관계를 기술하는 구성은 중요한 것인가? 이론과 실제에 대하여 연관시키려 할 때, 이들 구성을 어떻게 알리고, 그 구성은 또 어떻게 알려지는가? 공간과 시간의 관계인가? 자연과 문화의 문제인가? 만약 우리가 상호배타나 양극성 등의 개념으로 역사와 역사 연구를 재해석하려 한다면, 이것은 그러한 구성에 의해서 인식될 수 있을 것인가?

이 문제들은 일련의 특별한 텍스트에 작용하는 생성력 있는 인식론상의 환경에서 제기되었다. 나는 밀접한 관련이 있는 문학 텍스트와 건축적 텍스트를 서로 연관시키기로 했다. 사용되는 언어의 의미관계가 투명하거나 뜻이 분명한 것과는 상당한 거리가 있는 텍스트 『피네간의 경야』와 그려졌지만 일반적으로 구축되기 위한 것이 아닌 그려진 텍스트(피라네지 에칭 콜렉션—마르지오 광장The Campo Marzio 계획과 몰타 기숙사 계획안The Collegio와 감옥연작Carceri)[15]를 관련시킨 것이다. 더욱이, 그 텍스트들은 서로가 다른 방식으로 접근한다. 피네간의 경야의 이야기 구조는 건축구축적Architectonic인 것을 닮은 기하학적인 구조 위에 겹쳐지고, 피라네지의 에칭은 모호함에 있어서 문학적인 것과 마찬가지로 일종의 이야기적인 해석으로 비쳐진다. 두 텍스트들은 모두 흰 페이지에 무언가 검은색으로 표시된 것으로 표현되고 있다. 둘 모두는 반복해서 재생산된다. 두 사람 모두는 "정상적"인 텍스트(건축관련 서적의 표지에 인쇄되어 있는 제목과 저자의 이름으로 장정裝幀한 책)로 변장을 하고 즉시 분류와 일상성에 대한 연구를 혼란하게 만들면서 일시적이고 기하학적인 것의 콘텍스트를 초월하여 관습을 파괴한다.

내가 이 텍스트에서 글쓰기라는 단어를 사용했을 때(나는 그 단어를 많이 사용한다), 단순히 말하기에 그대로 반영하거나 문서화시키는 글쓰기의 개념을 언급한 것이 아니라, 의미를 조직하는 중에 가로질러 작용하는 비선형적 구축으로서 글쓰기를 언급한 것이다. 이 글쓰기는 언어의 사용이 없더라도, 언어의 전통적인 개념에 제한을 받지 않는다. 그것은 언어와 함께 정체성에 있어서 존재하지 않는다는 것이다.

조이스와 피라네지의 텍스트에 대하여 이 책에서는 일반적으로 조이스의 텍스트에서 발견되는 피라네지의 텍스트를 분석하기 위해 구축적인 전략을 사용하기로 한다. 조이스적인 전략이 넓은 의미에서 보면 해체로서 알려진 현대 비평전략의 본체와 비슷하다는 것은 우연의 일치가 아니다.미주1 차례차례로 해체의 전략은 설득력 있게 그 자체의 논리의 근거에 따른 전통적인 과학적 방법을 밝혀왔다. 따라서, 해체적인 접근은 여기서 적절한 것으로 보인다.

해체적인 비평과 종종 관련 있는 적당한 명칭은 자크 데리다가 말한 것으로 그의 방식은 일종의 급진적인 경험론이다. 데리다의 가장 잘 알려진 어록 중 하나로 다의적인 의미를 가진 "텍스트밖에는 아무것도 없다" 라는 것이 있는데, 그것이 어떻게 해석되던지 간에 현재의 작업은 그러한 경험주의의 노선을 따르고 있다. 물질적인 면에서 분석하면 콘텍스트와 차단되는 경향이 있고, 반면에 분석과정을 무한하게 잠재적으로 만물을 연결하는 것은 텍스트와 밀접하다고 할 수 있다. 피라네지의 에칭은 많은 면에서 텍스트로 비쳐진다. 그것들은 작가나 그의 전임자들이나 동시대 사람들의 다른 텍스트와 비교했을 때, "진실" 을 말하자면, 전통적인 콘텍스트에 둘러싸여 있는 고립된 실체이다. 그것들은 읽을 만 한 것(해석할 만한)이다. 그것들은 "짜여진 것" 으로서 해석된다.(Text라는 단어는 '짜다' 라는 뜻의 라틴어 texere의 과거분사로부터 나온 것이고, "짜는 것" 은 텍스트가 짜여진 것이라는 뜻이다.)

텍스트와 짜여진 것과 관련된 공간에는 당신의 눈앞에 펼쳐지는 구조의 논리로 보여지는 생산력 있는 구조가 놓여있다. 이 구조는 사고의 선적 망상을 통해, 수 없이 많은 개념들로 표현되어야 하지만 그렇다고 적절하게 여러 가지 것들과 묶여(연결되어)있다고 해서, 단순히 특수한 특성을 가지는 것은 아니다.

---

15 본문 p118와 p123에서 나오는 피라네지의 동판화를 참고할 것

오히려 같은 영역 안에 많은 운동의 반복적인 궤도를 보여준다. 뒤를 잇는 적당한 이름은 다른 말로 하자면 어떤 점에서는 궤도의 일반적인 접근을 위해서 부호화된 장치를 의미한다. 다른 관점에서 적당한 명칭은 학문의 전통에 대한 암묵적인 동의를 나타낸다. 그것들은 그 콘텍스트를 만드는 작업에서 작업의 특징을 제공하고 있음을 의미한다. 이들 생산력 있는 구조와의 함수관계는 텍스트와 짜기 사이의 공간에서 작용되고 있다. 그것은 그 자체이다. 위의 설명과 비슷하게도, 조이스의 추종자인 사무엘 베케트는 **피네간의 경야**에 대하여 다음과 같이 기술한 적이 있다. "이 글에서 형태는 내용이고, 내용은 형태이다. 독자는 이 요소들이 영어로 쓰여져 있지 않은 것에 대하여 불평할 수도 있다. 그러나 그것은 전혀 쓰여져 있는 것이 아니다. 그것은 해석되지 않는다. -그런 표현보다는 단지 해석되는 것이 아니다. 그것은 보여지고 들려지는 것이다. 그의 글쓰기는 무언가에 대한 것이 아니다. 그것은 그 자체이다"

("단테...," Examination, 14)

우리가 텍스트와 짜기 사이의 공간을 들어가기 전에 무언가 예비적인 영역("문지방을 넘어서기 전")을 연구하는 것은 유용할 것이다. 객관성과 관련된 개념이 지배하는 세계는 로고중심주의에서 발견되는 세계이고, 그것은 하나님의 신성한 말씀과 관련된 개념들-절대적이고, 중심화된 주체이고, 내부적인 음성과 무한정한 창조적인 주관성의 개념에 근거한 현존하는 존재의 결정이라는 진리(권한부여와 중심화와 질서의 명쾌함, 통제를 위한 모든 필요성을 반영하는)-가 지배하는 구조의 세계이다.

> 그것은 이러한 중심과 권한부여의 권력을 갈망하는 곳으로 그것은 고위-성직화 된 저항을 불러일으킨다. 상위의 용어는 현존과 로고스에 포함된다. 하위용어는 그 지위를 규정하는데 작용하고 몰락의 특색을 나타내고 있다. 지각적인 것과 감각적인 것, 영혼과 육체 사이의 적대관계는 그들의 과제를 의미와 단어 사이의 것과 마찬가지로 현대 언어학의 적대관계로 떠넘기면서 "서양 철학의 역사" 속에서 계속되어온 것처럼 보이게 하였다. 글쓰기와 말하기 사이의 대립은 이러한 패턴으로 자

리를 잡는다.(스피박Spivak[16], 데리다Derrida에게 보내는 서문, 그래마톨로지Grammatology)

양극단의 논리가 있기 위해서는 상위와 하위의 용어를 필요로 하는데, 하나의 용어가 다른 것에 비해 특권을 가지는 두 개의 범주에 대한 한계영역을 정하면서 서구사상의 근본구조를 형성한다. 빛과 어두움, 남성과 여성, 이론과 실제, 문화와 자연, 창조물과 피조물, 성스런 것과 세속적인 것, 마음과 육체, 이야기와 글쓰기 등이다.[미주2] 그의 저서 그래마톨로지에서 데리다[17]는 서양문화에서 글쓰기에 비해 특권을 누리고 있는 말하기 뒤에 숨겨져 있는 논리적인 문제와 동기에 대하여 자신의 의견을 피력하면서 말과 글의 관계에 대한 분석부분을 개척했다. 씨뿌리기에서(그리고 다른 텍스트), 글쓰기는 이동된다. 그것은 분화구와 단층선과 텍스트를 무질서하게 만드는 신뢰할 수 없는 연결지점 등을 보여주면서 텍스트의 영역을 탐구하는 기구로 사용된다.[미주3]

일반적으로 글쓰기에 대한 말하기의 특권을 다룬 데리다의 작업은 간단한 반전의 하나이고, 사실 데리다의 "임무"가 말하기보다는 글쓰기에 특권을 부여하는 것이라고 일반적으로 이해되고 있다. 건축분야에서 이러한 오해는 그의 건축이론에 대한 비평을 데리다적인 것으로 확대재생산해왔는데, 오히려

---

16 탈식민주의 페미니즘 학자, 현 컬럼비아대 비교문학 교수. 인도 출신의 영문학자인 가야트리 스피박은 1976년 난해한 자크 데리다의 『그래마톨로지』를 영역하면서 미국 지성계에 등장한다. 텍스트의 '안과 밖'을 모두 텍스트로 삼는 스피박의 글쓰기는 데리다 식의 해체적 비평관에 기초하면서 동시에 그 한계와 딜레마도 함께 의식하고 있다. 가령 "해체의 기획은 반드시 내부로부터 작동하며 전복의 전략적 경제적 자원들을 따로 떼어내지 않고 구조적으로 빌려오므로 자승자박의 측면이 있다"는 데리다의 언명이 자주 인용된다.

17 알제리 엘비아르 출생. 파리의 에콜 노르말 쉬페리외르(고등사범학교) 철학과를 졸업하고, 1965년부터 이 학교에서 철학사를 가르쳤다. E.후설의 현상학現象學을 배운 후, 구조주의의 방법을 철학에 도입하였다. 언어의 기호체계記號體系가 자의적인 것이라는 인식에서 언어 위에 조립된 논리학을 재검토하였다. 특히 서기언어書記言語 에크리튀르가 수행하는 역할을 중시하였다. 한편, 시차성示差性이라고 하는 개념을 도입하고, 실체實體와 직결된다고 생각되어온 개념들이 시차적 특징에 의해서만 뜻을 지니는 것이며, 차이를 재확인하고, 그 행위에 의한 지연과 우회를 거친 뒤에 현실을 재구성해야 한다고 주장하였다. 저서로는 『근원 저편에 **De la grammatologie**』(1967), 『에크리튀르와 시차성L' **criture et la différence**』(1967) 등이 있다. 2004년 10월 지병인 췌장암으로 사망했다.

그는 실제 건축행위보다 건축적 글쓰기에 특권을 부여하는 것을 비난했던 사람이다. 데리다에 대하여 주의깊게 해석해 본다면, 그러한 가정의 어리석음을 증명할 수 있을 것이다. 단순히 특권을 부여하는 흐름을 뒤집는 것과 전에 상위의 용어 대신에 하위의 용어에 특권을 부여하는 것은 특권부여의 같은 체계 속에서 달리 해석할 여지를 남기게 하는 것이다. 그렇다면 글쓰기는 자신의 로고중심적인 함정에 빠지게 된다는 점을 눈치챌 수 있을 것이다. 소급시켜 나오는 비평—가까이에서 언제나 이의를 제기하는 쪽으로 몰고가는—으로부터 이 폭로에 대한 폭로는 데리다적인 방식을 보여주고 있다. 특권부여는 극도로 정적인 작용으로 진동(혹은 좌우로 움직임)하면서 그 자체가 균형상태와 유동상태 사이에서 흔들리는 작용이다.

그래마톨로지의 역자 서문에서 가야트리 스피박Gayatri Spivak은 글쓰기의 관계에서 이 진동을 일종의 위상적인 이동(다른 것으로 섞여 들어가는 것)으로 표현하고 있고, 이것을 억압의 표현을 위한 기구라고 주장하고 있으며, 억제된 구조만큼 "글쓰기"에 전통적으로 이해되는(말하기[현존]가 그 자신을 표현함으로써 일종의 투명한 매개체) 글쓰기의 관계로 접근 가능하다.

> 일정한 시각에서 보았을 때, 글쓰기를 억압하는 것은 로고중심주의가 퍼져나가고 있다는 징후로 볼 수 있다. . . . 한정된 시각에서 보았을 때, 일반적으로 글쓰기의 일상적인 개념은 글쓰기 구조 요소를 포함한다. "저자"와 "주제"가 그 요소로 해석가능하며, "그 자신의 것"이 아닌 공간과 시간의 전개가 된다. 우리는 한정된 시각에서 이런 모든 것을 "인식"하고 그것을 "억압"하려 한다. 이것은 대부분의 것들이 일반적으로 글쓰기 구조 속에 존재한다는 것과 "그 자체가 항상 도피하려 한다는 것"을 무시하게 한다. . . . "글쓰기"나 "원시적 글쓰기"라는 데리다의 단어의 선택은 그래서 우연한 것이 아니다. 데리다가 반복적으로 레비-스트로스Levi-Strauss를 문장 한 구절에서 등장시키는 것처럼, 한정되고 일반적인 시각에서 보자면, 어떠한 엄격한 구별도 이루어지지 않을 수 있다. 삭제함으로써 구별하게 하면서 다른 것 속으로 겹쳐서 미끌어져 들어간다.[미주4]

짜는 것 그 자체(좌우로 움직이는 작용)는 압축적인 표현을 하는 것이다. 짜기는 남성, 여성과 같은 하위개념의 고안물이자 행위이다. 그것은 역시 말하기의 대리적 행위이다. 문화에 기여한 여성들의 예외적인 문화에 대한 설명을 하면서 지그문트 프로이트는 여성들이 남자의 성기를 가지고 있지 않다는 점과 성기를 사회에서 보여주는 것을 위장하기 위해서 공공연히 여자의 머리카락을 땋는 것으로부터 짜는 기술이 시작되었다고 주장했다. 그것은 정통의 선을 규정하고 남근상과 권력을 만드는 것이다. 프로이트가 말하는 짜는 행위는 권력에 대한 말하는 행위와 조용히 대체될 수 있다. 그러나 앤 버그렌Ann Bergren이 주장하는 바와 같이 짜기의 텍스트에는 역설(좌우로 흔들림)적으로 작용하는 움직임이 있다.

> 그리스 문화는 시인과 예언자들이 그 자체를 "짜기"나 "씨뿌리기"라는 단어로 규정하는 인도-유럽적인 은유로부터 물려받은 것이었다. . . . 그들은 효과적으로 생산물을 "은유적인 웹(짜서 만든 것)"이라고 부르고 있다. 그러나 그것은 그렇다면 원형적인 것이고 은유적인 과정일까? 짜는 것은 비유적인 말하기이거나 시는 비유적인 웹(짜서 만든 것)이란 말인가? 그 질문은 해결될 수 없다. 여성들의 행위에 대한 사인을 만드는 것으로 짜기는 문자적이면서 형이상학적이고, 독창적이면서 파생적인 것이다. 그것은 뮤즈의 말하기와 같은 것으로 모호하면서도 진실된 말하기이며, 진실된 말하기의 모조품이다.
>
> 테레우스와 프록네 그리고 필로멜라의 신화[18]는 좋은 예이다. 그것은 암묵적으로 짜기에 대한 여성의 일반적인 한계를 증명하는 반면에 암묵

---

18 트라키아 왕 '테레우스'의 아내인 '프록네'의 이야기. 테레우스가 처제인 '필로멜라'를 겁탈하고, 말을 못하게 혀를 잘라버리지만 '필로멜라'는 그 일을 옷에다 수를 놓아서 언니 '프록네'에게 보낸다. '프록네'는 남편에게 복수하기 위해 아들 '이티스'를 삶아서, '네레우스'가 먹게한다. '테레우스'가 이 사실을 알고, 두 여인을 죽이려 하자, 제우스가 세 명을 모두 새로 변신시켰는데 '테레우스'는 후투티 새로 '프록네'는 나이팅게일 새로 '필로멜라'는 제비로 변신 시켰다. 아들을 삶아서 신들 앞에 요리로 내놓은 왕은 '탄탈로스', '리카온' 등이다.

적인(짜는 것)짜기의 놀랄만한 힘을 보여주고 있다. 프록네의 남편인 테레우스는 그녀의 동생인 필로멜라를 강간하고나서 침묵을 지키게 하기 위해 그녀의 혀를 잘라낸다. 그러나 필로멜라는 아폴로도루스에 따르면(3.14.8), 그녀의 언니에게 보내는 "긴 옷에 그림/글"(grammata는 둘 다를 의미할 수 있다)을 짜 넣었다. 필로멜라의 계교는 "짜기의 계교" 와 말하지 못하는 것으로부터 의미를 만드는 초인적인 능력, 즉 침묵하고 있는 물질을 말하게 하는 능력을 의미하는 것이다. 이러한 식으로 여성들의 짜기는 그라미타grammata가 암시하는 것처럼, "글쓰기" 이거나 혹은 그래픽아트, 혹은 들을 수 있고 비물질적인 말하기의 조용한 표현이다.(**"언어와 여성"71-73**)

짜여진 것은 단순히 부족한 것에 대하여 감상적으로 욕망을 표현하려는 대리인역할 이상의 능력을 가지고 있다. 그것은 숨겨진 채로 억압되어왔던 무언가를 표면화시키는 능력이 있다. 텍스트는 한정된 시각에서 보면 글쓰기 이상의 초월적인 그 무엇이고, 그것을 통해 말하기나 진실이 표현되는 투명한 매개체 이상의 것이다. 그라마타는 그것이 데리다와 그래마톨로지를 또 다른 텍스트 영역으로 연결시킴에 따라 중요한 접합점을 만들어 내고 있다. 즉, 알레고리에 대한 발터 벤야민Walter Benjamin의 작업이 그것이다.

알레고리에 대한 벤야민의 1928년의 논설인 「독일 비극의 기원Ursprung des deutchen Trauerspiels」은 『피네간의 경야』미주5와 동시대에 나온 작품으로 그것의 논리는 앰블럼적인 것에서 나온 인용문의 얇은 조직hisotos으로 여겨지고 있다(논설 그 자체를 알레고리적으로 만드는 것, 그것이 말하는 예). 벤야민의 알레고리에 대한 구축의 주된 특성들 중 하나는 시각적, 언어적 기준 사이의 경계를 미끌어져 들어간다는 점이다. 벤야민은 그림을 쓰는 형태로 되어있는 상형문자를 그것 자체를 증명하기 위해 사용하면서, 알레고리에 대한 개념을 명료하게 밝히고 있다.(나의 챕터1에 나오는 "알레고리와 건축의 가능성"을 참조할 것) 상형문자로 글쓰기는 석제 서판과 오벨리스크나 가죽에 새겨짐으로써 보존되어 전해져 내려왔는데, 그 비밀스런 특성("그림"을 새긴 돌 안의 빈 공간은 그 자체가 공간적이다)에서 뿐만 아니라 방법에 있어서도 자르고 새기고 매체[미주6] 사이에서 삼차원적인 사물들을 만든다. 현대의 학자들은 해석가능성과 비밀스러운 특성을 지닌다는 점에서 상형문자로 글쓰기를 장려해왔다. 상형문자로 글쓰기는 딱딱한 물체로 새겨진 빈 공간을 형성한다는 점에서 비밀스러울 뿐만 아니라, 비밀 그 자체와 같다. 그렇게 이해된 상형문자로 글을 쓰는 것은 말할 수 없는 것에 대한 글쓰기와 비슷하여 비밀을 지켜야 하는 것을 의사소통시키는 수단이 된다. 이러한 관점에서, 그것은 짜기와 시와 그라마타로 하나가 되어 묶여 있다. 아서 고든 핌 이야기Narrative of the Arthur Gordon Pym[19]에서 에드가 알란 포우Poe는 추리하고 있는 화자가 스스로 발견하고 재생산시키는 비밀스런 동굴의 공간성과 글쓰기와 비밀스러움 사이를 연결시키는 글을 보여주고 있다.

"동굴Crypt" 이라는 애매모호한 앰블럼화와 그림과 글쓰기라는 모호한 입장사이에서, 상형문자는 전통적인 관점에서 읽을 수 없는 글쓰기, 억압이 표면화되는 글쓰기를 보여준다. 이 "글쓰기"는 각본(동굴)(s)crypt로서 용어정리 될 수 있을 것이다.[20] 그것은 조이스적인 글쓰기이며 피라네지적의 쓰기(에칭)와 비슷하고, 스스로에게 다른 해석을 부여한다. 이 시점에서 이것은 전통적인 글쓰기의 형태로—합쳐지고—나타난다. 피네간의 경야에서 이러한 종류의 교차는 가령, "T"라는 문자 즉, 말들에서 문자의 적당한 배열속에서 적당한 위치를 점유하고, 여성적인 기의(물, 강)에 의해 밑받침됨에 따라 세 번째로 건축적 상인방구조의 기둥과 보를 구성하고, 4번째와 5번째에서는 티(차)와 방뇨tee-tee에 대한 수분의 이미지와 연결되면서 텍스트에서 패턴들(모자이크와 같은)을 형성하는—형태를 취하게 된다. 이 구축에서 그 교차는 종종 문자 "X"의 형태를 취하는데, 텍스트와 전통적인 의미 사이에 공간에서 작용한다는 점과 함께 그것은 데리다의 글(교차

---

19 1838년 에드가 앨란 포우는 꿈에서처럼 배회하는 듯한 『아서 고든 핌 이야기Narrative of Arthur Gordon Pym』와 같은 기괴하면서도 새로운 형식의 소설을 개발해 발표했다. 이 소설은 난파선에서 살아난 세 명의 생존자가 살아남기 위해 발버둥치는 과정들을 적나라하게 묘사하고 있다.

20 이 글에서 제니퍼 블루머는 조이스와 피라네지의 구축방식을 적절히 연결시키기 위해 조이스의 표현방식인 Script(각본)와 피라네지의 아키텍토닉적 구축방식인 Crypt(동굴)의 단어를 겹쳐놓고 있다.

댓구법, 파마콘, 보충, 차연)에서 적은 것을 언급하는 것뿐만 아니라, 이러한 종류의 모호성에 대한 교차적인 보강재의 역할을 한다는 것을 의미한다. 문자 "X"로 주목할 만한 교차와 현재의 작업을 최전선에 놓는 것은 이론과 실제의 것이다. 이것은 단지 두 종류의 "선"이 교차되어 있는 것으로 보이는 것만이 아니라, 반사된 이미지로 같은 것이 두 면으로 동시에 보여 질 수도 있다. 형태(현재의 텍스트는 전통적인 학구적 작업과 아키텍토닉적 구축사이에서 모호하게 위치하고 있다)와 방법론(후기구조주와 맑시즘, 페미니즘 사이의 공간에 위치하고 있으며, 그러한 연구에 비판적이면서 전통적인 학구적 연구의 로고중심적인 면에 초점을 맞추고 있다) 둘 다는 전통적으로 이론적 논설로부터 일탈함으로써 텍스트 그 자체는 비평적이고—비밀스런 교차의 공간에 위치하고 있다.

피네간의 경야 의 구조

한번 이상, 제임스 조이스는 그 자신을 건축가로 언급했다. **피네간의 경야**는 기념비적인 구조이고, 준俊 삼차원적인 텍스트이고, 상호 짜여지고 충돌하는 기하학속에서 친숙하고 오래된 재료들과 조각들이 혼합되어 있으며, 여러 가지 연결로 생기는 모호한 의미사이에서 도시와 함께 정체성을 강화시키며 얽혀진 채로 있는 건축구축적인 것을 포함하고 있다. 그것은 알레고리적인 작업이고, 다른 텍스트를 통해 해석된, 전부터 계속 이어지는 다층적 양피지이고, 잡동사니와 조각이다. 논쟁적인 문제는 어떻게 하면 피네간의 경야가 이론에 근거하지 않는 구축과 그 이론의 오류를 끄집어내려 하는 건축을 구별할 수 있는가이다. 조이스의 텍스트와 같이 방법론에 있어서 문학적 전통으로부터 분리시키는 전략이 여기서 유용하다.

피네간의 경야의 이야기체는 시간의 선을 따라 전개되지 않는다. 이야기의 단위는 공간—텍스트의 공간—에서 조합된다. 그래서 그 텍스트는 일시성을 뛰어넘어 공간내에 특권이 부여되고 움직인다.(서양의 후기 계몽주의 건축과 건축 이론이 건축이 공간에 대한 담론이라는 개념의 유행에도 불구하고 압도적으로 선적이고 이성적—일시적, 공간적이 아닌—인 사고형태에 기초를 두고 있다는 것을 기억하는 것이 중요하다). 이러한 공간의 배경을 만드는 것은 조이스의 텍스트가 글쓰기의 공간에 대한 후기구조주의적인 탐험으로서 독특하게 반향을 일으킨다.

'피네간의 경야' 와 같은 조각들과 잡동사니들이 이야기체적인 조합은 해석자가 자신의 생각을 포기하고 수동적인 수용체가 되어야 하는 상황을 강요하지 않는다. 반대로 독자는 이 텍스트에 관여하고, 계속 작업하고, 다시 써야만 한다. 독자는 작가가 되어야만 한다. 우리는 줄리아 크리스테바Julia Kristeva[21]의 저서 『세미오티케Semiotike』에서 기술되어 있는 독자 같은 사람이 되어야한다.

> 고대인에게 있어서, 동사 "읽다"는 문학을 실제적으로 이해하는 관점으로 상기하고 의견을 내놓는다는 의미를 가지고 있었다. "읽는다"는 것은 "파헤쳐 올리다", "끌어모으다", "계속 지켜보다", "흔적을 인식하다", "취하다", "훔치다"이다. "읽는다"는 그래서 적극적인 관여, 즉 다른 것에 대한 능동적인 전유專有를 나타낸다. "쓰기"는 무언가 생산물이 되는 작업으로의 "읽기"가 될 것이다. 쓰기—읽기와 문법에서 벗어난 행위는 전체적으로 접근하고 참여하려는 열망이 될 것이다. (181)

여기에서 독자이자—작가는 생산자이자 사용자, 제작자, 조합자가 된다. 이것은 미셸 뷔토르Michel Butor[22]의 모빌Mobile이라는 평론에서 롤랑 바르트가 쓴 일종의 작가의 개념이다. "뷔토르는 이 소설을 그의 교리가 될 수도 있는

---

21 '잃어버린 기억'과 '잃어버린 근본'을 찾는 그 사상적 흐름의 대표주자로 줄리아 크리스테바를 꼽을 수 있다. 구소련의 억압하에 있던 불가리아에서 태어난 그는 현재 기호학자, 소설가, 정신분석가, 문학비평가로서 프랑스를 대표하는 지성인 중의 한사람으로 많은 주목을 받고 있다. 그는 글쓰기라는 문학적 체험의 근본을 정신분석에 두고, 정신분석가로서의 풍부한 임상경험을 바탕으로 복잡하고 난해한 인간의 심리와 무의식 그리고 사회 비판을 담은 『사무라이들』 『포세시옹』 『노인과 늑대들』과 같은 소설을 발표한다.

22 새로운 소설 양식인 누보로망이 1955년경에 출현한다. 그것은 참여 소설의 이데올로기적인 관심들 뿐 아니라 일화와 전통 소설이 제공하는 현실에 대한 안이한 설명에 대한 반작용이나. 누보 로망 출현 당시 젊은 작가들(알랭 로브 그리예, 미셸 뷔토르)에게 있어 세계는 더 복잡하다. 그들은 설명되지 않는 세계에서 최초의 것들이라고 강요되는 사물들을 주의깊게 바라보면서 현실을 단편적으로 재구성하려 했다. 그 결과 누보로망은 대개 접근이 어렵다. 미셸 뷔토르Michel Butor(1960-)의 작품들 『변모』, 『도수』 등이 유명하다.

하나의 구조적 연구논문으로 간주했다. 그것은 의미가 생성되는 이벤트의 조각들을 서로 묶는 것이고, 영원히 이 이벤트들을 구조가 세워지는 기능으로 변형시키는 것이었다. 작자(시인, 소설가, 연대기작자)는 그 과정에 관련된다는 면에서 의미를 이해하게 된다."(Critical Essays, 182–183). 뷔토르는 모빌에서 다음과 같이 묘사하고 있다.

> 그린빌에서 4시. 나의 남편은 내 옆에서 잠자고 있다. 요정의 동굴. 트로이, 링컨주의 주 의석. 그는 나의 꿈을 알지 못한다. 수정 동굴, 경이로운 동굴. 트로이. 풀밭 속에서의 떨림. 전환. 트로이, 이 모든 침대에서의 떨림. 트레이서리(고딕식 창의 장식 격자). 트로이. 호수면에서의 떨림. 만곡부. 트로이. 강물. 민더스강(소아시아의 옛 Phrygia를 흐르는 굽이 많은 강). 트로이. 바다로부터의 떨림. 매력. 저녁에는 적절한 각도로 떨리기 시작한다. 뱀의 쉿 하는 소리가 광장과 광장에서 메아리친다.(147–148)

여기는 또한 영화적인 몽타쥬[미주7]와 관련되어 있다. 그것은 몽타쥬에서 테크닉에 의해 창조된 일시적이고 불연속적인 감각으로 이미지 사이에서 의미를 조합하여 종합시키는 역할은 관찰자의 역할로 남게 된다.

데이비드 헤이맨David Hayman은 다음과 같이 기술하고 있다. "이야기들은 그들의 '행동' 을 누설하기 전에 우선 그들이 유추했던 대상을 드러낸다. 시각적, 구어적 효과들은 우리의 주의를 끌기 위해 경쟁한다." 그리고 독자는 그 언어를 계속해서 진행시킨다. "그가 읽는 동안 그 자신을 잃어버리지 않고 텍스트가 된다"(Wake of Wake, 7)

피네간의 경야에서 조이스는 전통이나 이성과 광기 사이의 경계에서 존재하지 않는 것을 만들어내는 방법을 취하면서 제재題材들–기의가 되는 페이지에 기록된 잉크–을 조작한다. 기의는 선적인, 혹은 계층적인 것으로 의미를 나타내지 않고, 다중적인 방향으로 나타낸다. 그들은 지식의 영역을 통해 그 자신이 움직이는 방향을 나타내는 기의에 의해 공간을 나타내면서 미끌어지고 움직인다. 그 제재는 꿈에서의 의미인 프로이드적인 메카니즘(고려와 배제)으로의 다중적인 것과 비슷하다는 것을 보여준다.

제재는 전략을 통해 조작된다.

변형의 전략

쪼개짐

곱셈

반복

동기(모티프)

숫자

기하학적 구성(유클리드적이면서 유클리드적이지 않은)

대립

혼성어(하나를 형성하기 위해 "충돌"하는 둘 혹은 셋 이상의 단어들)

모호성

미끄러지는 기의

혼성어

상반되는 두 성질을 가진 앰블럼의 주도적인 현존

판독하기 위해 특별한 시각적 감각을 사용할 필요성

시각적인 것과 구어적인 것 사이의 구별의 흐릿함

동음성

포개놓음

구조

퍼뜨려진 제재

의미론적 내용의(모호성)

파편화

주제의 짜기와 위에 켜를 겹치기layering

"현상적 투명성"

위계의 부재

유사함의 놀이

문법적 보강재의 현존
객체에 남겨진 과정의 잔여물
과도함
반사성
  자기–알레고리화

전략을 통해 표현하는 것 역시 이 텍스트에서 계속되고 있다는 점을 명심하는 것이 중요하다. 전략적인 움직임 중 각각 나머지가 조작을 필요로 한다는 것이다. 그 움직임은 그래서 잠재적으로는 무한정하게 생산력이 있는 것이다.

공간적인 면으로 은유시켜 보이는 방식은 **피네간의 경야**에서 글쓰기의 방법론으로 종종 사용되었다. 그러나 이것은 연대기적 구성이 없음을 의미하는 것은 아니다. 그 텍스트는 이해하기에는 들어온 대상보다는 덜 이야기체적이고 구축되는 것보다는 덜 회자되고 있다. 그 구조속에서 이야기하고 있는 많은 음성들이 있지만 그렇다고 하더라도, 논의되고 있는 이야기는 이야기속에서 조작되는 제재보다는 덜 현존적이다.

그것들은 발견되고, 훔쳐지고, 전유되고, 표절된 부분으로부터 생성되었다. 다음에는 쉽사리 그들의 이웃에 합쳐질 수 있도록 왜곡되고 변형되고 조작되었다. 그것은 이벤트의 연속과 원인과 결과가 아닌 이웃과의 공간사이의 관계와 관련이 있다. 그것은 어느면에서, 박물관에서 훔치고 있는 파괴자들이 훔친 조각들을 맞추고 있는 질 들뢰즈와 펠릭스 가따리의 구조를 기술하는 것과 같다. 그러나 이러한 비교와 관련된 텍스트와 어울리지 않는지는 유의해야만 하는데(프란츠 카프카Franz Kafka: 마이너 문학을 향하여), 그것은 들뢰즈와 가타리가 조이스를 비영역화 시키기보다는 오히려 재영역화시키려 한다는 점에서 카프카와는 다른 것이다. 조이스는 풍부함속에서 작업했고, 카프카는 빈곤함 속에서 작업했다.

피네간의 경야에서 전통적인 구문론은 억압된다. 단위와 이야기사이의 정체성은 의미의 켜(레이어Layer)가 발견되기를 기다리면서 놓여있는 시스템을 만들고 있으며, 문법적인 체계에 그다지 근거하지 않는다. 그런 면에서 그것은 건축과 평행한데, 예비적이고 기초적인 구문론적 요소(기둥의 맨 위에 기둥머리와 아치가 반복된다)[미주8]와 그리고 모형으로서 구문론(건축어휘)의 배경을 보여주고 있다.

그것은 정치적으로 파괴하는 것이다. 조이스는 그 자신을 반고전적이고 반낭만적인 사람이 되겠다고 선언했다. (하트Hart의 **피네간의 경야에서의 구조**와 동기를 참조할 것) 필립 솔레르스Philippe Sollers[23]는 "2000년 동안의 남녀 인류"에서 다음과 같이 분석하고 있다.

> 피네간의 경야는 "질문"들로 충만하다, 그러나 이들 질문들은 과학적인 질서가 아니다. 그것들은 그 자체를 중심화시키면서 심각하거나 체계적이지 않은 지식을 통해 만들어진다. 이것이 해학을 초월하는 정치적인 편집증과 무감각적인 담론의 위협적인 무게에 저항하여 성취되는 가장 강력한 방식이 되는지에 대한 이유를 알 수 있을 것이다. 양차세계대전 동안, 피네간의 경야가 가장 반파시스트적인 책이었다는 사실을 상기해보자.[미주9]**("Joyce & Co.," Wake of the Wake, 108–109)**

피네간의 경야와 함께 조이스는 언어가 단순히 현실을 반영하기 위한 도구라는 생각에 거대한 도전을 시도한다. 이 텍스트에서, 언어는 재생산되는 것이 아니라 생산되는 것이다. 그것은 "그것이 무엇을 의미하는가?" 에 대한 것이 아니고 "그것이 어떻게 작용하는가?" 에 대한 것이다.[미주10] 그것은 구조의 본

---

23 프랑스 작가. 보르도 출생. 파리에서 경제학을 공부하였으며 1957년 단편 『도전』으로 F. 모리아크 · L. 아라공에게 격찬을 받았고, 다음해 장편 『기묘한 고독』으로 신진작가의 지위를 굳혔다. 60년 계간지 『텔 켈Tel Quel』 창간 때 편집진에 참가하였고, 누보로망을 능가하는 새로운 수법으로 『공원(1961)』을 발표하였다. 『텔 켈』 시절 K. 마르크스 · V. I 레닌 · 마오쩌둥毛澤東 사상에 접근, D.A.F. 사드 · A. 아르토 · H. 바타유 · G. 프로이트 · J. 조이스 등에게 관심을 가졌고, 77년의 미국 특집 등으로 '변절한變節漢' 이란 욕을 들으면서 변모와 전향을 반복하였다. 그러나 그 저변에는 서구사상 전체의 재평가를 위한 흔들림이라고 하는 일관성이 인정되고 있다. 감성 · 지력知力 · 결의 등과 뛰어난 글재주가 두드러진 작가이다.

질에 대한 탐험이다. 질문은 작업의 형태와 내용에 관한 것이다.(노리스Norris, 비중심화된 세계Decentered Universe 참조)

질문은 요소의 투명한 내용보다는 관계와 구조에 있어서, 페르낭 소쉬르Ferdinand de Sausure[24]가 중요하다고 생각하는 것을 결정하는 동시에 그것을 초월한다. 이 언어적 사인Sign의 제 멋대로의 본성이 피네간의 경야에 "근본이 되는 것" 이다. (역시 언어에서는 공시적인 관계에 초점이 맞추어져 있다.) 그러나 관계와 구조들에 의해 발생하는 "의미"는 거의 통합되거나, 심지어는 모이지 않게 된다. 포우Poe의 이야기 "숨겨진 문자" 에서와 같이 모든 정보는 현존하고 있다.[미주11] 학교에서, 우리를 유혹하는 특화된 "의미들" 은 관심을 다른 곳으로 돌리게 하는 것들이다. 소쉬르를 넘어서려는 것 때문에 마찰이 일어나는(관계가 생기는)"의미" 를 찾는 것에서 넘어서서, 우리는 단순히 그들 자체를 일치시키는 것을 보는 것으로 되돌아오게 된다. 피네간의 경야에서 "그것이 어떻게 작용하는가?" 는 "무엇을 의미하는가?" 이다.

프랑스 평론가 엘렌 식수Helene Cixous[25]는 그 작업을 다음과 같이 썼다. "[일반적인 문장]의 선적 구성은 폭파되어 따로따로 분리되고, 은하수와 같이 많은 언어(단어)로 대체된다." (제임스 조이스의 망명, 606) 그녀는 이후 제임스 조이스가 알레고리화 시키는 것이 작은 규모에서 뿐만 아니라, 뚜렷하게 큰 것에도 작용한다는 것을 보여주면서 알레고리에서 시각적, 언어적 범주를 흐리게 만드는 논쟁을 만들어 냈다.

> 산문과 예술가의 감수성에서 단어와 사물의 감지가능한 모습은 비록 단어 그 자체가 우리가 만나고 직관으로 바뀌었던 대상이더라도 비슷한 상상력을 불러일으켰다. . . 종종 연쇄반응이 시작되고, 단어의 역할이 퇴색됨에 따라 변화를 일으키기 위해 더 많은 단어를 상기시켜 상상력을 불러일으킨다. 조이스와 다른 예술가들은 이러한 과정을 알기 때문에 더욱더 현실과 만나는 장소로 작용하는 언어를 더 많이 요구한다. 그가 느끼고 필요한 단어나 사실을 계속적으로 찾고 있다.(606)

여기에서의 언어는 거울로서 파악되는 것이 아니라, 일종의 잠재적 변형을 전환시키는 매카니즘으로서, 수없이 많은 교차지점으로 파악된다.

이 시점에서 피네간의 경야에서의 언어는 해체비평의 생산력 있는 패러다임으로 제시되고 있다. 빈센트 라이치Vincent Leitch[26]는 피네간의 경야가 "방종스럽게 많은 단어를 배치하여 다른 해석의 질서를 만드는 텍스트"라고 쓰고 있다.(해체 비평 202) 피네간의 경야는 강박 관념적인 오독誤讀이다. 조이스는 해석과 침입하는 것과 글쓰기 사이와 시작과 끝, 시각적인 것과 구어적인 것 사이의 구별을 흐릿하게 하고, 이분법적 논리로 억지로 기준에 맞추려고 하는 것이 불합리하다는 것을 보여주고 있다.

> 거기 궁극적으로 필물筆物을 발명할 자만自滿(프루트) 신부神父는 게다가 한층 유식한, 그리하여 그는 거기 근원적으로 습독襲讀을 발견한 시인詩人이라. 그것이, 우리들의 살인殺人(켈즈)서 서가 지금을 위해 많은 대위법적 말 운운云云으로 결착結着하는 분변종말론糞便終末論의 요점이도다. 암호법전暗號法典으로 작성될 수 없는 것은 만일 긍이목肯耳目이 부목이否木耳가 비탄착悲歎捉했던 것을 포착한다면 해독록解讀錄 될 수 있는지라. 자 이제, 교의教義가 통용通用하나니, 우리는 결과를 야기하는 유발적誘發的 원인과

24 스위스의 언어학자. 제네바에서 태어나 독일에서 인도유럽어학을 배우고 파리와 제네바에서 비교언어학을 강의하였다. 그가 죽은 뒤 기술 언어학의 출발점이 된 『일반언어학』 강의가 제자들에 의해 출판되어 언어 이론에 큰 영향을 주었다. 소쉬르의 기호학은 언어학(음운론)에서 출발하여, 언어 현상에서 찾아지는 규칙을 제시한다. 그 규칙은 보편적인 것으로 문화 현상 일반을 지배하는 것으로 간주된다. 가령 기호를 기표와 기의가 자의적으로 결합된 것이라 할 때, 이는 기호가 사회적 약속이나 관습임을 말하는 것이다.

25 뤼스 이리가레이, 줄리아 크리스테바와 더불어 프랑스 페미니즘 이론의 새로운 삼위일체로 불리는 엘렌 식수(파리 8대학 교수). 이론가 겸 작가로 강단과 연극 무대에서 활동 중이다.

26 빈센트 라이치는 해체주의적 비평론에서 하나의 기표의 기의를 결정하거나 고정시킬만한 필연적이거나 본질적인 의미, 즉 타고난 자질은 존재하지 않는다는 점을 강조한다. 우연적인 틈에 정박하여 또 다른 필연성을 만들려는 노력은 역설적으로 떠도는 기표들을 강조한다. 부유하는 기표들 속에서 이미지의 시작을 알리는 자그마한 틈은 그것이 낳은 형상의 기초를 튼튼히 하는 것이 아니라, 불안정하고 모호하게 만들기 때문이다. 그것은 우연적인 틈을 시작으로 하여 그 주변에 형상의 뿌리를 내리지만 각 지역들 간의 연계가 없는 헤테로피아의 세계이다.

후분신결과後分身結果를 이따금 재기再起하는 감과感果를 지닌 셈이로다.

(피네간의 경야, 482.31-483.01)

구조에 대한 해설이 있는 여행 (무엇인가와 어떻게 해석할 것인가)

이 책(현재 섹션 이후에 나온다)은 앞으로 나오게 되는 3+1구조를 이론화시키기 위해서, 발터 벤야민의 『독일 비극의 기원Ursprung des deutsches Trauerspiels』의 해석에 대한 계획을 세우면서 알레고리와 건축의 주제를 설명하는 구조로 구성되어 있다. 첫 번째 세 구조들은 피라네지의 세 개의 에칭과 그림에 대한 경향의 보강재의 텍스트에 대한 조합이다. 그들은 그것들이 위에 논의된 전략적 작업과 관계되어 있다는 점에서, 피네간의 경야에서 끌어낸 구조들이고, 그것들은 또한 현대 비평의 해석으로 일반에게 알려졌다. 피네간의 경야의 챕터들과 같이 그것들은 역시 단순한 유클리드 기하학적으로 구축되어 있다. 후광도해vesica piscis(끝이 뾰족한 타원형 장식)로 알려진 등변삼각형을 만들기 위한 유클리드의 기하학적이고 앰블럼적인 도해는 피네간의 경야에서 그 구조적 특징을 이루고 있다. 첫 번째 그리고 세 번째 구조들은 다양한 방식으로 교차하는 원 위에 겹쳐져 있고, 중간구조물은 원과 삼각형위에 겹쳐 올려져 있다. 후광도해vesica piscis는 앰블럼이 그러한 것처럼, 많은 부분에 있어서 현재작업의 알레고리적인 앰블럼이다.

또한, 첫 번째에서 세 번째 구조로 향하는 선적인 진행 방식은 20세기의 언어와 관련된 주요 주제일 뿐만 아니라, 이 작업의 주제가운데 하나인 조정된 논리를 보여줄 것이다. 그것은 이야기되는 동시에 쓰여지는 언어이다. 첫 번째 구조(마르지오 광장Campo Marzio)는 쓰여진 것에 해당하고, 벤야민의 방식으로 논설 형태의 한계를 보여주는 형태로 구축되어있다. 세 번째 구조(감옥Caceri)는 독자가 해석하면서 자세히 해독하기를 요구한다. 왜냐하면 그 속의 많은 연결들이 거시적, 미시적 관점에서 동음성과 관련되기 때문이다.(피네간의 경야에서처럼) 중간적 위치의 기숙사 계획Collegio은 논설과 자장가 사이의—아마도 건축의 영역 안에—흐릿한 장소처럼, 이들 양극단 사이에 놓여있다.

그 세가지 이후에 나오게 되고 아마도 그들의 모습(세가지의 밑 깔개가 됨으로써)에 속할 수도 있고 그렇지 않을 수도 있는데, 둘 다는 로고중심적인 삼위일체설이란 균형의 범주에 집착하게 되어 폭발하게 된다. 이후 벤야민에게로 회귀하면서 둘 다는 그것을 본받아 벤야민의 아케이드론Passagen-Werk[27]의 파편들을 사용한다. 그것은 "데카르트의 집Un Chateau des cartes" 이라고 명명된 것으로 탁상공론이란 뜻과 동시에 데카르트의 집이라는 의미를 포함한다. 후광도해는 존 소온경의 건축적 구축방법과 제임스 조이스의 구축과 발터 벤야민의 이론적 구축사이에서 동요됨으로써 건물과 텍스트의 모호함을 앰블럼화시키며 등장한다. 이 집은 유령이 출몰하고, 벽장에 비밀들을 포함하고 있다. 그것은 이 텍스트가 이론화시키려는 것이고 특별한 종류로 실행시키는 것에 대한 잔여물이다.

이 텍스트에는 어떠한 "결론" 도 없다. 끝부분의 가장 높은 숫자의 페이지에서 그 텍스트는 완벽한 원이 되고, 시작되는 순간에 이르러서는 또 다른 원(또 다른 해석)이 된다. 후반부의 실렙시스Syllapsies에서는 두 개가 차례차례로 교대하여 비선형적 해석으로 전환하는 매커니즘으로 작용한다. 하나의 해석은 실렙시스에서 시작하고 각각 주제 (가장 중요한 문자에서 괄호 친 단어로서 책 전체에 나타나는)는 영역에 구축되는 것을 보여주고 있다.

이 해석은 거위 게임le jeu de l' oie의 구조를 모방하고 있는데 그것은 여기서 주제이면서 동시에 구조 둘 다를 의미한다.

해석에 있어서, 대상은 항상 그 자신을 맴돈다. 작은 벌레와 같이 안으

---

27 완성되지 않았기에 전설이 되는 저서들이 있다. 벤야민의 『아케이드 프로젝트Das Passagen-Werk』가 그러한 책 중의 하나이다. 벤야민이 『아케이드 프로젝트』에 말년까지 몰두했지만 죽음 때문에 완성하지 못했다는 사실은 1950년 아도르노의 벤야민 평전 발터 벤야민의 특성Charakteristik Walter Benjamins을 통해 세상에 알려졌다 그 이후 '아케이드 프로젝트' 에 대한 무성한 소문과 추측이 나돌았다. 『아케이드 프로젝트』의 미완성 유고가 1982년 벤야민의 전집Gesammelte Schriften 제 5권으로 출판되어 세상에 나타났지만 『아케이드 프로젝트』에 대한 신비감은 종식되기는커녕 강화되었다. 출간된 『아케이드 프로젝트』는 체계적인 연구서가 아니라 메모와 단상의 형태로 벤야민이 남긴 기록을 모은 덩어리뿐이었기 때문이다.

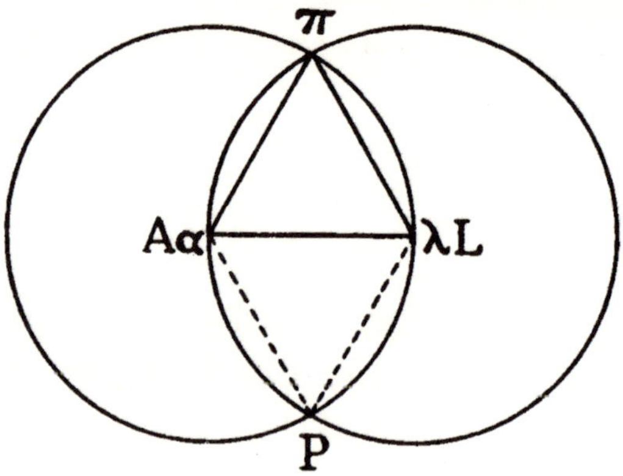

후광모양 Vesica Piscis

로 감기는 다중점이 있고, 그곳으로 여러 가지 것들이 끌려오는 벌레나 두더지 길을 포함하고 있다. 이러한 관점에서, 페이지에 검은 표시로서 나타나고, 사고와 문서와 도식을 형성시키는 "시스템"이 되는 3차원적 지도를 형성한다. 정확하게는 "글쓰기"가 전통적으로 구성되었던 것처럼 글쓰기가 아니고 그와 같이 "그림"도 아니다. 그것은 사이 공간에서 작용하면서 글쓰기와 그림사이에서 진동하고 있다. 전통적인 알레고리 회화는 언어적인 것과 그래픽적인 것 사이의 공간과 관련되는 해석과 그것을 관찰하면서 조작하는 해석자를 필요로 하는데, 이것이 단순한 모델이다. "공간사이"라는 것은 두 개 사이의 관계를 파악하기 위해서, 탐험되어야 하는 것이거나 그 안에 구축되어야 하는 것이다. 현재의 텍스트는 그러한 구축이다. 그래서 그것은 건축의 이론과 텍스트를 제안하는 논설이 아니라 건축과 텍스트의 이론 이 외의 구조이다. 그것은 변형작용에 달려있다. 『위치Position』이란 책에서 자크 데리다는 다음과 같이 기술하고 있다.

가능성의 한계나 명백한 가능성 내에서 해석은 기표와 기의 사이의 차연을 오간다. 그러나 만약 이러한 차이가 절대 순수하지 않다면 해석은 오히려 더 순수하지 않으며 **변형**의 개념은 해석의 개념으로 대체되어야 한다. 다른 것 때문에 생기는 언어의 규제된 변형이거나 다른 텍스트에 의한 한 텍스트의 변형이 되는 것이다. 우리가 의미하는 기구—혹은 "운반기구"—가 한 언어에서 다른 언어로 더렵혀지지 않고 그대로 남겨지는 순수한 기표가 "뜻이 변동되는 것"을 다루어서는 안 되며, 그렇게 하지도 않을 것이다.(번역, 스피박Spivak 데리다에게 보내는 서문, 그래마톨로지)

그것에 대해 가야트리 스피박Gayatri Spivak은 다음과 같이 답변한다. "한 언어에서 다른 언어로 혹은 같은 언어속의 해석은 '같은' 언어에서 나오게 되는 상호 텍스트성의 번역이다."(데리다에게 보내는 서문, 그래마톨로지) 피네간의 경야의 언어는 바로 여기 이 지점으로 향하고 있다. 그것은 동일하면서도 동일하지 않은 언어이다.[미주12](언어 울타리의 두 가지 측면—건축적인 것과 언어적인 것)

의미의 다중적인 가능성을 가진 상태에서 계속적으로 미끄러지는 것과 씨뿌리기, 연대기적 (논리를 지우는) 구조의 동시성에 대한 양상이 있다. 이것은 억압된 시간(혹은 억압된 음악)을 나타내는 것이 아니라, 단순히 닭과 달걀의 선택과 같은 것으로 남게되는 개념이다. 그것은 우리가 붙잡아야만 하는 동시성이다.[미주13]

피네간의 경야에 대한 건축구축적Architectonic 탐구는 땅파기, 껍질 벗기기, 해부하기 같은 것으로 기술할 수 있는 텍스트가 어떻게 작용하는지에 대한 것을 포함하는데, 텍스트의 구조를 보여주면서 동시에 텍스트 안에서 만드는 과정을 보여주는 것이다. 그 텍스트는 건축구축적이고 동시에 강렬하게 알레고리적이다. 그것은 이야기의 이해와 역사적인 설명의 차이점 중에 폴 리쾨르Paul Ricoeur의 사료편찬 구조와 유사한 건축이론을 기초로 할 수도 있는 모형으로 연대기적으로 비논리적인 구조가 겹쳐지는 구조이다.(Time and Narrative 1권을 참조할 것)

연대기적인 것과 비논리적achronological인 것의 겹침—아마도 형태와 과정—은 크랙 오웬스Craig Owens[28]가 표현한 것처럼("알레고리적 충동"[29]을 참조할 것) 알레고리의 개념과 "반 이야기체의 개요"에 결정적인 것임에도 불구하고 일시적인 것에 대한 예로 인용할 수 있다. 알레고리적인 건축이 무엇이 될 것인가에 대한 스키마를 떠올리는 데에 있어서, 우리는 거의 도매가로 발터 벤야민의 수없이 많은 알레고리를 둘러싼 용어들을 차용할 수 있다. "자연과 역사의 기묘한 조합"에서 태어난 반대적인 고전주의이고, 세속적인 세계에 대한 상형문자적(시각적인 것과 구어적인 것 사이에 존재하는 것)인 것, 높임과 동시에 평가절하 하는 것, 둘 다는 전통과 표현, 동시적인 "불황"과 "태연자약함"의 영향을 받는 파편으로 구성된 잔해와 양피지적인 것과 유사한 형태와 기술로서, 이것은 "형상적인 중심으로 모인 앰블럼의 낭비. . .이다." (기원Origin, 167, 188)

역사와 건축을 통해 선별함으로써, 그러한 건축의 예들이 발견될 수 있다. 다른 무엇보다도, 프란세스코 보로미니의 작업과 지암바티스타 피라네지, 존 소온 저택 박물관과 카를로 스까르파의 카스벨뗵키오 리노베이션이 그것이다.(알레고리적 건축의 역사는 그 자체가 알레고리적이다) 포스트 모던건축의 혼성화混成畵는 희미한 알레고리적인 몸짓이다. 형상과 상징에 대한 수사법이 동반될 때, 그것은 이론적으로는 알레고리적인 것이 아니다. 현재 건축의 알레고리적 충동에 대한 더욱 유력한 혼합물은 문화에서 반동적인 입장으로부터 나온 것과 더욱 직접적으로는 양식으로부터 나온 이미지의 논쟁("포스트모더니즘"과 "해체주의"와 같은 것)을 통해 건축을 움직일 수 있을 것이다.

그러나 이 수 없이 많은 사고를 통해서 무엇이 건물에 일어났는가? 현재 그 자체로 건물의 상태는 다중적으로(그리고 동시적으로) 건축적 사실의 역사와 건축의 역사 안에 위치하고 있다. 그리고 여기에서 역사 이론이 중심 논점이 된다.[미주14] 건물은 건축역사의 대상이 된다. 그러나 이것은 역사 이론과 관계가 있으면서 미끌어져 들어가는 종류가 되는 대상이다. 건물은 발생했던 무언가에 대한 보관문서이다. 그것은 훌륭한 투명성(해석가능성)이 있는 문서이다.

왜냐하면, 그것은 발생한 것이 구체화된 것이기 때문이다.(역사가가 중재시킨다.－역사적 관계에서 "중개자"의 존재는 없다) 동시에 시간에 대한 기능적 대상으로 사용되고 있기 때문에 극도의 불투명한 문서이다.(그래서 시간에 대한 결과는 물리적, 기능적 변화이다); 시간에 대한 가정－전유專有 때문이다.－건물은 다른 건물을 만들기 위한 모형으로 작용한다. 그리고 그것을 단일 문서로 "해석"함에 있어서 어려움 때문에 암시적인 것 보다는 역사적으로 더욱 전유적으로 되는 가정의 본질이다(브라만테의 템피에토가 그 예이다.)

건물은 실제로 발생한 것이다. 그것은 단지 문서만으로 이루어지는 것은 아니다. 그것은 사건 그 자체이다. 그것은 『시간과 이야기**Time and Narrative**』에서 폴 리쾨르**Paul Ricoeur**[30]의 기준에 맞는 것으로 이해될 수 있다. 그러나 그속에

---

28 회화에서의 해체적 충동을 설명하기 위해 오웬스**Craig Owens**는 텍스트성이나 알레고리 개념을 사용한다. 그것은 정반대의 의미들이 복잡하게 대립되어 있는 상태이거나 완결된 형태가 아닌 끝없이 진행된다는 의미의 불확정의 상태, 혹은 해독불가능성의 의미로 나타나며, 양식상으로는 불화와 단절을 초래하는 요소들의 병렬, 축절, 차용 등으로 변별된다.

29 크레이그 오웬스의 표현을 빌리면 "알레고리적 이미지는 도용된 이미지이다. 알레고리를 활용하는 작가들은 이미지를 창조하지 않고 징발해 오기 때문이다. 그들은 문화적으로 의미있는 것에 대해 하나의 주장을 제기하고 그것에 대한 해석자로 자처한다. 그들의 손에 들어가기만 하면 이미지는 다른 어떤 것으로 변해버리고 만다. 하지만 그들은 잃어버리거나 불명료해진 원래의 의미를 회복시켜 놓지 않고 또 다른 의미를 덧붙인다." 오웬스의 이같은 서술을 이들 신표현주의 작가들에게 보편적으로 적용될 수 있다.

30 Paul Ricoeur 1913. 2. 27 프랑스 발랑스. 프랑스의 현상학 철학자 · 역사학자. 인간의지 · 자유 · 악과 관련된 사건과 상징을 기술하고, 해석에 관한 다양한 언어학 · 정신분석학적 이론을 연구했다. 리세 드 렌과 파리대학에서 공부했고 1933－48년 여러 연구소에서 일한 뒤 1948－56년 스트라스부르대학교에서, 1956년부터 현재까지 파리대학교 교수로 재직중이다. 루뱅 고문서 도서관 관장을 맡기도 했다. 주요저서로는 『의지철학**Philosophie de la volonté**』(3권, 1950－60) · 『역사와 진리**Histoire et vérité**』(1955) · 『해석에 관하여 : 프로이트론**De l' interprétation : Essai sur Freud**』(1965) · 『생생한 은유**La Métaphor vive**』(1975) · 『행위의미론**La Sémantique de l' action**』(1977) 등이 있다.

31 파르테논은 고전의 원형**prototype**이 되어 현재에도 유효한 디자인의 원형이 되어 반복 재생산되고 있다.

32 BC 5세기에 활동한 아테네의 건축가. 아테네 아크로폴리스에 있는 아테나 니케 신전을 설계했으며, 익티노스와 함께 파르테논 신전을 건립했다. 아테네가 페르시아와 평화 협정을 맺은 BC 449년의 기록에 따르면, 아테네 원로원이 칼리크라테스에게 '날개 없는 승리의 여신' 으로도 알려진 아테나 니케 여신에게 바칠 신전을 아크로폴리스에 만들도록 위탁했다.

다시 미끄러짐을 보이는 영역이 있다. —그것은 리쾨르의 첫 번째 인식론상의 기준과 관련되어 사건은 반복될 수 없다는 점이다. 건물은 반복되는 느낌이 있다.—8주식 그리스 신전은 예를 들어 반복될 수 있고, 심지어는 파르테논도 그럴 수 있다. 다른 한편으로 아크로폴리스 위에 있는 파르테논은 단일의 "사건"이다. 그러나 다시 그것이 그 자체의 반복을 계속 수행하고 있기 때문에[31] 한편으로는 그렇지 않다고 말할 수 있다. 그래서 페리클레스 통치시절, 익티노스Ictinos와 칼리크라테스Callicrates[32]에 의해 아테네의 아크로폴리스 언덕에 건설된 파르테논은 단일의 사건이다. 그러나 이제 우리는 그 건물을 초월해 버렸다. 우리는 그것을 시간과 활동의 역사에 연결시켜 왔다. 거기에는 진동이나 동시성이나 역사에 관련된 건물의 지위가 성립되었다. 그것은 반복되는 대상이고 활동의 복잡한 망 속에 존재하는 대상이다.

그렇다면 건물이라는 존재는 텍스트적인 것이고, 양극단에 존재하는 것은 아니며 심지어는 변증법적인 것도 아닌 공간과 시간의 정신적인 구축사이에 위치하고 있는 것이다. 이러한 면에서 건축(그리고 건축이론)은 벤야민적인 관점에 보자면 어느 정도는 "항상 준비되어 있는" 알레고리적인 대상이다. 그것은 건축이 그 안과 그 자체에 급진적인 비평적 작용을 위한 도구를 포함하고 있다는 점이다. "비평의 전략은 비평의 대상 안에 위치한다." **(세르Michel Serres, 헤르메스Hermes, 38)**

이 책의 구조에 아치를 덧붙인 전략은 건축 그 자체를 구성하는 수 없이 많은 이음매에 의해 강조된 조직의 상호 잘 짜여진 [지도 그리기Mapping]이다. 어떤 사람이 나의 구축물에 접근해보면, 독자를 깜짝 놀라게 하는 관념의 복잡한 대상으로 구축의 느낌을 전해주어야 하는데, 건물의 물리적 복잡함을 무언의 몸짓으로 나타내는 매듭이 많은 텍스트를 형성시키기 위해 역사와 문화에 연결되어 있는 것이다.

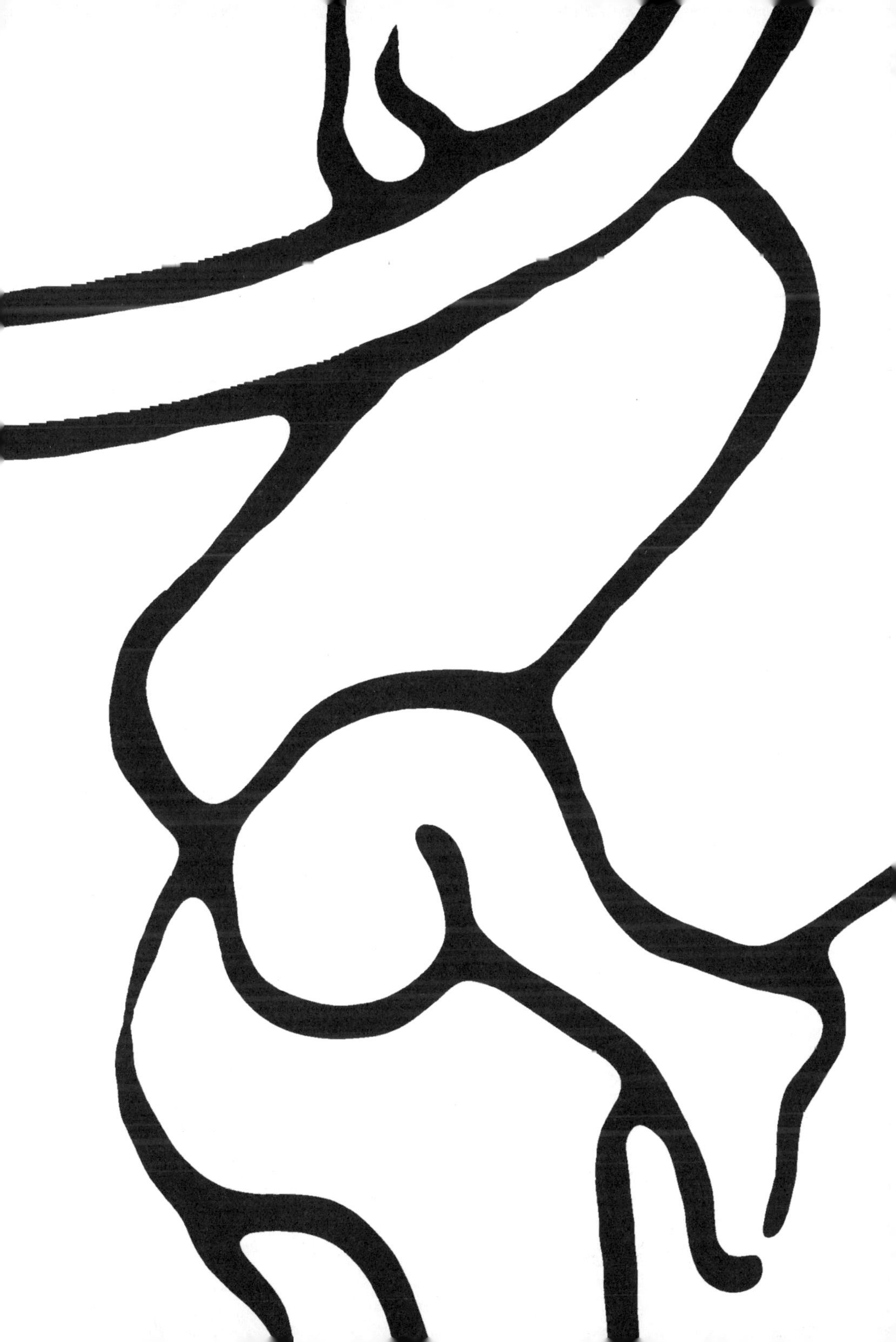

CHAPTER
1

알레고리와 건축의 가능성
Allegory and the Possibility of Architecture

"자연은 그렇기 때문에 순수하게 시적이고, 따라서 그것은 마술가의 밀실이자 물리학자의 연구실, 아가방, 다락, 헛간이다." 그것은 알레고리적인 것이 무엇보다도 바로크와 친숙한 마술가의 밀실이나 연금술사의 연구실과 같은 조각적이고 난잡하고, 무질서한 특성들과 이러한 방식들과 함께 관련되었다는 사실에 관해서는 어떠한 것도 우연적으로 나타난 것은 없다고 가정하지는 말아야 한다. 유아방과 유령이 출몰하는 방과 같이 독일 문학의 가장 위대한 알레고리 작품은 장 폴Jean Paul의 것이 아닐까?

발터 벤야민, Novalis를 인용하며, *독일 비극의 기원*

감자가 돌이 많은 토양에서도 자라는 뿌리채소라는 것과 아일랜드 기원이라는 것은 잘 알려져 있는 사실이다. 감자는 어두운 곳에서 자라고 눈으로 알려진 기묘한 돌기를 내 보인다. 이러한 엉이 줄기를 파보게 되면, 많은 감자들을 캐내기 이 전에 우리는 흙 안에 포함되어 있는 많은 [돌STONE]들을 걸러야만 한다. 이곳에는 7개의 감자들이 동시에 묻혀 있고 돌이 많은 이 텍스트에는 7개의 감자들이 묻혀 있다. 그것들을 찾기 위해서 우리는 조금 더 파내려 가야할지도 모른다.

감자 1

Humpty Dumpty[33] sat on the wall,
Humpty Dumpty had a great fall,
All the king' s horses and all the king' s men
Couldn' t put Humpty together again!

---

33 험프티 덤프티(영국의 전래 동요**nursery rhyme,** 《美》 **Mother Goose rhyme**)에 나오는 주인공; 담벼락에서 떨어져 깨져버린 달걀의 의인화). 2 (때로 h– d–) 땅딸보, 넘어지면 일어나지 못하는 사람; 한 번 부서지면 원래의 상태로 되지 않는 물건

험프티 덤프티는 담 위에 앉아 있었다네,
험프티 덤프티는 떨어져 심하게 망가졌지.
왕의 모든 말과 군사들도
험프티를 원래대로 돌려놓지는 못했다네.(영국의 전래 동요nursery rhyme)

진액이 나오고 스며나고, 세어나오고, 새고 뚝뚝 떨어지고, 스며나오고, 흘러나오고, 흐르고, 발산하고, 개천이 흐르고, 또 다시 발산한다네.
ps. 돌중에 떨어지지 않았더라면, 이 이야기는 날라셨을 시도 모른다.

우리가 이 세상에 나오기 전에 우리는 움직이는 존재, 어두움 속에 장님으로 계획된 존재, 움직임 속에서 던져지고 구르고 흔들리는 육체이다. 일단 나오게 되면, 우리는 빛에 의해 급습당하고 흔들림은 우리를 편안하게 만든다. 우리는 방랑인의 태생이자 촉각류이고, 우리는 그것을 잊으려고 우리의 삶을 소비한다. 건축은 이러한 것을 부인하려고 만든 증거이다. 그것은 표현할 수 없는 것과 우리들 사이에 서있다. 우리의 존재적인 계획들은 죽을 것을 감추는 것에 의해 불사화 되면서 육체를 부인하면서 죽음을 부인하게 된다. 우리는 관능적인 것을 희생하여 이미지를 만들고 열심히 용기用器나 선박, 사물을 재생산하려는 시도로 돌을 쌓는다. 우리는 시지프스와 같이 목표에 절대 도달할 수 없다. 왜냐하면 그렇게 하는 것이 불가능하도록 게임의 법칙으로 프로그램화되어있기 때문이다.

감자 2

나는 새로운 스타일로 문제를 제기하는 비영토화와 씨뿌리기의 논쟁과 최근의 건축의 "결함"에 대해서, 의문을 제기할 수 있는 – 혹은 씹어 먹을 수 있는 –뼈(논쟁거리)를 가지고 있다. "무엇같이 보이는가?"는 "어떻게 작용하는가?", 혹은 "순회하는 것은 무엇인가?" 혹은 "조합은 무엇을 구성하는가?"와 같은 문제가 아니다. 아마도 내가 씹고 있다고 생각하는 뼈는 나의 꼬리이다.[미주1]

아마도 마크 위글리[34]는 이제 건축적인 "표정"(어떻게 그것을 규정할 수 있는지는 알 수 없지만 그것을 본다면 알 수는 있는 것처럼)으로 표현할 수 있을 정도로 재미있고 손쉽게 계획한 듯이 해체를 아주 우스운 것으로 폄하하는 가운데 면도칼의 날과 같이 애매하고 이중적인 게임을 해왔는데 그 한계는 해결되었다.[미주2] "아마도"라는 가능성의 영역과 굵은 돌grosse pierre은 벌어지는 검은 구멍을 남기면서 옆쪽에서 굴러왔다. 그 작업은 이제 시작된다. 다시.

아마도: 다윗은 잘 조준된 자갈을 던졌고, 골리앗을 맞춰 다치게 했다(눈을). 유리의 집House of Glass에서 사는 사람들은 부드럽게 얘기하지만 큰 새총을 가지고 있는 소년을 초대하는 것에 주의해야 한다.

감자 3

다음 1988년 6월 New Cirterion지에 로저 킴벌Roger Kimball이 쓴 한 원고처럼 때때로 조약돌은 천대받는 것처럼 보인다. 그 단편의 논설은 "포스트모던 건축의 죽음과 부활"이라 제목이 붙여졌고, 큰 돌을 굴리려 하고 있다. "아이젠만 선생의 잡담에 빠져서, 우리는 쉽게 건축이 본질적으로 살 수 있게 지어지는 건물에 관한 것이라는 것을 잊곤 하는데 건축이란 대상은 우리가 작업하고, 놀고, 종교집회를 하는 것이지, 해독하려 애쓰는 대상은 아니다."(26)라고 쓰고 있다.

이 돌들의 몇 개를 부수어 확인해보자. "푹 빠져있음": 우리는 물속에 있고, 그곳은 아마도 뜨거운 물일 것이다. 아마도 빠져서 익사하고 있는 중이다. 잡담에 빠져서.(잡담하는 것은 언제나 질서없이, [바벨BABEL]탑에서처럼 마음속에 떠오르는 무엇이든 언어로 나타내는 것이다.) 이성애적 백인 성인남성은 잡담하지 않는다. 누가 잡담하는가? 까치나 여자들, 아이들, 흑인 할머니와 영화 속의 엉클 톰, 떠벌리는 게이 남성 등이다. 피터 아이젠만은 상처난 곳을

---

34 콜럼비아 건축대학원 교수, 당대의 최고 건축이론가중 한명. 데리다와 함께 해체의 논점을 강하게 피력한 것으로 유명해짐

때려왔다. 말과 권력구조에 있어 그의 위치는 도전받아 왔다. 여기서 건축은 순수한 본질을 가지고 있는 단순하고 통합된 교리이다. 그것은 바로 거주가 가능한 건물을 짓는 것이다. 건축의 존재(본질)는 우리가 거주하는 건물을 짓는 것이다. 친숙한 모형이다. 그러나 킴벌Kimball은 "해독하려고 하는 것"의 또 다른 범주에 암시를 만들면서 일부의 건축적 현존재Dasein[35]를 언급하는데 실패한다. 해독하는 것은 이전에 암호화되었다는 것을 미리 가정하는 것으로 여기서 본질적으로 건축이 아닌 부가적인 양상으로서 암시된다. 그리고 이것은 선을 끌지는 않고 둘 다 양끝을 묶는다. 이것 없이, 킴벌Kimball은 테이블에 실증주의의 카드를 내려놓았다. 건축이 아닌 것/건축인 것의 이중성은 다음과 같이 나타낼 수 있다.

아이젠만	**건축**
잡 담	본질
익 사	건물과 주거
투 쟁	사는 것/일하는 것/노는 것
해독하기	예배드리기

확실히, 아이젠만은 건축의 편에 서있지 않다.

감자 4

건축은 서있다. 건축은 세워져 있고 동시에 무언가를 상징한다.[미주3] 깃발이나 상징처럼 사인Sign이다. 건축은 대체물이다. ―그것은 무언가를 대표하고 무언가 과도한 상태이다. 건축의 힘은 잠재적으로 세워질 수 있다는 가능성에 있고, 강력한 권력가로부터 나오는데 때문에 전능자(신)를 받아들이고 그의 존재를 대신한다. 신의 보호를 받는 나라가 그 경계로부터 피를 흘리고, 그 자체를 세계적 다중 자본주의의 체제 상태로 만들 것을 요구할 때, "이 모든 것은 누구인가?"와 "자유와 정의는 무엇인가?"라는 질문은 미묘하면서도 미끄러지는 것이다. 건축이 나타내는 것은 미끄러지고, 어려울 때 미끄러지고, 어려운 것이 논리적으로 이해될 수 있다.

엘렌 식수라는 마녀는 모니크 위티그Monique Wittig[36]의 게릴라Les Guerilleres에서 억제된 제조자로 등장한다. 이 허구적 세계에서 여자들은 그것에 반작용하는 조합을 만들기 위해 놀랄만한 재료의 도구를 사용한다. 그들은 [비주류 건축MINOR ARCHITECTURE]을 만든다. 그들은 자본주의 문화의 도구—또는 종류의 대량생산 기계장치, 세탁기, 진공청소기, 스토브—를 모으고, 거대한 알레고리적인 쓰레기장으로 만드는데 그들이 불을 지른 후에 소스라치게 놀라는 모습을 보인다.

> 이후에 그 주위를 돌며 춤을 추기 시작하고, 손뼉을 치고 음란한 말들을 외치고 머리카락을 잘라서 불속에 떨어뜨린다. 불이 사그라들면, 그들은 폭발된 것을 배불리 먹고, 잔해들을 모으는데 그것들은 소화되지 않고, 녹아들지 않고 분해되지 않는 것들이다. 그들은 그것들에게 이름을 부여할 수 있게끔 그로테스크하고 웅대한 주술적인 구성으로 조합하고 청, 녹, 적, 색으로 색깔을 채운다. (93)

이것들은 [바벨]탑이고, 수다쟁이들의 건축이며, [인공부화장HATCHERY]이고, 인접한 감방통로로부터 빠져나오는 무언가 광란적인 건축이다.[미주4] 놀이동산이나 도깨비집은 구체화와 (여전히)억압된 욕망의 개념이다. 여기에서의 욕망은 안전밸브 사이로 스며 나온다. 권력과 이데올로기는 펜타곤의 권력만큼이나 현재에 작용하는 실제적인 것이거나 더욱 직접적으로는 아마도 펜트하우스와 비슷한 것으로 욕망이 성욕으로 힘을 얻고 재구성되는 곳이다.(이러한 관점에서 애완동물이 황제보다 더 훌륭하게 옷이 입혀졌다.) 펜트하우스나 유령의 집에 갇힌 것은 욕망으로 그것은 명백하게 소스라치게 놀라게 하는 것이나 객관화된 것만으로는 만족하지 않는다.

---

35 현존재Das dasein(하이데거): 존재자는 무수히 있다. 그 중에서 하이데거는 존재이해를 가지고 있으면서 스스로 자기 자신의 존재를 가장 큰 문젯거리로 삼고 있는 존재자를 골라서 이것을 현존재라고 한다. 현존재는 이 세상에 생을 얻어 살고 있으면서 늘 자기의 존재에 대해 가장 큰 관심을 가지고 있는 자이다.

36 1970년대 모니끄 위띠그Monique Wittig는 레즈비언이 된다는 것은 근본적으로 남성의 경제, 이데올로기, 정치적 권력을 수락하기를 거부한다는 의미를 갖으며 이런 면에서 페미니스트 저항과 레즈비언 저항은 다르지 않다고 보았다.

다른 것이 분출되는 경우, 그것들이 일단 밖으로 나오면, 쉽게 지워져버리지 않는다. 그것들은 난잡하고 추하고 히스테리적인 구축물로서, 대상을 순환하는 "그로테스크적으로 웅대한 주문呪文적 구성"이다. 꿈과 같은 몰락처럼, 어둡고 다의적이고 통제를 벗어난 것이다.

무엇보다도, 펜트하우스, 유령의 집 그리고 감옥[집][미주5]은 놀랄 만큼의 유사성을 갖고 있다. 그것들은 "분쇄기와 [돌]들"이 규칙적으로 쌓여 있는 더미이다. 그리고 니체가 우리를 상기시키듯이, 이들 돌들 중 하나가 움직이는 것보다 우리가 비틀거릴 때 나리를 더욱 쉽게 깰 수 있을 것이다. 이 단단한 구축물들을 대체하거나 헐어버리려고 하면 싸움에서 지게 된다. 우리는 그 그림자 속에 오히려 "불안전한 건물들"을 세워야만 한다.

> [역사]가 의미하는 것은 실천 속의 비평이므로 그것은 스스로 그 돌 주위의 "돌을 옮겨야만" 할 것이다. 비평은 더구나 진짜를 공격하면서 생기는 의심이 그 자체로 회귀할 때만 진정으로 가치가 있게 된다. 그 자체의 구축물에 작용하면서 역사는 흉터가 나타나지 않는 몸에 외과용 메스로 상처를 파낸다. 그러나 동시에 치료되지 않은 흉터는 그들을 의심스럽게 하고 그것이 "진실"로 보여지게 하는 것을 방해하면서 역사적 구축의 밀집된 상태에 흠을 낸다. 역사가 제공하는 확실성은... *억압의 표현*으로 해석되어야 한다. 그것들은 역사적 글쓰기의 사실을 숨기는 방해물이나 장벽이다. 그것들은 불확실성을 통합한다. "진실된 역사"는 그 자신을 논란의 여지가 없는 "언어학상의 증명"으로 감추는 것이 아니라, 그 자신의 독단성을 인식하는 것으로 그것은 자신을 "불안전한 건물"로 인식한다.(타푸리Tafuri, 구와 미로Sphere and Labyrinth, 12)

불안전한 구축은 비평의 대상을 문제 삼을 뿐만 아니라, 항상 그 자체를 마찬가지의 위기로 내몰아 버린다. 그 작업은 항상 진행 중이다. 그것은 생산력이 있는 것이다. 그것은 절대 끝나지 않는다. 절대로 완벽할 정도로 명확해지지 않는다.

그녀는 모든 가능한 형태의 착색된 직물 잡동사니를 포함하고 있는 거무스름하고 케케묵은 비단무늬를 넣은 못생긴 가방을 지니고 다니면서 15년 동안 작업해 오고 있다. 그녀는 어떠한 패턴으로도 그것들을 자르려 하지 않는다. 그래서 그녀는 그것들을 패턴에 맞추려고 하거나 가위를 사용하지 않은 채 패턴을 만들려고 하고, 퍼티색의 흐느적한 손가락으로 색칠한 조각들을 평행하게 배치시키면서 인내심이 필요한 퍼즐그림의 조각과 같이 그것들을 이동시키고, 맞추고 다시 숙고하여 맞추고, 이동시킨다.

그녀의 드레스의 흉부로부터 바늘은 거미같이 매달린 실타래를 만들기 위해 실을 끼웠다.[기워맞춘 세공—패치워크]. (포크너Faulkner[37], Sartoris, 151–152)

건축은 이데올로기를 드러내 보이는 재료적인 표현이다. 그것은 역시 위계적이고, 구조적인 생각의 은유 속에 서있다.(중력, 데카르트적 논리) 그것은 같은 뜻이고(조이스의 "tootoological") 절개된다. 그리고 이러한 관점에서 보면 아이젠만이 옳다. "건축은 항상 건축과 같이 보일 것이다." ("두 번째 언어로서의 건축", 73) 그러나 "무엇처럼 보인다"는 것에 대해서는 의심을 가져보아야 한다.

욕망의 건축—[비주류 건축]—은 이 건축의 틀 내에 존재할 것이다. 반대적이지 않고 분리되지도 않고 그것 위에/안에/들 사이에 있다. 따개비, 서자庶子 건축이고une bastarde architecture 문신(장식, 꾸밈)이다. 건축의 본체에 대한 다른 의미의 글쓰기이다. 건축은 그 [지도만들기MAPPING]되는 땅이나 돌이 된다.—그것에 그러한 과정들이 흘러나온다. 카프카.

---

37 William ~ (1897–1962) 미국의 소설가, 1950년 노벨상 수상

감자 5

Allos agoreuein[38] : 아고라에서는 "여러 가지 다른 것들도 공공연히 말할 수 있다." 다른 것에게 있어서, 발터 벤야민—추방자이자 우울증환자로 순수하고 멋지게 잘린 흰색의 적당한 크기의 석재(돌) 속(관)에서 최후를 맞이했다.—에 관한 한, 정치적인 것과 개인적인 것 사이의 선이다. 성적 충동에서 나타나는 것과 정치적인 것 사이의 경쟁 즉 욕망과 이데올로기는 더이상 경쟁적인 관계가 아니다.

크랙 오웬스가 지적하였듯이, 알레고리에 대한 발터 벤야민의 이론은 "요약을 무시한다"("알레고리적 충동"을 참조할 것). 벤야민의 텍스트는 조각들의 각 켜(레이어)가 수평적으로 꿰매지고, 그것을 서로 잡아주기 위해서 수직적으로 켜가 꿰매진 조각들과 이어붙인[기워만든 것—패치워크] 것이다. 알레고리에 대한 벤야민의 논설과 비극Trauerspiel은 그 자체가 알레고리적이기 때문에 요약(그것은 기껏해야 텍스트의 단순한 암송이 될 것이다.)할 수 없지만 이 텍스트를 읽으며 모험을 즐기기에는 적당하다. 그리고 그렇게 함으로써 그것을 지도로 그리기에 적당하다.(오독誤讀하였기에)

벤야민의 논설은 "원래는 절대적인 것으로 여겨진 주제[알레고리]의 격앙된 음성"이고, 타푸리의 "E"형, 즉, 피라네지의 Iconographia Campi Martii와 Albini와 스카르파의 "비평의 부활과 칸의 마지막 작품"에서 분류했던 비평적 실험주의이다.(타푸리, 이론과 역사, 111)

그리고 어떤 이는 제임스 조이스의 피네간의 경야(내가 깨어나려고 시도하는 "악몽")를 포함할 수도 있다.

앰블럼Emblem이란 단어와 함께 시작해 보자. "바로크 시대에 특히 알레고리적인 구현은 앰블럼에 찬성하여 양보한 것처럼 보여질 수 있다. 그런데 그것은 대부분 그들을 쓸쓸하고 비탄에 잠긴 불황기[39]로 보게끔 만든다.(벤야민, 기원Origin 186). 앰블럼(독일어로는 Sinnbild로 불법적인 건물의 연결을 의미하고, 심볼이라는 동음이의어와 유사성을 가지고 있으며, 심지어는 sin—build—원죄를 짓는다—와 정도를 벗어났지만 유사성을 가지고 있다.)은 알레고리를 위한 해독장치로 작용하는 이미지이다. 앰블럼은 대부분 그들 자신을 쓸쓸하고 비탄에 잠긴 불황기" 로 보이게끔 하는데 그것은 벤야민이 바로크 비극(그리고 또한 초기 모더니즘에서 훌륭한 시초가 되었던 것이다. 가령 보들레르의 경우에서 찾아볼 수 있다)에서 찾았던 일종의 복잡하고 파편화된 알레고리의 상형문자화 된 방식의 지도map이다. 그러한 불황기에 벤야민적인 알레고리의 매커니즘으로 작용하는 앰블럼은 전통적인 알레고리와는 상당히 다른데 형상과 의미사이에 단순하고 일상적인 관계를 갖게 된다. 벤야민은 요한 요하임 빙켈만Johann Joachim Winckelmann[40]의 '예술에 있어서 알레고리의 실험' 에서는 다음과 같이 기술하고 있다: "하나 혹은 여러 개념들의 가장 훌륭하고 완벽한 알레고리는 하나의 단일 형상으로 이루어져 있거나, 그렇게 여겨져야 한다." "그리고 프리드리히 크로이처Friedrich Creuzer[41]는 다음과 같이 말하고 있다:" 독일 앰블럼은 . . . 품위와 내용면에 있어서 부족하다. 그래서 그것은 . . . 적은 범위에서 제한된 채로 있어야만 하고 상징적 테스트로부터 완전히 배제되어야 한다. (Origin, 186)

여기서, 벤야민은 앰블럼과 심볼 사이에서 반대적 의미를 세웠다.(혹은 알레고리적인 것과 심볼적인 것). 그가 성취한 것은 알레고리의 형태사이의 분열이다. 둘 다는 "관습과 표현"을 포함한다. 그러나 벤야민이 알레고리에 반대하고 내가 전통적인 알레고리라고 부르는 것은 "표현의 전통이 아니라 [알레고리의 연결에서 글쓰기 쪽으로 향하고 있다], 전통의 표현이다 [그리고] 권위의 표현이다. 그러나 그것은 기원에 따라서는 비밀스러운 것도 있지만 그 유용성의 정도에 따라서는 대중적인 것이다." (Origin, 175)

---

38 알레고리Allegory를 의미하는 단어. 그리스어원 αλλο allos는 "다른"의 의미이며, αγφευειν인, agoreuein는 "공공연히 말하다"의 의미가 합쳐져서 의미를 나타낸다.

39 앰블럼은 알레고리와는 달리 형상과 의미사이에 단순하고 일상적인 관계를 갖게 되기 때문에 쉽게 읽혀지므로 알레고리에 비교했을 때 숨은 의미가 풍부하지 않고 매우 빈약하게 보이므로 황무지와 같다는 표현을 썼다.

40 독일의 저명한 고고학자. 폼페이유적 발굴 1764년『로마고대 미술사』를 편찬하여 학문적 체제확립을 하였고, 그 영향이 세계건축사에 지대한 영향을 미치고 있다.

41 Georg Friedrich Creuzer (1771 – 1858), was a 독일 문헌학자, 고고학자.

앰블럼으로의 회귀는 우리를 분열과 사이의 장소, 그리고 아마도 끝없이 깊은 분열의 장소로 이끌게 할 것이다. 라틴 단어 emblema는 모자이크(돌조각으로 만들어진)나 어떠한("원초적") 형태의 보석과 같이 "상감(무늬를 박아 넣은) 세공작업"을 의미한다. ("금속 세공은 '미개인'나 '방랑자'적인 것이고 훌륭한 예술이었다." 들뢰즈와 가따리, 천개의 고원 401).

그 라틴 단어는 그리스 emballein으로부터 나왔는데 그것은 "던져지는" 것을 의미한다.[미주6] 단지나 물병이나 [용기VESSEL]을 만드는 행위는 '던지는 것'으로 불린다. 실에 꼬이는 섬유는 이후 직물을 만들곤 했던 왕복하는 발사물인 [로케트ROCKET]와 같은 rochetto(실패)를 휘감는데 역시 던져지는 것으로 불리고 있다. 던지는 것Throwing은 낚시줄(탄도를 보여주는)을 던지거나 그림자(발사를 나타내는)를 던질 때와 같이 내던져지는casting 것이다. 던져 올리는 것은 위胃에 있는 내용물을 비우는 것이다. 급하게 던져질 때, 이것을 우리는 분출되는 토사물이라고 부른다. 던져 올리기는 또한 급히 구조를 세우는 뜻도 있다. 만약 우리가 throw라는 단어의 궤도의 흔적을 라틴어로 거슬러 올라간다면 우리는 동사iaceo, "내가 던진다"와 만나게 되는데 과거분사iactum는 분사와 마찬가지로 탄도의 의미를 지닌다. 그리고 분출한다.

던지는 것은 또한 기계에서 크랭크와 캠에 의해 묘사되는 반지름의 궤도와 같다. 그것은 벤야민과 심볼과 알레고리 사이의 구별을 소급하여 생각해 볼 수 있다.[미주7] 벤야민에게 있어서 "진짜" 심볼의 개념은 신학으로부터 나오는 것으로 "물질적인 것과 초월적인 대상의 통합"이라는 역설적인 개념을 가지고 있다. 그는 개념을 형태와 내용이 분리될 수 없게 통합하여 단순한 것으로 왜곡한 19세기 낭만주의 미학자들에 대해 혹평하고 있다. 그러한 구성에서 무언가처럼 보이는 것과 실제사이(외형과 본질 사이에서)에서 완전하고 순환적인 관계를 만들면서 "아름다운 것은 깨지지 않는 전체의 신적인 것과 합치되는 것으로 가정하고 있다." 벤야민은 19세기 사고의 초석이 고전주의에 있다고 주장한다. 고전적인 대상과 심볼에 대한 그의 "고전적인 개념"의 "조화적인 본질"에 대한 장황한 기술은 축어적으로 인용할 만하다.

고전주의에서는 윤리적 관점보다도 이상적으로 완벽한 개인에 대한 존재를 신격화하는 경향이 짙다. 고전주의에서는 전형적으로 낭만적인 것이 사건의 전개속에서 완벽한 인물에 부여되어 무한정으로 다시 사는 것이고 신성하기까지 하다. 그러나 일단 윤리적인 대상이 개인적인 것에 흡수되면, 어떠한 엄격주의－심지어 칸트적인 엄격주의 조차도－그것을 구할 수 없고 남성적인 윤곽을 보존할 수 없다. 그 중심은 아름다운 영혼속에서 사라진다. 그래서 완벽하게 아름다운 개인의 행위의 반경범위－아니, 단지 문화의 반경범위이다－는 "상징적"인 것의 순환을 묘사하는 것이다. 반대로 바로크시대의 신격화는 변증법적인 것이다. 그것은 극단적인 것들 사이에서 움직이면서 성취된다. 고전주의의 조화스러운 본질이 정치, 경제적인 것의 가치판단의 기준이 되는 바로크시대에는 별나고 변증법적인 이러한 과정속에서 윤리적인 면에서 개인과 사회의 윤리에 그다지 영향을 끼치지 못했다는 이유때문에 큰 역할을 수행하지 못하였다 . . . 고전주의에서는 심볼이라는 신성을 더럽히는 개념과는 대조적으로 알레고리적인 것을 발전시킨다. 알레고리의 진짜 이론은 사실, 전에 있었던 것도 아니고 그 순간에 일어나는 것이다. 따라서 알레고리적인 것에 대한 새로운 개념을 순이론적으로 기술하는 것은 정당한 것이다. 왜냐하면 그것은 사실 심볼의 밝은 세계가 두드러지게 나타날 수 있는 것에 반하여 어두운 배경을 보여주기 위해 적응되었기 때문이다.(Origin, 160－161)

심볼과 알레고리의 반대적 성향은 형태와 배경의 관계에 있어서, 중심적이고 밝은 것과 그 외 다른 주위의 어두운 것이 조합되어 있다. 알레고리는 후자의 것이다. 그것은 외부에 존재하지만 어느정도 고전적이고 낭만적인 담론 바로 아래 놓여있다.

일련의 비틀림 속에서 벤야민은 알레고리－심볼의 관계를 향한 모던적(그는 예이츠와 19세기에 주목한다－괴테와 쇼펜하우어를 인용한다)자세의 정체성을 증명하는데 그것은 사고를 표현하는 심볼들이 합쳐진 것이고 내용의 표현과 함께하는 알레고리들이 합쳐져 만들어 낸 정체성이다. 그래서 그는 논쟁의 주도적인 구조요소에 대해, 쇼펜하우어Schopenhauer가 말한 알레고리에 대한 가치에 대해 혹평한다. 쇼펜하우어(의지와 표현으로서의 세계에서)는 "비문이자 동시에 상형문자의 역할을 하는 그림을 조각하는 하찮은 재미에 대한 개념"과 동등시한다.(Origin에서 인용함, 162) 벤야민은 쇼펜하우어의 알레고리에 대한 거부를 단순히 글쓰기(그림으로 글쓰기)의 한 형태로 여겼으며 다음과 같이 기술하고 있다. 그렇다! 이것은 알레고리의 중요한 양상이고 구어적인 것과 시각적인 것 사이의 단어와 이미지 사이를 흐리게 하는 구별이다. 그리고 여기서 그는 스테판 멜빌Stephen Melville이 나중에 "알레고리적인 충동이 명백하게 '단순한 것' 과 '순수한 것' [아버지le pere와 어머니la mere, 돌la pierre과 바다la mer]를 구별하려고 하는 것이 무익함을 인정하는 것이라고 언급한 것을 보여주는데 [타율적인 것과 다른 구조]를 포함하고자 하는 충동이라고 말하고 있다.]("알레고리의 재출현에 대한 원고", 80)

만프레도 타푸리Manfredo Tafuri는(그가 그것을 쓰지는 않았지만) 건축은 그처럼 복잡한 구조로 되어있기 때문에 항상 이전에 알레고리적인 충동을 가지고 있다고 주장한다. 왜냐하면 "심볼적 사인"이 건축에 도입될 때, 그것들은 "모호한 특성"을 얻기 때문이다.

> 실제로 건축의 모든 작업은 여러 가지 심볼적인 체계로 언급될 수 있다. 보로미니Borromini[42]의 S. Ivo성당에서 바벨탑의 신화와 진실과 지식, 신적인 반[바벨], 오순절교회파의 공간, 겹쳐진 겸손과 지식의 [전통적인] 알레고리(앰블럼적인 꿀벌과 7개의 기둥이 있는 집, 도무스 사피엔스–집짓는 인간–역주)들이 위계조직이 불확실한 공간으로부터 돔의 단일 공간으로 향하는 통로와 함께 통합된 공간을 이루고 있다는 사실은 공간내에서 의미를 형성시키는 것과는 관계가 없다.(이론과 역사, 198)

타푸리의 건축적 상징(특히 보로미니의 예에서)은 벤야민의 알레고리적 사인Sign과 아주 근사하게 닮아있다.

상징은 사실 그 본질적인 본성 때문에 뜻이 명료하게 읽혀지는 것을 거부하는 특성을 지니고 있다. 그 의미들은 자꾸 빠져나가려고 하고 드러내려고 하는 것과 숨기려고 하는 것의 성향이 동시에 나타난다. 다른 방법으로 상징Symbol 대신에 우리는 '앰블럼emblem'에 대해서 이야기 해야만 한다. 그래서 그것은 [건축적] 심볼이 예술적인 "사인Sign"과 같다는 전제가 뒤따른다. 이미 설립된 코드 속에 투명하고 고정된 것들을 모호하게 하고, 다른 의미가 되는 동시에 코드의 법칙을 어기는 것이다.(198, emphasis mine)

같은 책의 또 다른 에세이에서 타푸리는 17세기와 18세기의 알레고리와 상징주의symbolism의 등장으로 "건축은 배타적으로 그 자체의 존재 이유를 찾는 것이 불가능하다는 것을 깨닳게 되었다."라고 쓰고 있다.(80—82) "단순히 의사전달을 하는 것만이 아니라 의사표현을 끝내도록 요청받거나 심지어 해석하는 가운데 의미를 변화시키기를 요청받는" "대화자"로서의 현존은 제들마이어Sedlmayer[43]가 명명하는 것처럼 "그 자체를 나타내는 건축"으로 부르는 것이 마땅할 것이다. (Brown, Kent, Chambers, Soane, and Lequeu, among others; 82) 이른바 풍경이 훌륭한 정원들의 조합(혹은 소온경의 박물관)에서처럼 절대적 대상으로서의 건축적 지위는 아이젠만이 "건축은 전위傳位적인 텍스트"라고 정의한 "이차적인 언어로서의 건축"과 마찬가지로 교훈적인 것과 독립적으로 움직이면서 모호하고 상대적인 것처럼 보여진다. 타푸리는 다음과 같이 지적한다.

교훈적인 기구로서, 감각을 일깨우고 감각을 주입하면서 인간에게로 다가온다. 이후 곧바로 비평의 충동을 불러일으킨다. 자연은 여태까지는 신의 생각에 대한 대응이 아니라 문명화의 이성적 과정이 자연적인 것

---

42 이탈리아의 건축가 · 조각가. 주요작품으로 로마의 산 카를로 알레 콰트로 폰타네성당, 나보나의 산타그네스 성당 등이 있다.

43 제들마이어Sedlmayer는 드보르작의 정신사적 접근의 영향을 받고, 직관을 통한 개별작품의 이해가 일반적 개념보다 중요하다는 점과 형태심리학Gestalt psychology을 적용하면서 작품 자체의 조형적 특징을 중요시했다.

이라는 사실을 보여주면서 인간에 의해 공유된 구조로서 전 인류의 역사와 합류될 수 있다. 왜냐하면 그것은(지암 바티스타 비코Gian Battista Vico[44]) 감각의 영역에서 지적 영역으로 이동하기 때문이다.

"자연스럽도록 조절된 자연"의 문양을 가지고 있는 고딕과 중국건축, 고전건축과 절충주의 건축물들은 모호한 대상들이다. 그것들은 의미론적으로 자율성을 잃어버리면서 그들 자신을 드러내기보다는 다른 무언가를 암시하고 있다. 그러한 것들이 주류 건축Major Architecture으로 이동하곤 하는 것도 같은 현상이다.(이론과 역사Theories and History, 82)

여기에서 여러 가지 중요한 점이 있다. 그 중 하나는 주류 건축이라는 용어이다. **주류**Major라는 단어를 자세히 보면 이탤릭체로 되어있다. 주류 건축은 또 다른 건축이 현존하고 있음을 그대로 암시의 논리에 의해서 마이너 건축이 있다는 것을 알 수 있다. 그리고 [**비주류 건축**MINOR ARCHITECTURE]의 분류에 이르르면, "모호한 대상"의 몰락이 뒤따르게 되어 있다. 그래서 타푸리를 통해 *비주류 건축*이란 단어를 만들어낸 것은 그 안에 무언가를 포함한다는 것을 의미할 수도 있는 것으로 "모호한 대상들"과 "건축의 전위적 텍스트", 알레고리, 해독성 등을 포함할 수도 있고, 그것들이 Kew정원이라는 콘텍스트가 변동하는 차이속에 존재함에 따라 구축적인 배열을 따라갈 수도 있다. Kew정원[45]은 여기서 크라우스Rosalind Krauss[46]가 현대예술에서 알레고리적 충동을 뒤좇아 표현했던 확장된 영역의 유령이 된다. 이러한 애매한 마이너 건축은 부분적 오브제들과 모자이크적인 텍스트인 [**패치워크**PATCHWORK]의 조합[47]이다.(풍광이 좋은 그림은—그렇게 보이는 것 같은데—접합점들의 조합에 의해 과도하게 그림자가 드리워져 있다. 그리고 그것은 "신의 세계"를 반영한 도구로서, 신의 계명을 적어놓은 석판과 다름없는 주류 건축과는 완전히 다른 상태로 세워져 있다.

두 번째 발생하는 불일치는 타푸리의 대담과 해석을 합친 것에서 나타난다. "말하려고 하는 건축"의 메시지들이 "대담자들"에 의해 차단되었을 때, 말하기가 글쓰기로 전환된다. 참가하는 비평적 주체의 역할에 해석을 요구한다. 이렇게 해석하는 대화자는 해석하면서 수다를 떠는 사람과 같다.

말을 해버린 것이 변환되는 매커니즘은 고통스럽게 쓰여진 것이 변환되는 매커니즘과 같다. 벤야민은 다음과 같이 서술했다. "바로크시대에 음성과 글자언어 사이의 긴장관계는 측정할 수 없다." 바로크 비극의 글쓰기는 언급되지 않음으로써 초월되는 정시에 이르지 못했다. 오히려 쓰여진 언어의 세계는 자기 충족적인 상태로 남아있고, 그 자신의 상태를 나타내려고 하고 있다. 쓰여진 언어와 소리는 팽팽한 양극점에서 대립하고 있다. 알레고리적인 것의 철학적 기초는 음성언어와 그 자체의 본뜻을 보여주고 있다.(기원Origin, 201, 215)

벤야민적인 알레고리에서 글쓰기는 데리다의 보충Súpplement—음성언어의 과도함속에서의 대체물—이라는 개념이다. 그것은 무언가 부족한 것으로 향하여 가는 과도한 행위이다. 글쓰기는 그것과는 다르다. 그것은 잔여물들이 남아있는 글쓰기를 상형문자화—대본과 페이지에 검은 마크—시키는 것이다. 단지 소리만 나는 것이기 때문에 글쓰기는 이성적인 법칙이 그렇게 되기를 요구하는 투명한 매개체로 행세한다. 표시되고, 새겨지고, 암호화되면서 무언가 다른 것으로 변한다. 무언가 화장과 행동 아래에 숨겨진 것과 비밀이 숨어있다. 쓰여진 각본에 있어서 종속적인 것은 아무것도 없다. 불순물과 같이 읽는 가운

---

44 지암바티스타 비코(1668~1744) 이탈리아 수사학자. 그는 수사학의 우의성을 지적하고 언어의 신적 기원을 밝힌 뒤 올바른 심리 발현술의 열쇠를 규정 지었는데 이것은 진실과 착함을 목적으로 하면서 사회의 지속적인 평화의 근원으로서 실용성과 청렴함의 추구를 조화롭게 일치시키는 것이다. 비코의 교육학 이론은 인간의 총체적 개념에 그 바탕으로 두고 있으며 토피크의 회복과 함께 전통 수사학 유산을 이루는 이와의 모든 도구들을 되찾았다. 그는 기억, 환상, 재능, 상식의 사용에 호소하였으며 차가운 합리주의를 극복하여 심정과 숭고함의 수사학을 옹호하였다.

45 Kew Gardens. 옛 이름은 Royal Botanic Gardens. 영국 큐에 위치한 식물원. 이곳은 전에 왕실 토지였던 리치먼드의 런던 자치구에 있다. 조지 왕조시대의 훌륭한 건축물인 오렌지나무를 재배하는 온실과 표지물로 이용되는 높이 49.7m의 중국식 탑은 윌리엄 챔버 경이 설계했다. 1841년 이 식물원이 국유화된 후 곧 중요한 식물 연구소로 발전했다.

46 미국예술 비평가, 교수, 이론가

47 Kew Garden은 고딕과 중국식, 힌두건축, 그리고 정원조경의 낭만적 자연주의를 재현시키는 전체적 양식은 그 안에 이국적 파빌리온과 인위적 폐허등의 풍자—아이러니—를 담으면서 반서양주의적인 배경의 사상과 연결된 디자인 양상을 대표한다.

데 버려지지 않는다. 그것은 '패턴' 으로 읽히는 가운데 흡수된다. 인쇄자와 바로크의 작가들은 페이지에 단어의 패턴에 대하여 가능한 최대한의 주의를 기울였다.(기원Origin 215) 알레고리에서 단어들은 문신이다. 신체에 새기는 장식적인 패턴들이고 [동굴] 속의 잉크이다.

알레고리는 아돌프 루스Adolf Loos[48]에게는 악몽이다. 알레고리는 원초적이고 야만적이다. 문신을 하고자 하는 강한 욕망은 우리 모두에게 있으나 그는 다음과 같이 경고한다. "우리는 우리속에 존재하는 인디안과 같이 장식하려는 습성을 극복해야만 한다."(Spoken into the Void, 40) 아돌프 루스의 원초적으로 순수한 표면의 박스 형태를 바라보면 우리는 그의 음성(허공속으로)과 그의 글(풍경속으로)이 매우 잘 어울린다는 느낌에 압도될 수도 있을 것이다. 그 건물의 문지방을 넘어서기 전까지는 말이다. "[바로크 비극의 시]의 모든 조각조각의 성격들은 파사드의 논리적인 구조와 그 안에 존재하는 음성적인 폭력 사이에 존재한다."(벤야민, 기원Origin, 206) 루스의 하얀색 박스는 정동晶洞과 같이 순수하다. 그 안에는 무한한 관능성이 있고, 그 "원초주의"는 러스킨식의 투명한 베일에 그늘이 드리워진다. 루스의 박스와 알레고리적인 박스는 판도라의 상자와 관련되는데 그것은 박스가 아닌 항아리였다. 원죄로 만들어진 항아리이다. 벤야민에 따르면, 박스의 뚜껑을 닫아놓는 것은 알레고리적인 언어를 존재하게 하는 것이라고 말했다. 이교도(원시인)에 대한 교회의 권위적인 압제, 즉 신실한 사람들의 기억에서 신을 없애려고 하는 것이 처음으로 알레고리적 충동을 일으켰다.(223)

알레고리는 억압된 것을 회귀시키거나 어둡고 빈 [용기VESSEL]와 허공과 항아리 속에 감금되어 왔던 글쓰기를 가능하게 한다.

세 번째로 가장 강력한 교차는 자연과 역사 사이에 존재한다. "여태까지의 자연은 신적인 이상理想의 반영이 아니라 인간에 의해 공유된 구조로서 전인류의 역사와 합치될 수 있다."(타푸리, 이론과 역사, 82) 이 시점에서 우리는 벤야민의 알레고리와 심볼에 대한 논의로 회귀할 수 있을 것이다. 벤야민은 가령 프리드리히 크로이처Friedrich Creuzer[49]의 심볼과 신화에 대한 1819년 저작인 '대중, 특히 그리스인의 상징과 신화' 에서 알레고리적인 것에 대해 다음과 같이 통찰하여 기술하고 있다. 그리고 여기서 시간의 개념은 그림으로 설명된다. 시간의 짧음 혹은 상징의 찰나의 덧없음 때문에 그것은 알레고리가 그런 것처럼 신화를 받아들일 수 없고 연속적인 것을 포함하게 된다. 벤야민은 게레의 글을 다음과 같이 인용한다.

> "우리는 생각에 대한 사인Sign으로서 [심볼Symbol]을 받아들이는 설명에 만족하는데 그것은 스스로 포함하는 것이며, 집중되는 존재이고, 확고부동하게 그 자체인 채로 남아있는 것이다. 반면에 [알레고리Allegory]는 연속된 진행과정에 있는 것으로 극적으로 유동적인 것이고, 시간의 흐름을 바로 수용하는 사상에 대한 역동적인 반영이다. 그것들은 인류 역사가 살아왔던 진화의 역사와 침묵적이고 위대하고 강력한 산과 평원과 같은 자연의 역사와 마찬가지로 서로에게 그러한 관계로 놓여있다." (기원, 165)

"인간의" 자연에 대한 정복과 접점에 향하는 것, 그리고 자연의 현존에 대한 "수수께끼" 적인 질문과 개인존재라는 생물학적인 사적史的 사실성史實性이 여기서 동시에 일어난다. 죽음—자연에 대한 궁긍적인 정복—은 자연(항상 자연에 종속되고 항상 알레고리적인 것이다)과 의미하는 것 사이의 경계상에 위치한다. 바로크 비극에서의 알레고리는 고전주의 서사시에서 나오는 신화와 유사한 것으로 의미화하려는 자연의 역사를 나타낸다. 그래서 바로크 알레고리는 의미화하려는 자연에 대한 전체적 관점의 이동을 나타내는 것으로 그것은 신화에서 역사로 이동한다.

---

48 1890년 만국박람회 견학차 3년간 미국여행 – 공장건축과 시카고파의 마천루에서 보여지는 단순성과 기능성, 실용적인 생활방식의 결과인 의상, 가구등에서 보여지는 효율성과 소박함에 관심을 가짐. 아돌프 루스의 장식에 대한 생각 – "장식은 죄악이다." 도덕적 측면 – 최초의 장식은 권위나 계급의 상징이었지만 현대. 즉, 과학기술의 발달로 문신이라는 것이 의미를 잃게 된다. 기본 4요소 – 외피**the visivle surface**, 재료적구조**the material structure**, 공간**the space voime**, 종국**finality**

49 Georg Friedrich Creuzer(1771–1858), 독일 문헌학자이자 고고학자. 호메로스와 헤시오도스의 신화는 본래 동양에서 나와 헬레니즘 시대 이전에 에게 해에 살았던 펠라스기아인을 통해 그리스로 전해졌고, 고대의 계시가 갖고 있는 상징적 요소를 간직하고 있다는 이론을 제시했다.

그러나 이 시점에서 벤야민은 역사와 자연이 격렬하게 충돌하는 지점에서 협상하기 위해 우리와 대면하고 있다. "표현의 알레고리적인 형식이 생성된 자연과 역사의 기묘한 결합에 의한 미덕으로 나타나는 것이다." (기원, 167) 그리고 우리는 이러한 [상형문자]를 타고 배반적인 여정을 따라 거슬러 올라간다. 벤야민의 저작에서 상형문자 그 자체는 지식을 통한 알레고리적인 여정을 앰블럼emblem화 시킨 것을 의미한다.

이 시점에서 지암 바티스타 피라네지-캄포 마르지오의 동판화-고대의 파편화된 조각들을 새겨넣은 그림이며, 따라서 상형문자로 반든 시도같이 암호화되고 있다.-를 소급하여 살펴보는 것은 매우 중요하다. "꿈이 만들고 있는 비물질적인 욕망의 이미지" 인 상형문자(테일러, 제단의식, 240)는 또한 피라네지의 작품 로마의 풍경Vedute di Roma에서 오벨리스크의 몸체에 문신화 된 채로 일치되게 나타나고 있다.

피네간의 경야에서는 두개의 적당한 수수께끼 그림 혹은 상형문자들이 있는데 이것은 둘 다 섹션 II.2의 끝부분에 등장한다.(II.2라는 것은 다음과 같이 문신과 비슷한 말들로 시작한다.) *우리가 현재 존재存在하는 곳에 존재하는 우리는 현존하는 우리인지라, 문시문시문신문시문시신문신..*" (260, 1-3) 그리고 여기의 가장자리에서는 "주로 조약돌에 관해서" 라고 하는 조약돌과 같은 사람들-듀칼리온[50]과 피라의 자손들과 메두사의 희생자들, 여상주女像柱들, 오더들, 죽은 사람들 그리고 돌로 굳어진 [돌 STONE]들이다. 이것은 결국 계산법을 대충대충 한 채로 흘러가는 부분이며, 전지전능한 니체-지암바티스타 비코(비코의 프랑스 선동가인 에드가 키네의 재현적인 바그너적 주요사상을 거쳐)처럼 주된 텍스트에서 일깨워지는 것인-이다. 여기서 영원회귀사상의 발안자이자, 굳건한 언어체계를 흔들어 놓는 니체는 또 다른 부분에서 인용되고 있다. "짜라투스트라는 이렇게 말했다" (281.M3) 두개의 수수께끼 그림은 다음과 같다.

그리고 각각은 위쪽의 주요 텍스트를 부풀리면서 각주에 근접하여 위치시키고 있는데 그것은 그 섹션의 끝에 알레고리적인 초秒 읽기이다.. II.2의 최후의 단어들은 동굴속 암호와 같은 [편지LETTER]인 "암호문" (우리가 감바 음전音栓이나

여자의 다리를 걸어 넘어뜨리거나 부러뜨릴 수도 있는)으로 구성되어 있다. 글자는 **밤의 문자**라고 불리고 아이들과 부모에게서 나온 것이다. 그것은 "너는 탐욕 때문에 죽게 될 것이다"라는 말로 확장되고, 때문에 크리스마스카드의 덕담이나 죽음의 저주(오이디푸스적인) 둘 다로 해석될 수 있다.

맨 아래의 그림을 들여다보자. 그것은 텍스트에 geg라는 단어로 새겨져 있는 각주를 동반하고 있다. Geg라는 단어는 다음의 연속적 단어에서 등장한다. "Aun Do Tri Car Cush Shay Shockt Ockt Ni Geg 그들의 배식이 시작된다." 그런데 그것은 **밤의 문자**보다 먼저 나타난다. Geg라는 단어는 "언론탄압 gag"이라는 단어와 얼어버린 로케트와 발사체를 카운트다운할 때의 숫자를 세는 방식과 10이란 숫자 둘 모두를 나타내는 것으로 이것들은 짜라투스트라(조로아스터교)적이고, 토마스 핀천의 [로케트ROCKET]적인 헤테로토피아 소설 ***중력의 무지개***의 모습들을 미리 그려내고 있다.[미주8] 이것은 "*독재적으로 쓴 우화偶話식 글쓰기*"이다.(303. 19)

그 수수께끼 그림은 로마 숫자인 10을 나타내는 "X"를 형성하는데 이것은 무언가가 벌어지는 장소로서의 교차 대구법交叉對句法의 교차이다. 이것은 무

---

50 『그리스신화』 듀칼리온(Prometheus의 아들; 아내 Pyrrha와 함께 홍수에서 살아남아 인류의 조상이 됨).

언가가 교차하는 "X"라는 글자이며 권위적인 검열을 넘어서면서 어둠 속에서의 위반(넘어섬)을 의미한다. 그것은 밤의 글자이다. X는 그리스 글자로 Chi이고 그것은 "Xmas"로서 주 예수를 위해 만들어졌다. 이것은 조이스의 크로스 퍼즐과 같은 것으로 피네간의 경야 그 자체이다. 크리스마스 선물꾸러미Christmas parcel와 크로스워드 퍼즐Crossword Puzzle은 둘 다 비슷한 발음이며, 그것은 역사적 연구에서 나온 타푸리의 (빌려온)조각 그림 맞추기 장난감(인내의 놀이gioco di pazienza과 밀접한 관련이 있다. X는 교차를 만들어내고 있으며 오이디푸스의 두 개의 삶이 교차하는 지점이며, 그가 칼로 눈을 찌르는 지점이다. X는 오이디푸스적인 지도이다. 그것은 토마스 핀천의 Oedipa Maas이다. X는 역사의 지점(장님과 같이 숨겨진)이다. X는 네 개의 V가 겹쳐진 것이고 혹은 두개가 합쳐진 형태이다. 또는 T자가 상하로 겹쳐진 형태이다. X는 방랑자이자 손에 피를 묻혀 추방된 카인의 표시이다. 그것은 뱀에게 물려서 만들어진 비논리적인 표시이다. X는 억압된 것의 글자로서 "X 등급"이라고 불린다. X는 크산티페Xanthippe의 모노그램으로 그의 남편인 소크라테스에게 오줌단지를 부어버린 악녀이다.

이 그림과 같이 동반하는 각주는 다음과 같이 기술하고 있다. "*그리고 두개골과 교차대퇴골交叉大腿骨로 속이 메슥거리나니 그가 우리들의 그림을 남김없이 진심으로 즐기기를 유희唯希하노라!*" **(피네간의 경야, 308)**

그 수수께끼 그림은 독과 해골과 교차된 뼈다귀(죽은자의 머리와 함께)의 상징을 형성하는 질주하는 도구를 묘사한다.(해적선) 그래서 그것은 독과 해독제 둘 다를 의미하는 [파마콘PHARMAKON]의 X이다. 데리다는 다음과 같이 기술한다.

> 만약 파마콘이 유동적인 "양면 가치"적인 성격이라면, 그것은 반대가 또다시 반대가 되고 움직임이 그 자체를 다시 연결하고 뒤집고, 한쪽을 다른 쪽으로 다시 뒤집는 매개체(영혼/신체, 선/악, 내부/외부, 기억/망각, 말하기/글쓰기 등등)로 구성되었기 때문일 것이다. 우리는 무한히 그 자체로 약속하는 것을 볼 것이고 거울들과 같이 빛나면서 미로로 향하여 열려있는 봉인된 문을 통과하여 사라지는 것을 목도하게 될 것이다.

우리가 조제술Pharmacy이라고 부르는 것은 또한 이러한 깊은 의미를 가진 배경의 상점이다.(씨뿌리기. 127－128)

이것은 벤야민적인 알레고리의 약속이고, 더군다나 피네간의 경야에 대한 약속이다. 이 파마콘의 성격은 조이스의 글자 맞추기(수수께끼)가 전유된 것으로부터 나온 이미지로 나타내는 것이다. 그것은 암수동체의 성격을 나타내는 연금술의 심볼이고, 여성과 남성, 여성적인 것과 남성적인 것, 배설물과 같은 것(더럽고 피투성이의)이며, 귀중한 것(신성시되는 것)이 교차하는 것이다. 그것은 바로 철학자의 돌(연금술사가 최고라고 여기는)이며, X 변화를 나타내는 교차점이다.

그러나 이러한 글자 맞추기(수수께끼)는 [훔쳐진 글자]이상의 것이다.[미주9] 그 흔적이 굽은 다리 반대편에 있는 남은 날개 끝을 지탱하고 있다는 것을 주목하라. 이들 작은 날개짓으로는 추진력 없는 [로케트]와 같이 혹은 이카루스나 루시퍼와 같이 날기가 어렵다. 그들은 파울 클레Paul Klee[51]의 새로운 천사Angelus Novous라는 제목의 감상에 찬 다섯 깃털날개와 놀랄 만큼 비슷한 유사성을 지니고 있는데 그것은 발터 벤야민이 소유한 수채화이고 그것에 대하여 그는 다음과 같이 기술하고 있다.

그의 얼굴은 과거를 향해 있다. 우리가 사건의 연쇄를 보는 곳에서 천사는 가차없이 잔해에 잔해를 쌓으며 그것들을 자신의 발밑으로 내던지는 하나의 파국을 본다. 천사는 남아있고 싶어 하고 죽은 것을 깨우고 전체를 부수고 싶어 한다. 그러나 폭풍은 천국으로부터 불어온다. 그것은 그러한 폭력으로 붙잡혀 있기 때문에 천사는 더 이상 그들에게 다가갈 수

---

51 파울 클레Paul Klee(1879－1940) 화가,스위스 출신 현대 추상회화의 시조. 1921년 바이마르 바우하우스 교수, 뒤셀도르프 미술학 교수. 1956년 『조형사고造形思考 Das bildnerische Denken』 발간. 매우 독창적인 회화 언어로 사물의 본질적이고 정신적인 의미를 전하려고 한 천재적인 추상화가로 독자적으로 활동했지만 미술사에 큰 영향을 미쳤다. 그의 작품들은 공상적인 상형문자와 자유로운 선묘로 말미암아 때때로 아동 미술을 연상하게 한다.

없다. (낙원에서) 불어오는 폭풍은 거역할 수 없는 힘으로 천사를 미래로 떠민다. 그 동안 그 앞의 잔해 더미는 하늘을 찌른다. 우리가 진보라고 부르는 것은 이 폭풍이다.(Illumination, 257–258)

파편더미와 폐허 위에 쌓여있는 폐허는 우울증환자 벤야민이 '역사' 라고 칭하는 것들이다. 그리고 여기서 역사와 알레고리가 돌로 구축된(건물이 된) 배경이 교차한다. 이 교차나 상형문자 속에 암호화 되어있는 자연과 역사 사이의 교차점은 독일 비극의 기원이 나온 10년 후에 벤야민의 방탕한 아들인 T.W.아도르노Adorno[52]에 의해 다시 나타났다. 아도르노에게 있어서 벤야민의 "역사와 자연의 이상한 결합" 은 전통적으로 서로 반대되는 실체로서 반대적인 것이 "초월" 되는 교차점이다. 리차드 뵐린Richard Wölin은 다음과 같이 쓰고 있다. "아도르노에 따르면, 이러한 초월행위는 현재의 많은 사회–역사적 세력을 생각해 본다면, 각각의 정반대 편이 반대편에 교차되는 것으로 느껴질 수 있을 때만이 성취될 수 있다.(발터 벤야민, 166)

그래서 역사와 자연사이의 관계는 교차배열법을 통해 작업되어야 한다. 그곳은 가장 역사적으로 유명한 곳에 위치한 가장 극도로 결정성이 있는 "역사적인 존재"가 자연적인 존재로 파악되는 곳이고 그 자체를 가장 명확하고 철저하게 자연으로 굳어지게 하는 것이 역사적인 존재로 파악되는 곳이다." (아도르노Adorno, ***발터 벤야민*** 에서 인용, 167)

> 비극에서는 벤야민의 텍스트에서 교차배열을 보여 준다. 작가는 그것이 확실하게 의도하여 주요인상으로 지각되게끔 구축시킨 가치와는 달리, 전체를 의미하는 것이 아니기 때문에 그의 행위가 단순히 배열의 하나라는 사실을 숨기지 말아야 한다. 그러므로 장인정신의 표현은 . . . 표현이 없어져버린 건물에서의 돌 공사와 같은 것들을 보여주고 있다. [여기서 벤야민은 깊이 간직되어 있는 지도를 가지고 있는 생산력 있는 작업의 개념적 장치이자, 연대기적 구조: 공간 역시 받아들이는 "개념" 인, 알레고리와 한 역사의 기간 교차에 주의를 기울인다] 그래서 어떤 이는 자연이 이 시대의 작가들을 위해 위대한 선생을 남겼다고 말할 수

> 도 있을지 모른다. 자연은 그들에 의해 꽃봉오리와 꽃으로 볼 수 있는 것이 아니라 과도한 성숙함과 그 창조물의 쇠퇴에서 볼 수 있다. 자연에서 그들은 영속적인 변이를 보았고 이 장면에서 정말로 홀로 이 세대의 음울한 광경만이 역사를 인식하게 되었다. . . .쇠퇴의 과정과 그 역사의 사건은 소그라 들고 배경에 흡수되게 된다. (Origin, 179)

역사는 불가항력적인 쇠퇴만큼이나 "영속적인 생활"의 측면에서가 아니라, 후면에서 자연과 만나게 된다.(Origin, 178) 이 자연은 냉혹한 배경의 자연을 의미하는 것으로 소생하는 역사와 만나고 앰블럼속에서 충돌한다. "자연이 역사의 흔적을 낳는 곳, 다시 말해 그것이 배경인 곳에 오래된 동전과 같은 특성을 가지고 있지 않은가?(173) 새겨진(삽입되거나 던져진 공간 같은)것의 동전과 같은 특성은 앰블럼, [상형문자], 그리고 폐허와는 구별된다. 배경으로서의 자연(역사로 접근하는 자연)과 쇠퇴(자연에 접근하는 역사, 그 자체가 일종의 배경이거나 혹은 인간의 본성이 활동하는 무대의 버팀목이다)로서의 역사는 폐허속에서 동시에 일어난다. 폐허가 시대착오적이고, 고착화 되고, 그래서 공간성으로 읽힐 수 있게 되는 일시성이 완만하고 나태한 구조를 나타낸다는 것을 명심해야 한다. 폐허속에서는 시, 공간이라는 위대한 이분법의 변증법적 움직임이 얼어붙는다.

폐허는 위대한 이분법에 이의를 제기한다.(나는 이 실을 다시 뜯어서 그 순간을 위하여 매달아 놓을 것이다.)

폐허－카타콤, [동굴]－속에서는 우리가 보존하거나 비밀을 지키려고 열망하는 것들이 묻혀 지거나 암호화될 수 있다. 벤야민은 칼 보린스키Karl

---

52 아도르노Adorno, Theodor Wiesengrund(1903－1969) 독일의 철학자. 사회학 · 심리학 · 음악학 등에도 해박한 지식을 가졌고 비판이론을 내세운 프랑크푸르트 학파의 일원으로 유명하다. 후기의 철학 연구는 지식인 운동에 대한 사회비판이론적 분석에 초점을 맞추고 있다. 프로이트적 마르크스주의 이론에 바탕을 둔 아도르노의 분석은 개인의 중요성을 강조하고 권위주의를 거부하는 모습을 보인다. 주요저작으로는 『계몽의 변증법 **Dialektik der Aufklärung**』(1947) · 『현대 음악의 철학**Philosophie der neuen Musik**』(1949) · 『권위주의적 인격**The Authoritarian Personality**』(공저, 1950) · 『미학 이론**Ästhetische Theorie**』(1970) 등이 있다.

Boriniski의 고대*Die Antike*를 인용하면서 다음과 같이 주목하고 있다. "그로테스크한 효과를 지닌, 수수께끼와 같은 미스테리한 특성은 묻혀진 폐허와 카타콤 속에 있는 지하의 미스테리한 기원origin과 합쳐져 있는 것처럼 보인다. 그 단어는 문학적 관점에서 동굴grotta이라는 단어로부터 나온 것이 아니라, 동굴이나 자그마한 굴이 표현하는 '매장' 으로부터—은폐라는 관점에서— 나온 것이다." (Origin, 171)

여기서 벤야민은 겹쳐지게 된다. 그 인용은 바로크 시대의 알레고리의 "발명품의 비밀창고" 인, 유물에 있어서 그로테스크한 것의 개념을 표현한다.(171) 그래서 그로테스크한 것은 알레고리를 작동시키는 비밀스러운 것의 매장장소이고, 이러한 식으로 그것은 상형문자로 쓴 정본과 관련시키고 비슷하게 작용한다. 이 시점에서 각본Script과 토굴crypt은 합류점을 이루면서 서로를 즐기는데 그것은 각본Script과 동굴Crypt을 위한 기표, 또는 무언가 비밀스럽고 신성한 것—말할 수 없거나 나타낼 수 없는—이 지켜지는 토굴과 같은 빈 공간미주10과 같은 무언가에 대한 글쓰기라고 불릴 것이다.

알레고리와 벤야민의 그로테스크한 것과의 교차는 중요한 여행의 시작을 의미한다. 조르쥬 바타이유Georges Bataille[53]는 그로테스크한 본체로부터 나왔으며 그것에 대해서 글을 썼으며 특히 바타이유의 두 개의 구멍이 있는 튜브가 있는데 그것은 내부와 외부의 구별에 대해 문제를 제기하여 파생되는 복잡화를 낳고 있으며 마크 테일러Mark Taylor는 그것을 다음과 같이 기술하고 있다.

> 이러한 교차적인 주체는 사상과 언어를 구조화하는 이분법적 반대개념의 관계로 표현될 수 없다. 절대로. "적당하거나 깨끗하고 단정하거나 말쑥할 수 없다." 그 주체는 피할 수 없이 위반하기 쉬운 것이다 . . . . [정액, 월경액, 소변, 대변, 토사물, 눈물과 흐느낌, 절규, 울음과 웃음]을 연구하면서 바타이유는 순이론적인 철학과 전통적인 신학의 종말론을 파괴하기 위해 화석분석학을 발전시켜나간다. [여기서 테일러는 "우리에게 '제단' 이라는 단어의 사용이 화장실을 언급한다" 는 것을 상기시키면서 주석을 집어넣는다. 헤겔이 오물통THE PROPER을 씻어 없애버림으로

써 "적당한 것"의 체계를 지키는 것에 집착한데 반하여, 바타이유[54]는 억압된 것이 종국에는 회귀한다는 차이를 증명해보이려고 노력했다.(제단화Altarity, 126)

그로테스크한 주체는 동굴crypt과 함입(칼집에 넣음)과 겹쳐포개짐[55]의 주체이다. —그것은 비밀과 신성한 것이 보존될 수도 있는 비밀의 허공, 매장실이다. 이 주체와 자연, 역사, 신학, 그리고 정신분석은 전적으로 구별할 수 없도록 서로를 미끌어져 들어가고 나오고, 주위를 돈다.

이중법적인 주체는 [상형문자]적인 텍스트이다. 그것은 나타낼 수 없는 것(말할 수 없는 것)을 보여준다. "억압된 것이 끊임없이 회귀하는 '쉿' 소리가 나는 구멍이다." 읽지 못하는 텍스트이다. 벤야민은 바로크적 알레고리를 이집트, 그리스 기독교적 그림문자들로 얽혀 쓰여진 텍스트에 비유한다. 그것은 신학이 신성한 것의 힘(그것들을 세속적인 것에 끼워 넣음으로써)을 보존할 수 있는 장소를 제공했다. 이러한 종류의 글쓰기는 또한 "사람들이 군중 앞에서 드러내놓고 말하기를 꺼리는 많은 생각을 위한 피난처"를 제공하는 것이 가능하다.(Origin, 172)

프레드릭 제임슨Fredric Jameson은 그가 "제삼세계"라고 일반화시켰던 문학에 있어서 이러한 알레고리의 가능성에 주목했다. "모든 제삼세계의 텍스트들은 필연적으로(내가 논쟁하고 싶은 부분인데) 알레고리적이고 매우 특별한 방식이다. 그것들을 나는 전국민적 알레고리라고 명명하고 있다." 미주11 ("제 삼세계 문학", 69) 제임슨은 이들 알레고리적 텍스트에서 리비도적인 것(성적충

---

53 바타이유Bataille, Georges(1897–1962) 프랑스의 작가. 그의 수필과 소설 및 시는 에로티시즘과 신비주의 및 불합리에 대한 그의 정신적 탐구를 표현하고 있다. 그는 무절제를 개인의 '주권'을 얻기 위한 하나의 방법으로 보았다.

54 바타이유의 작품에서 커다란 두 가지 주제는 작가가 끊임없이 체험하고 있는 에로티즘과 악이라는 두 가지 불가능한 대상들이다. 이 두 가지 주제는 공통적으로 극도로 격렬하게 고조된 감정 상태(고통과 엑스터시)를 불러옴으로써, 마침내 사유 작용을 중단시킨다.

55 여기서 칼집의 함입과 겹쳐포개진다는 것은 성기의 삽입과 성행위와 같은 비밀스런 행위나 의미가 숨어있다는 것을 암시한다.

동—개인적이고 사생활적이고 무의식적인)과 정치적인 것(집단적인 계층의 세계)사이의 차이, 즉 자본주의 문화의 가장 결정적인 특성이 지워지는 것을 보여준다. 그는 "제삼세계" 의 텍스트(그의 예들은 주로 아프리카와 중국이다)에서 사생활과 개인적인 운명의 이야기는 항상 대중의 제삼세계 문화와 사회의 전투태세를 갖춘 상황에 대한 알레고리라는 것을 강조하며 주장하고 있다. 제임슨은 여기서 알레고리를 개인적인 것과 정치적인 것이 동시에 일어날 수도 있음과 동시에 주도적인 것에 의해 억압된 생각이 숨을 수 있는 장소라고 정의했다. 그러한 알레고리를 해석하기 위하여 "우리가 이야기의 심볼과 같은 수준의 전통적 개념을 서로 교차시키고 결정시키는 올가미나 순환으로 재고해야만" 하는 "새로운 [지도만들기MAPPING]과정을 필요로 한다.(73) 이들 알레고리들은 제임슨이 무의식적인 알레고리를 우리 자신의 "제일 세계" 의 문화 텍스트라고 이름붙인 구별에 따르면, "의식적이고 명백한 것" 이다.(79—80) 현재의 목적에 대해 제임슨의 텍스트가 제시하는 것(비록 간접적이라고 하더라도)은 무언가 억압된 것의 회귀를 위해서 수레역할을 하는 알레고리의 잠재가능성이다. 제임슨의 "지도만들기mapping" 의 개념은 형태이고 "구조적으로 주도하고 있는 계층보다는 주도되고 있는 피지배계층에 유용하다." (88n26)

[지도만들기MAPPING]

조개무지—피네간의 경야에서 앰블럼의 쓰레기 적치장—은 [암닭HEN]의 [편지LETTER]의 [지도만들기MAPPING]이다. 둘 다 확실하고 숨겨지고 모두 같은 방식으로 읽혀지지 않는 것이다. 작은 병아리는 가장 조그마한(tea tea too oo—의성어) 조각들을 긁어모을 수 있다.[미주12]

벤야민은 마르틴 오피츠Martin Opitz[56]의 글을 다음과 같이 인용한다. 가장 최초의 미개한 세계는 너무나 원시적이어서, 지혜의 가르침과 천상의 것들을 이해하고 받아들이지 못했기 때문에 현자들은 시와 우화라는 형식을 빌어, 신에 대한 공포와 윤리와 선한 행위에 대하여 발견했던 것을 숨기고 묻어야만 했고, 그것을 일반 사람들이 들을 수 있도록 적절히 배치시켰던 것이다.(Origin,

172) 알레고리적인 것에 숨겨진 것은 신학적인 것이고 세속적인 것에 묻힌 신성한 것이다. 이것이 바로 비극Trauspiel 내에 숨겨진 것이라고 바타이유는 주장하고 있다. 비극은 공포가 횡행하던 시절에 영예로 주어진 축제와 같이 모인 사람들에게 무엇에 의하여 그들이 진실된 본성을 인식하고 있는지를 정신착란과 죽음의 상징으로 묘사하여 보여주었다.(Visions of Excess, 218) 그러나 이러한 양상은 이제 지배의 주의깊은 구조인 종교로부터 떨어져 나갔다. 테일러는 다음과 같이 기술했다.

> 바타이유는 예술이 이제 신성하면서 동시에 무시무시한 시,공간에 더욱 효과적으로 접근할 수 있다는 생각을 피력한다 . . . . 예술의 탄생이라는 책에서 그는 예술이 어머니 대지의 내장(내부)에서부터 "시작된다"고 말한다 . . . . 시작부터(만약에 정말로 시작이 있다면), 예술에 있어 무언가 작은 동굴식(grotto-esque)이고 더러운 것이 있을 것이다. 바타이유는 예술의 그로테스크하고, 지하속의 "기원"의 먼지가 절대로 없어져 버리지 않을 것을 확신한다. 예술은 종교와 마찬가지로 신성한 것의 불결함으로부터 나온다.(제단화Altarity, 141－142)

우리는 동굴의 대안으로 기원이 되는 대상인, 건축－"예술의 어머니"－을 포함시킬 수 있을 것이다. 그리고 만약 우리가 고전적인 신전의 장식화가 된 것들이 복장과 희생의식(피가 낭자한 것이 희생의 숲에 매달릴 때)의 잔재에 대한 무언극을 하고 있다는 조지 허시의 명제에 힘을 실어줄 것을 선택한다면, 건축은 실제로 "신성한 것의 불결함"을 나타내는 것이다.

예술(그리고 건축)의 출현은 비극Trauspiel에서 바타이유의 변증법에 대한 효과적인 지우기가 벤야민의 주문呪文을 나타내는 것과 같이 융합[반영MIRROR]한다. 변증법은 스스로 용해된다. 중재를 도입시키는 것은 전체의 과정을 의문으로 만들게 한다.

---

56 Martin Opitz(1597－1639) 독일의 시인 · 문학이론가. 독일문학에 외국문학의 모범 · 규칙을 소개했다.

벤야민에게 있어서 알레고리는 바타이유의 디오니소스적인 술잔치와 같이 "법칙과 질서의 평화와 분열에 대한 심한 소란" 으로(기원Origin, 177), 그것은 신성한 것과 세속적인 것을 구별할 수 없는 곳에서 일어난다. 그리고 이 장소는 알레고리 그 자체에 의해서 알레고리화(앰블럼화)된다. 알레고리에서 "어떠한 사람이나 사물의 관계가 절대적으로 아무것도 아닐 수도 있기 때문이다. 세속적인(물질적) 세계는 각각의 사람이나 대상, 관계가 더 이상 어떠한 특별한 중요성이 없는 장소가 될 수 있다. 무언가 동시에 의미하곤 했던 것들이 이제는 무언가 다르게 되고, 높은 비행기에 위치하게 하는 힘을 얻게 만든다. 그것은 신성한 것이 되게 한다. "알레고리적인 관계에서 고려해보면, 세속적인 세계는 고상하게 되는 동시에 가치저하된다." 벤야민의 변증법은 전통과 표현의 변증법사이에서 울려퍼진다. 알레고리는 다시 둘 다를 의미한다. "여기에서도 역시 해결책은 변증법적인 것이다. 그것은 글쓰기 그 자체에 달려 있다" (175) 알레고리는 그래서 비평, 즉 표현의 전통("모든 종류의 글쓰기와 같이")과 전통의 표현 둘 다와 연결된다. "비평의 전략은 비평의 대상에 위치해 있다." "알레고리적인 작업은 그 자체의 논평의 방향을 기술하려는 경향이 있는 것" 처럼 말이다.(세르, 헤르메스, 38; 오웬스, "알레고리적 충동", 69). 비극Traurspiel은 아무런 외적 형태도 없는 대상이다. "그것의 외부 형태는 없어져버렸다." (Origin, 182) "특별한 디테일" 로 복잡하게 구성된 폐허는 고착화되는 동시에 억압된다. "비평은 작업의 고행을 의미한다." (182) 이것은 알레고리(복잡하고, 시간을 초월한 상형문자 각본)를 그것의 반대위치인 심볼(간단하고, 일시적이고, 투명한 이미지)로 돌려보내는데 "그 안에 바로크적인 것이 그 자체에서 고전주의의 독립적으로 반대가 되는 곳" 이다. 알레고리는 "단숨에 . . . 사물을 변형시키고 활발한 글쓰기를 하게 만드는 것으로" 그 때문에 신성한 명성과 세속적인 포괄성 사이에서 불안정한 기초로 근거하는 것으로 "신학적, 예술적 의도사이의 분쟁의 결과로" 다다르게 되는 폭풍우와 같이 격렬하게 "종합" 시킨 것으로 평화의 관점에서 보면, 논쟁이 되는 의견들 사이에서 그다지 중요한 것 같지는 않다.

알레고리는 우울병환자와 연합한다. "우울병 환자가 자신에게 허용하는 유일한 즐거움—강력한 것으로—은 알레고리이다." (기원Origin, 185) 우울병환자의 뚫어지게 보는 생활(시간)—그들을 고착화시키는 것—은 밖으로 흐르게 하여 죽어있는 듯한 것이 보존된 채로 남게 되기 때문이다. 우울병환자는 새턴(농업의 신)이나 극단적인 이중적인 신인, 크로노스([파마콘]피로부터 태어난 아프로디테를 낳으면서 아버지이자 형인 우라누스를 거세했던)의 속성을 지니고 있다.

우울증환자의 잊혀진 심볼 중 하나는 벤야민의 지적으로는 [돌STONE]로서, 그것은 역시 (우리가 보아왔던 이유로) 마찬가지로 훌륭한 알레고리적 앰블럼이다. "그는 본래 우수에 젖은 우울증을 가진 듯한 안색을 지니면서 모든 행동에 있어서 매사 숙고하고, 항상 조심스럽게 일을 진행시키는 성격을 가지고 있다. 독사로 된 머리를 지니고 있는 메두사나 아프리카 괴물 또는 이 세계에서 흐느끼고 있는 악어도 그가 응시하는 것을 오도할 수 없다. 하물며 그의 팔다리를 무감각한 돌로 변형시키는 것은 더욱 그렇다" (154)

[지도만들기 MAPPING]

지암바티스타 비코Giam Battista Vico는 어린 시절 거의 치명적인 상처를 입은 적이 있었다. 사다리에서 머리가 먼저 떨어진 것이다. 비코에 따르면, 그것은 그 자신의 철학자의 기질, 자연스런 우을증을 만들었던 추락사고였다.(자서전, 111)

"우울증환자는 지식을 생각하면서 세상을 배반한다," 라고 비코는 주장한다.(자서전, 157) 우울증환자와 알레고리스트는 "끝이 없는 숙고의 구덩이속" 을 주시한다.(231) 여기서 예술가 로버트 스미슨Robert Smithson에 대한 오웬스Owens의 인용을 보면 다음과 같다.

> 광물의 이름과 광물 그 자체는 둘 다 다르지 않다. 왜냐하면 두 물질과 활자의 밑바닥은 한없이 깊은 틈의 시작이기 때문이다. 단어와 바위는 갈라진 틈과 균열의 통사론의 뒤를 잇는 언어를 포함하고 있다. 다른 단어를 충분히 오랫동안 보고 있으면, 그것이 계속해서 실수하고 자신의

빈 공간을 포함하고 있는 입자의 지형이 변하여 열리는 것을 보게 될 것이다.("알레고리적 충동", 85)

그의 텍스트 끝에 이르러, 벤야민은 우리에게 최종적인 알레고리의 변증법을 남겨놓았다. 그것은 추락하면서 공중제비를 통해 발을 헛디딘 것과 같이. . . .

앰블럼에서 앰블럼으로 끝 모를 깊이의 현기증속으로 추락하는 것. . . 궁극적으로 바로크 시대가 마감되었다는 신호를 보내며 알레고리를 반영하는 방향은 뒤집히게 된다. 이것은 넓은 호弧의 두 번째 부분으로 그것은 다시 회복하기 위해 회귀한다. 알레고리의 최종적인 의도는 정숙하게 유골함속에서 조용하게 잠자고 있는 것이 아니라 난잡하게 부활의 몸짓으로 도약하는 것처럼 나타나는 여백을 메우고 부인하는 것이다. (기원Origin, 232－233)

감자 6

피네간의 경야 의 기하학은 굳어진[57] 시체, 돌아가신 아버지(예수)의 시체이다. 제임스 조이스의 친구이자 출판업자인 실비아 비치는 그를 애정 넘치게 "우울병자 예수"라고 불렀고, 그의 아내 노라 버나클은 그를 악마가 붙은 "쓸모없는 건달"(나태함과 둔함이 우울병자의 특성이다)이라고 불렀다.("악마가 당신을 당신 자신보다 더 잘 안다."라고 얘기했을 정도.) 우울병자의 열정은 지식인데 그것은 마치 벤야민이 성경에서 나오는 악마와 결합한 것과 같다. 벤야민은 아담의 속성이 우울병자이고, 이브의 속성은 유쾌함이라는 것에 주목한다. 그는 또한 이러한 이중성에 대한 문제를 지적한다. 광기는 우울함과 결합하지만 이브는 타락(원죄)을 부추긴다.(기원Origin, 147) 이러한 수수께끼로부터 벗어나는 유일한 방법은 벤야민의 분류에 이의를 제기하는 것이다. 이브는 결국 첫 번째로 신성한 것과 세속적인 것의 비밀스런 지식인, 악마의 지식을 소화해 냈다. 이브는 자신의 우울증환자와 같이 무표정하게 응시하는 습성을 지니고 있으며, 뱀과 침밀하며, 메두사로부터 출생했다. 이브는 두 명의 아들 카인과 아벨을 낳았는데 열정적이고 살인을 저지른 방랑자(카인은 그의 어머니의

아들이다)인 카인과 점잖고 신에게 순종적인 아벨이 형제였다. 카인과 아벨은 피네간의 경야에서는 쉠과 쇼온으로 나오는데 배경속에서 이들은 아들 험프리 쉼든 이어위커와 흘러내려가며 씨를 뿌리는 강, 안나 플루라벨이다. 문필가인 쉠Shem은 어머니의 아들이다. 사악한 작가인 그는 항상 천성적으로 뒤틀려 있어서 인위적으로 모욕적인 말만을 일삼는다. 쉠은 유령인 오쉐임O' shame이라는 집("유령이 나오는 잉크병")에서 산다. . . "*가구 속에 있는 그 자신의 미스테리에 대해서 쓰면서.*" (184.8−10) 우편배달부 쇼온Shaun은 남자의 아들이다. 이성적이고 올바르고 예의바르고, "고지식하고", "고상하고", "우아하고", 특히 "능력"이 있다.

쉠의 특성은 아마도 글쓰기의 행위와 "여성의 리비도(성적충동)를 뽐내는 것"을 혼란시켰던 119에서 123페이지에서 1500개의 단어로 이루어진 문장 이외에는 더 이상 존재하지 않는데 그것은 결국 종잡을 수 없는 남자의 주먹과 같이 "엄격하게 통제되어 있고 쉽게 설득되는 것이다." (123.8−10)

[지도만들기 MAPPING]

우리가 지리상 멀리 있을 때 나의 연인은 나의 신체를 상상으로 구성하고 미화시킨다. −입술, 가슴, 눈, 곡선, 색깔 등.

메두사는 남성적인 투영의 산물이다. 일단 한번 보게 되면 육체는 굳어져 버린다.(무엇처럼 보이는가?) 나는 장님이고 방패(제우스신이 아테나신에게 주었다는)도 없이 혀와 피부의 기억으로 지도를 만든다. 그의 머리가죽으로부터 겨드랑이로 사타구니로 무릎 뒤쪽으로 발가락 사이로 몸을 어둡게 하고, 후각적인 잉크로 글을 쓴다. 나는 이 강렬한 부위사이의 복잡한 뉘앙스를 따라간다. 나는 여성에 대해 쓴다.[미주13] 보이지 않는 문신이다. 그것(성적 쾌락jouissance)이 건

---

57 조이스의 소설 『더블린의 사람들』에서의 각 단편에서는 도덕적, 정신적, 지적知的인 측면에서 '마비 paralysis' 된 인물들을 그리고 있다. 조이스의 소설에서 마비와 계속되는 순환은 매우 중요한 주제이다.

축이 되는 것(피가 흘러들어가는)은 거의 문제가 되지 않는 것처럼 보인다. 멀리 떨어져 응시하는 즐거움은 현존 속에서는 얼음과 같이 창백한 것이다.

질문: 눈이 있지만 보지 못하는 것은 무엇일까?

문필가는 수다장이다. (아이젠만Eisenman에서 "ise"를 제거해 보라. 그리고 무엇을 갖게 되는지 보라. —enman남자)[미주14] 또한 독특한 문신의 소유자이다. 마지막 연금술사Alshemist까지.

이 러시아 온건파 사회 당원 에소우 멤쉬아비크 및 철두철미한 연금술사는 손에 넣을 수 있는 유일한 대판양피지大板洋紙, 즉 그 자신의 육체의 모든 평방平方 인치 위에다 글을 썼나니, 마침내 그의 부식적腐蝕的 승화昇華 작용에 의하여

(피네간의 경야 185.34—186.2)

쉠은 "한낮의 악마"이다. 벤야민은 다음과 같이 언급한다. "최고의 서구적 형태에서 나타나는 모자이크와 논설은 중세의 산물이다. 그것은 비교를 가능하게 하는 매우 밀접한 관계이다." (Origin, 29)

쉠은 글을 쓰고 쇼온은 편지를 배달한다. 쇼온과 쉠은 피네간의 경야에서 세임Same과 테오도르Th' odor로 등장한다. 둘 다 플라톤과 Thamos의 쌍둥이로 말하는 것에 의해 창조된 태양신인, 제왕을 대표하는 아몬 라Amon Ra와 기억의 손실을 막기 위해 "치료자"로서의 글쓰기의 창안자 토트(Thoth—지혜의 신)인데 이집트왕 타모스Thamous[58] [암탉, 파마콘][미주15]에게는 거부되는 대상이다(독으로). 엘렌 식수Helene Cixous는 다음과 같이 기술한다. "쇼온은 모든 사람의 왕이고 그래서 그의 충성을 자본주의와 족장정치에 설립했던 것처럼, 모든 단어를 소유하고 있음을 자랑한다.(조이스의 망명, 743) 프레드릭 제임슨의 "포스트모더니즘, 혹은 후기자본주의의 문화적 논리"에서의 행복한 식자공typo은 이곳을 다음과 같이 말하고 있다. ("추락할 수 있는 것으로 미끌어져 들어가는 것을 보호하기 위하여 누가 'typo'를 변형시키는 방법을 알았겠는가?"; 데리다, ***엽서***, 515) 로스앤젤레스에 있는 존 포트만 설계의 웨스턴 보너벤처 호텔에 있는 부띠끄의 상업적인 실패를 적은 이후에 제임슨은 다음과 같이 쓰고 있다. "우편배달부가 건축가, 백만장자의 개발업자 또는 한 때 자본주의자인 예술가와 마찬가지로 비즈니스맨이라는 것을 상기한다면, 우리는 또한 여기서 무언가가 '억압된 것의 회귀하는 것' 과 관계되어 있다는 것을 느낄 수 밖에 없다." 미주16(83; emphasis mine)

우편배달부는 메아리를 쫓아 보냈던 부주의한 수다쟁이인 나르시스가 그랬던 것처럼 유리의 표면속 깊이를 응시하고 그의 반사된 [거울]을 본다, 문필가는 심연속의 유동체적이고 빈 공간인 판도라의 [상자 VESSEL]속을 본다. 테오도르Th' other는 맵시있는 도구로 말한다.

피네간의 경야에서 쉠과 쇼온은 개인으로 보았을 때 불안정하다. 그들은 서로 흘러들어오고 흘러나간다. 그들은 항상 무언가가 된다. 언제나 차이점은 있지만 계속해서 무언가의 특성을 지니지는 않는다. 그것은 수은과 같은 것이다. "[파마콘]은 언제나 액체와 같이 투과한다. 흡수되고 푹 빠지고 내부에 유입되는데 그것은 우선 활자의 단단함으로 기록되고 곧 그것을 약물과 양조주(술)와 마실 것, 독약들로 침범시키고 범람시킨다. 액체속에서 반대 성향의 것들은 좀 더 쉽게 섞인다. 액체는 파마콘의 요소이다".(데리다, "플라톤의 조제술" 씨뿌리기, 152) 액체는 모자이크의 모체이다. 그것은 [돌]들 사이에서 흐른다. 그것은 서로를 분리하고 합쳐지곤 한다.

> 급변하는 미립자로 된 파편화에도 불구하고, 모자이크가 그들의 주권을 보존하는 것과 마찬가지로 철학적인 묵상도 힘이 모자라지는 않는다. 둘 다는 뚜렷하고 여러 가지 다른 것으로 만들어졌다. 그리고 어떠한 것도 신성한 이미지와 진실 그 자체의 초월적인 힘에 대해 그 이상 강력한 증명을 하지 못한다. 사고의 파편화의 가치는 뒤에 숨어있는 생각에 덜 직접적으로 보여주고 있으며 설명의 탁월함은 모자이크의 탁월함이 유

---

58 일찍이 플라톤은 이집트의 왕 타모스의 입을 빌려 이렇게 말했다. "그것(문자)을 배우는 사람들은 쓴 것에 지나치게 의존하기 때문에 외부로부터 이질적인 기호에 의해 상기되고, 내부로부터 자신의 힘으로 상기하지 않으며, 기억하려는 노력을 하지 않기 때문에 문자는 배우는 사람들의 영혼에 망각의 습성을 갖게 할 것이다."(파이드로스, 273c–274b)

리 풀의 특성에 많은 부분 좌우되는 것처럼 많은 부분이 가치에 의존하고 있다.(벤야민, Origin, 28－29)

감자 7

8살이고 커서 작가가 되고 싶어 하는 나의 딸 사라[미주17]는 최근 ***패턴북과 그 밖의 이것저것들***이라고 스스로 이름 붙인 "어린이를 위한 책"을 만들어서 내게 가져왔다. 이 책은 3학년인 사라가 4살 된 사촌 동생 케이트Kate가 알 필요가 있다고 생각하는 정보를 포함시키고 있다. 책은 4개의 챕터로 구성되어 있다.

챕터 Ⅰ: "패턴들". 원과 사각형, 삼각형, 타원형의 색종이로 된 모자이크(부끄러운지도 모르고 그 자신을 드러내 보이는 음란한 풀로된 덩어리로 붙여진)

챕터 Ⅱ: "수학". 2+2=4, 4+4=8 등이 쓰여 있다.

챕터 Ⅲ: "노크－노크 조크. ("노크 노크" "거기 누가 있어요?" "바나나" 등등)

챕터 Ⅳ: "Meshering."(갤리온선에 있는 4개의 쿼크(원자핵 강입자hardron에 있는 최소입자) 가 있다는 사실을 포함하고 있다.)

나는 '내가 그렇게도 이해하려고 부단히 노력해왔던 것이 단순하고 순수한 아이의 놀이였단 말인가' 라고 느끼면서 놀라고 말았다. 아이들은 아마도 우리가 그들에게 가르치는 만트라(불교, 힌두교 주문)의 허위를 알고 있을 지도 모른다. 아이들(우리가 그들이 세상에 나온 순간부터 떼어내 버려 방랑하는 유목민과 여성적 남자)은 니체가 알고 있었던 것처럼, 단어, 심볼적인 질서의 벽 재료들이 막대기나 돌들처럼 우리의 유골(우리의 자궁)[미주18]을 파괴할 수도 있다는 것을 알고 있을지도 모른다. 그리고 그것들을 구체화하는 구조들(역사적, 철학적)은 그것들을 나타내는 건축적 구성만큼이나 현재적이고 친숙하고 사랑받고 강압적이고 차갑고 창백하다.

빔 벤더스 감독의 영화 **욕망의 날개(베를린 천사의 시)**에서 그 자신의 환영을 연기하고 또한 주인공(천사가 앞으로 변하게 되는 유령을 연기하는 피터 포크—남는 시간에 그림을 그리면서 보내는 무능하고 지껄이기 좋아하는 애꾸눈의 형사를 연기한 것으로 알려진 배우)과 수다쟁이 아이들만이 그 구조를 이해할 수 있다 그 영화의 교차배열의 순간은 천사의 피가 빨갛게 흐르는 장면(이미지가 흑백에서 천연색으로 바뀌는 곳)인데 순수한—아니면 단순한가?—이데올로기에 의해 만들어진 베를린 장벽에서 일어난다.19

혹은Or

발터 벤야민과 자크 데리다[59]의 영역인 꼴라쥬와 알레고리로 쓴 글에서 그레고리 울머Gregory Ulmer[60]는 꼴라쥬인 조합을 해석하는데 있어 결정불가능한 것에 대해 데리다의 글을 인용한다. 각각의 이질적인 요소나 디테일, 꼴라쥬가 진짜 콘텍스트로 연결될 수 있는 조각과 새로운 전체에서 부분으로의 입장 때문에 "현존과 부재"사이를 왕복하고, 그래서 선적인 그리고 전체에 대한 단조로운 해석을 허용하지 않는다.("후기—비평의 대상", 88)

나오미 스콜은 알레고리적 디테일에 의하여 발생하게 된 결정불가능함에 대하여 다음과 같이 말한다.

> 알레고리의 세부사항은 그 "과장적인 의미화"에 의해 구별된다.(보드리야르Jean Baudrillard)[61] 이것은 하이퍼 리얼리즘은 아니라 할 지라도 리얼리즘의 문제가 아니라 초현실주의의 문제이다.

---

59 1930년 알제리 출생, 파리 고등사범학교에서 수학한 후 철학교수 자격을 획득했다. 소르본 대학에서 일반철학 강사로 활동했으며, 예일, 존스 홉킨스 대학 등에서 교환교수를 지내기도 했다. 1987년 이후 현재까지 파리 사회과학고등연구원 연구 주임으로 재직했다.

60 주 관심사는 새로운 지식의 교수법으로 지난 25년간 새로운 미디어가 인문학의 본질과 기능 등에서 미칠 파장과 의미에 대해서 연구해왔다. 현재 플로리다 대학에서 영문학과 미디어 이론을 전담하고 있으며 스위스 사스피의 유럽 대학원에서 전자 언어와 사이버미디어를 담당하는 석좌교수이다.

61 Jean Baudrillard(1929—) 사회학자, 보드리야르는 현대 사회와 문화에 대해 독창적이고 극단적인 분석을 시도해왔다. 그의 초기 저작들인 『사물들의 체계』와 『소비사회』 등에서는 광고, 소비사회, 패션 등에 대한 분석을 통해 현대성을 이론화하였다. 그러나 1970대이후 그의 저작들은 문화이론과 미디어, 예술 그리고 사회에 관한 논의에 집중되었다.

마침내 알레고리 디테일들이 균형을 잃고 장식적인 디테일들로 확대되었다. 간단히 말해, 모던의 알레고리적 디테일은 전통적인 신학적 디테일의 패러디이다. 그것은 신에게서는 버려진 세부항목들이다. 알레고리적인 디테일은 분리되고 불안정하게 되는 디테일이다.(디테일에 대한 해석, 61)

> 스콜에 의해 인용된 현상과 보드리야르가 제시하는 과대의미는 데리다의 그람gram매커니즘의 하나인데 그것은 그라마톨로지Grammatology[62]에 있어서 사인이 기호학과 연결되는 것과 같다. 데리다가 그것에 접근하는 것처럼 그람gram의 추론 중 하나는 보충súpplement[63]의 개념이다. 또 다른 실체에 부여되는 실체는 둘 다 추가된 것보다 더욱 과도한 것으로 추가된 본성이라는 것은 원래 실체에 부족한 것에 보충되는 것이다. 울머는 크랙 오웬스가 알레고리를 보충Súpplement으로 규정하였다는 것을 지적했고, 그래서 글쓰기와 함께 말하기에 보충적인 것이다. 발터 벤야민은 이러한 구별을 오래전에 해왔으며 그 때는 그가 바로크적 알레고리를 상형문자들과 다른 형태의 자체字體로 연결시켜왔던 때이다.

오웬스가 정의내린 것과 모더니즘과 관련되는(은유를 통해) 이미지와 포스트모더니즘에서 문제가 되는 참고예 사이에서 데리다의 계획이 제시한 것의 가능성에 반대한다고 말하면서 울머는 형식주의 그라마톨로지의 영역과 더욱 중요하게는 벤야민과 데리다에 의해 주창되고 사용된 알레고리의 개념을 해방시킨다.

그라마톨로지는 형식주의자의 위기로부터 나왔고 이와 전적으로 관련되지만 알레고리적인 것보다는 "이야기체의 알레고리"의 형식에 관련된 담론을 형성시켜왔다. 알레고리적인 것은 전통적인 비평가에 의해 오랫동안 실행된 논평 형식으로 텍스트의 외면을 "지지하고", "서사적인 알레고리(후기 비평가들에 의해 실행된)"는 어원학과 동음이의同音異義의 익살pun의 문자적인 [편지LETTER] 언어 그 자체를 탐구하는 것임에 반하여, "수직적인 것과 수평적인 것, 숨겨진 의미와 신성한 의미에 대한 해석의 어려움"이라는 특수 용어법을 적용한다. 간단히 말해, 서사적인 알레고리는 기표가 기의를 올라타려고 하는 것을 선호한다는 것이다.("후기 비평주의의 대상", 95)

전통적인 알레고리와 조이스, 벤야민, 데리다, 피라네지의 알레고리 사이의 구별과 함께 울머 역시 건축으로 향하여 있는 문을 연다. 지대하고 영속적이지만 제한된 상징적인 물질성의 기준을 가지고 건축에서 이들 가능성을 탐구하면서 우리는 다시 한번 왕복하게 된다.(서로 뒤바뀌고 뒤집힌다) 이야기체적인 알레고리(이야기화를 야기시키는 씨뿌리기)라는 도구로 조그마한 부분까지 영향을 미치는 반면, 가려지거나 켜(레이어)를 만드는 알레고리의 가능성을 유지하는 것이다. 그러한 건축의 구조는 조이스와 피라네지의 구성을 반영한다.

---

62 데리다의 저작. 『그라마톨로지』는 한마디로 서구 형이상학 전통에 대한 비판이다. 데리다는 플라톤 이후 기존 형이상학이 지금 여기 있는 것을 1차적인 것으로 보는 이른바 「현전現前의 형이상학」이라고 비판한다. 현전(프레장스presence)의 형이상학은 인종 중심주의 · 소리 중심주의 · 로고스 중심주의이다. 이 전통에 따라 목소리는 영혼과 본질적 · 직접적 근접성을 지닌 것으로 여겨진 반면 문자언어는 존재의 반영 또는 그림자로 멸시됐다는 것이다. 궁극적인 무엇이 따로 있다는 믿음, 그것에서 출발하는 현전의 형이상학은 결국 모든 가치의 서열 체계를 매기려는 욕망이며 따라서 억압의 구조라고 데리다는 폭로한다. 여기서 데리다의 사상을 집약하는 「해체」의 개념이 등장한다. 해체의 궁극적 겨냥점은 「울타리 엿보기」이다. 형이상학은 닫혀진 원이 아니며 울타리너머에는 끊임없이 운동하는 복수의 진리가 있다고 보는 것이다. 데리다에 따르면 해체는 파괴가 아니라 기존 사유 체계의 한계를 교정하는 것이다.

63 보충된 것이 주된 것을 전복한다는 중심주의

CHAPTER 2

세 가지 구조

Three Constructions

구조 1 : 마르지오 광장 Il Campo Marzio :

"*La région où s'érige le désir sans contrainte*〈아무런 장애없이 욕망이 구축되는 지역〉"

언어를 이해하는데 있어서 가장 큰 어려움은 . . . 스크립(각본)을 읽는 것이 불가능하기 때문은 아니므로. . . . 모든 문자는 이제 명확하게 이해된다. 그것은 마치 책들이 발견되고 우리 언어인 로마자로 인쇄되어, 단어를 어려움 없이 발음할 수는 있지만 알려진 마땅한 비교대상이 없어서, 알지 못하는 단어로 쓰여져 있는 경우이다.

엘렌 막나마라, *에트루리아인의 일상 생활*

***핑크색 기타(원형은* 타원형인)에서 라첼 듀플레시스에 의해 인용됨**

질서는 동시에 모든 것들에 주어지고 작용하는 것으로 그들이 서로 대면하는 방식을 결정하는데 그것은 조사와 언어에 의해서 만들어지는 그리드적인 것만을 제외하면 외형적으로는 잠깐 보아서는 드러나지 않는 내부 법칙이자 숨겨진 연결망이다. 그리고 그것은 질서가 침묵 속에서 표현의 순간을 기다리며 거기 깊숙한 곳에 존재했던 그리드의 빈 공간이다.

미셸 푸코, *사물의 질서*

1757년 가을, 지오반니 바티스타 피라네지는 그가 이전에 출판한 로마의 풍경에 대한 후기를 끝냈다. 여섯 개를 붙여 찍은 동판은 마르지오 광장의 마스터플랜을 새긴 것으로 돌 파편들의 배열을 묘사하고 있다.

파편들은 고대 로마 유적의 평면인 고풍스런 로마 건물들이 몇 겹의 켜로 쌓인 흔적으로 표현되고 있다. 몇 몇의 그림이 친숙함 속에 튀어나온다. 여기에 판테온, 저기에 마르셀루스 극장과 나보나 광장같은 식이다. 하드리안의 대묘the Castello Sant' Angelo가 티베르 강 옆에 적당한 장소에 놓여있는데 그것은 "도면전체를 꿈틀거리게 만들고 있다. 그러나 좀더 자세히 보면 도면을 보는 사람은 뚜렷하게 로마적이고 확실히 고대세계와 같이 보이는 것이 계속 되더라도 고대 로마나 18세기 로마에서도 역시 사실적으로 기록된 실제의 로마와는 거의 닮은 점이 없다는 것을 알게 될 것이다.

아니면, 닮았을 수도 있을까?

[지도만들기MAPPING]

비틀림, 벽

조각(파편)

도시

벽

강

지하세계로 열린 문

계절 시계

충돌

파 편

조각에 대한 사고는 기원Origin에 대하여 사고하는 것은 아니다. 조각은 이전에 어떠한 행위가 있었다는 것을 의미한다. 대상은 조각이다. 원인은 충돌이다. 효과는 조각이다. 알 수 있는 것은 전체가 산산조각 났다는 것이다. 산산조각 난 전체는 종합해서 보면, 전체가 되는데(부가적인 부분의 분석적인 전체가 되는 것으로 나타날지도 모르지만), 산산히 부숴버리는 것은 구문론의 매커니즘이다.

> 말하거나 쓰여진 담론의 질서 속에 있다고 하더라도 어떠한 요소도 그 자체가 단순히 현존하는 또 다른 요소로서 언급됨 없이 사인Sign으로 작용할 수는 없다. 이러한 [짜기]는 연속적인 다른 체계나 요소 안에 있는 흔적의 기초에 근거하여 구성되는 각각의 "요소"—음소나 문자의 최소 단위—로 끝난다. 이 짜기, 즉 직물은 단지 또 다른 텍스트의 변형에서 만들어진 것이다.

지오바니 바티스타 피라네지, 마르지오 광장 고대로마 : 도상 *Il Campo Marzio dell' Antica Roma* : Iconographia 1762)

요소들 사이에서나 시스템안에서는 어떤 것도 아무 곳에서나 단순히 존재하거나 부재하지 않는다. 단지 모든 곳에 차이와 수많은 흔적들이 교차된 흔적이 있을 뿐이다.[미주1](자크 데리다, 위치Postion)

낭만적으로 의도한 것들—이 두 종류는 항상 존재한다— 못지 않게 전통적 기질의 의식은 미래상을 가져온다. 그러나 그들 시대의 힘으로부터 나온 것은 전자이다. 후자는 허약함으로부터 나왔다.(프레드리히 니체, **"방랑자와 그의 그림자"**)

무섭게도 피라네지는 그의 세계에 내려온 무감각한 데카르트적—뉴톤적 세계의 감옥을 보았고 발견했다. **캄포 마르지오 도상**Iconographia은 그것에 대한 반응의 산물이다. 그 그림은 실제적이면서도 가상적인, 과거와 미래, 장소이면서 동시에 장소가 아닌 곳을 나타낸다. 그것으로 피라네지는 역사와 기하학, 시간과 공간을 산산조각내 버린다. 그 도구는 비평적인 것을 통해서다. 그것은 알레고리적이다. 피라네지의 역사의 침전물인 건축적 조각들의 구성은 제임스 조이스의 **율리시즈**의 파편화된 이야기체에 대응된다.

[지도만들기 MAPPING]

1762년 Il Campo Marzio del' Antica Roma 출판

1756년 Antichita Romane 빙켈만에 반대하면서 구조에 대해 로마의 천재를 찬양하면서 출판

1755년 그리스 예술의 미덕을 격찬하고 그것을 현대 예술의 출발점으로 사용하는 것을 옹호하는 빙켈만의 영향력 있는 논설이 출판됨

1753년 제임스 스튜어트와 니콜라스 레베트가 예술의 자료(그리스)를 찾기 위해 에게해의 여행을 제안.

1753년 그리스 건축을 논란의 여지가 없고 이성적(뉴톤적)인 건축의 원리[집, 적당한 것]로서 옹호하면서 로지에가 "건축에 대한 논고Essai sur l' architecture" 를 파리에서 출판.

그의 에칭 고대로마의 마르지오 광장은 좋은 건축의 기원에 대한 18세기 격론의 논쟁적인 무기였다. 그것이 나타내는 형태로 그것은 로마건축의 원천은 그리스가 아니라, 에투리아라고 지명한다.

1725년 데카르트 지식이론의 역사와 비평에 대한 나폴리 출신 철학가인, 지암 바티스타 비코의 주요작업인, 신 과학La Scienza Nuova의 출판.

푸코에 따르면, 유사한 경우, 식별할 수 있게 하기 위해서는 서명(기호)이 필요하다. 18세기 건축가인, 피라네지의 작업과 20세기 작가인 조이스와 유사함을 만들어내는 하나의 기호는 비코로부터 나온 것이다. 비코는 이처럼 분리되어 있는 사고들을 모아 신화를 설명함으로써, 언어를 고고학적인 증거로 보는 방법으로 세계를 이해하려고 했다. 비코는 로마 기관건축의 원류는 에트루리아적인 것이라고 결론 내렸다.

인류학 3, 역사 0

레비-스트로스Levi-Strauss[64]는 비코가 이 책과는 관련이 없다고 선언했다. 그것들은 그에 의해 쓰여졌다.(로드니 니담Rodney Needham[65], Le Regard eloigne 비평)

나는 내 자신이 아니라 보르헤스 속에 남아있게 될 것이다.(만약 내가 다른 사람이라면) 그러나 내 자신이 무엇보다 그의 책속에 포함되어 있지 않고 힘들게 다른 연습을 하고 있음을 인식한다. 수년전부터 나는 그로부터 자유롭게 하려고 노력했고 신화와 같은 시간과 무한성을 가지고

64 프랑스의 사회인류학자, 구조주의의 선구자. 문화체계를 이루는 요소들의 구조적 관계라는 관점에서 문화체계(예를 들어 친족 및 신화체계)를 분석하는 데 쓰이는 구조주의는 20세기 사회과학뿐만 아니라 철학 · 비교종교학 · 문학 · 영화 등 여러 분야에 영향을 끼쳤다.

65 미국 인류학자. 인도, 미얀마 국경에 거주하는 야산족 푸르마 사회를 대상으로 행한 연구가 그의 대표적인 예이다(The Structural Analysis of the Purum Society).

있는 게임을 하기 시작했으나 그러한 게임은 이제 보르헤스에 속해 있는 것이고 나는 다른 것들을 상상해야만 한다. . . . 나는 우리 가운데 누가 이 페이지를 썼는지 알 수 없다. (호르헤 루이스 보르헤스, "보르헤스와 나")

캄포 마르지오 Ichonophia는 일견 초현실적이다. 그것은 앙드레 브르통 Andre Breton[66]의 시적 대상을 환기시키는데 실제적인 것과 비실제적인 것, 알고 있는 것의 기억과 상상되는 모르는 가운데 상상되는 것을 복잡하고 도발적인 방식으로 병치시키고 있다. 초현실적인 대상과 마찬가지로 그것은 여러 부분들로 이루어져 있다. 그것은 충돌의 결과이다. 초현실주의적인 대상에서처럼, 충돌은 만드는 사람의 뇌 속에서 탄생하고 그 충돌은 보는 사람이 찾고 다시 만드는 것이다. 충돌을 위해 언어를 구성한다. 그러나 다시 생각해 보면 피라네지와 조이스 둘 다 초현실주의로부터 급격하게 벗어나 있다. 그리고 그것들의 작업은 사실 정확하게 브르통과 그의 동료들이 반동하는 바로 그것을 나타낸다. 무의식적인 것으로부터 의사소통하는 매커니즘의 많은 것들로 나타나는데 피라네지와 조이스의 텍스트에 대한 해석은 의식적인 것과 엄청나게 다양한 지식에 근거하여 연결시키는 것—전환하는 매커니즘—을 필요로 한다.

인간 제도의 본질 속에 사회생활에서 실행 가능한 사물의 실체를 균일하게 이해하고 같은 것들이 다른 양상을 가지고 있는 것만큼이나 다양한 변경사항으로 표현되는 전 인류에게 공통적인 정신적 언어가 있어야만 한다.(지암바티스타 비코Giam Battista Vico, 신 과학La Scienza Nuova)

피라네지의 그림은 미로로서, 무언가 더 큰 것을 만드는 것이고 집단적인 신화만들기로 구축되는 것으로 가장 중요한 것은 양피지적인 [기워만들기]로서, 즉 [패치워크PATCHWORK]와 같은 형태로 도시를 보강재적으로 사용함으로써 명백하게 비코의 영향을 받아 표현했다는 것을 알 수 있으며 율리시즈와 피네간의 경야를 예상할 수 있다.

[지도만들기 MAPPING]

날실, 씨실 : 산산조각난 배

도 시

피라네지의 그림은 도시의 지도를 보여주고 있는데 실제도시(로마)와 상상속의 지형에 위치한 도시[미주2]이고 무언가 다른 것을 보여주는 도시이다. 프로이드의 인간 두뇌에 대한 은유로서 "영원한 도시"를 사용한 것과 같이 피라네지의 로마는 어떤 유사이전—원시적이고 신화적인—의 한순간에 있을법한 요소(숨겨지고, 비밀로 되고, [동굴]적인)의 현존을 나타내고 있다.

> 도시는 그러나 그것의 과거를 말하지는 않지만 모든 부분이 긁음과 베어냄, 장식으로 새겨진 모든 부분이 거리와 창문의 창살, 계단의 난간기둥, 피뢰침의 안테나, 깃대 등을 상상하면서 그린 손의 선과 같이, 그러한 것들을 포함하고 있다. (이탈로 칼비노, 보이지 않는 도시)

그러나 피라네지의 도시는 단순히 기록된 것만은 아니다. 그것은 동시에 기록을 하기도 한다. 위의 세계인 지상세계의 것뿐만 아니라, 지하세계의 미로를 또한 그리고 있는데 그것은 양피지[67]의 제일 밑 켜(레이어)이다.

비코의 원리인 "사고의 질서는 제도의 질서를 따른다"(sec. 238)는 시적 격언에 대하여 그의 사고의 기초를 구축하고 있는 것으로 그것은 순차적으로 시적 기하학을 돕는 것이다. 알려진 것(신학적 시인의 단어들)을 통해 알려지지 않은 것을 찾는 시적 격언은 전설적인 것으로 사실 어느 정도의 기초를 가져

---

66 브르통(1896–1966.9.28) 프랑스의 시인. 1924년 『초현실주의 선언』을 발표하고, 꿈 · 잠 · 무의식을 인간정신의 자유로운 발로로 보는 시詩의 혁신운동을 궤도에 올려 놓았다. 그 후 이 운동은 많은 동조자들이 공산주의를 신봉하는 등, 몇 차례 이합집산을 거듭하였으나, 브르통만은 끝가지 자기 주장을 굽히지 않았다. 『문학』, 『초현실수의 혁명』 등 중요한 기관지를 발간하는 한편, 소설 『나자(1928)』, 수필집 『연통관連通管(1932)』 등의 중요한 작품을 많이 발표하였다.

67 양피지의 개념(팔림프세스트)은 해체를 설명하면서 자주 등장하는 용어로 양피지 자체는 무두질을 통해서 계속해서 다시 쓸 수 있는 특성을 지니므로 현재 글자가 쓰여있다고 하더라도 그 전에 많은 글들의 흔적들을 찾아볼 수 있다. 역사의 퇴적을 의미한다.

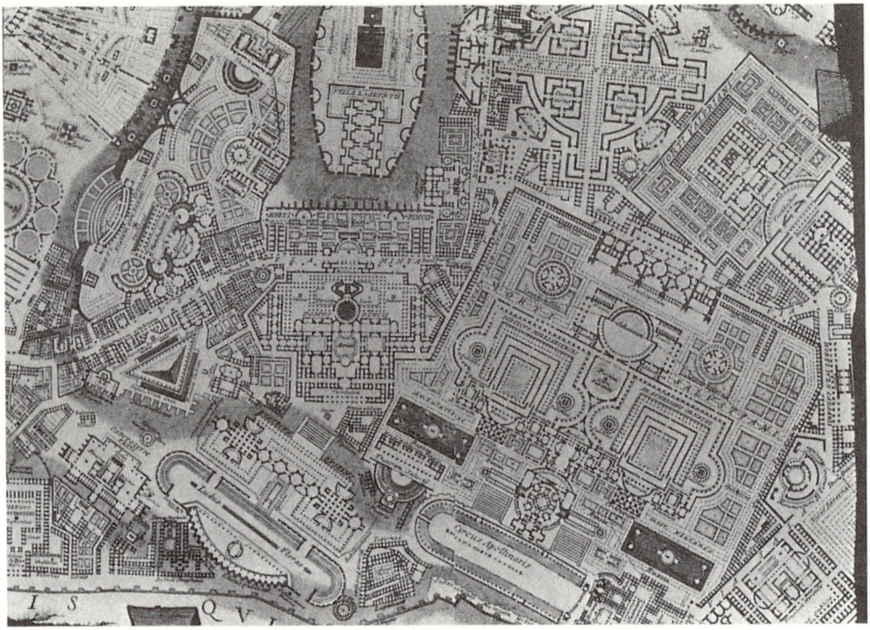

지오반니 바티스타 피라네지로 부터의 세부모습, Il Campo Marzio dell' Antica Roma : Ichonographia

야 한다는 이론에 근거하고 있다.

시적인 기하학을 통해서, 비코는 전설적인 도시, 트로이와 알려진 도시 로마사이를 연결하고 있다.(secs. 770—773)

박수갈채와 함께 등장하는 트로이인
이제 쑥스러운 듯 등장하는 소년들과 그들의 공연을 맞이하노라.
선조들의 얼굴생김새를 닮았구나.
군사들이 그의 군사들을 둘러싼 이후,
그들 가족들의 눈앞에 에피타이드가 있고
우측에서 미리 계획된 명령이 떨어지고
채찍이 휘둘러진다. 기둥은 쪼개지고
모두 한 줄로 정렬했던 세 기병대,
좌우로 돌았다가 다시 정렬하네.
돌격을 위해 선회하고 움직이네.
행진하고 반대방향으로 행진하네.
두 대형으로 쪼개져 원형경기장의 모양을 만드네.
서로 꼬여 들어가면서
모의 전초척후병에게 신호를 주면,
대열의 뒤쪽에 위치하여 움직이네.
수평지점에서 정적이 일다가
차례차례로 말 타고 나아가 뒤얽히네.
고대 크레타섬에서 그들은 말했지.
어둠속의 벽사이의 미로속에서
수천개의 십자교차로에 현혹되어 달려나가면
불가해한 미궁, 교묘함으로 만들어져
밖으로 나갈 수 있는 모든 단서는 없어진[게임GAME]
너무나도 얽혀버려 복잡한 트로이 소년들의 군사훈련

트로이 게임에 대한 삽화. 트레글리아텔라tragliatella 항아리에 새겨진 그림

그들의 대형을 누가 짜 놓았는가.
한 지점에 모였다가 퇴각명령에 기병대는
거대한 카르파티아 산맥의 깊숙한 바다의 돌고래와 같이,
작전 중에 파도에 잘려나간 리비아인처럼,
이 연습 대형은, 이전쟁의 모방은,
첫 해에 상기되는 아스카니우스가
알바 롱가에 갖혀 버리고
그는 그 연습공연을 수행하기 위해
고대라틴어를 가르친다네.
다른 트로이 소년들과 함께.
알바인들은 그들의 아이들에게 가르치고 또 가르치고
위대한 로마는 제국의 설립자의 영광을 받드네.
소년들. 이제는 트로이얀이라 불리는 군대[미주3]
(베르길리우스, 아이네아드Vigil Aeneid[68], 5권, 번역. 로버트 피츠제럴드Robert Fitzgerald)

비코의 시적인 기하학과 또한 크레타섬 미로에 대한 기원은 에게해에 있는 섬의 지형에 근거한다는 의견을 내보이고 있다. 그것은 그리스 사람들의 실제 세계이다. 호머의 충돌하는 돌은 지나가는 배를 산산조각 내는 것으로 지도에서 없는 곳, 그래서 미로와 같은 세계에서 나온 것이다.

> 여기서 ... 이 에피소드["방랑하고 있는 돌"]는 활력있게 작자에 의해서 영감을 받았지만 그럼에도 불구하고 미로—살아있는 미로—를 만든 사람인, 기능공의 숙련된 손에 의해 만들어진 율리시즈 세계의 소우주로 생각하는 이유를 알게 될 것이다.(스튜어트 길버트Stuart Gilbert, 제임스 조이스의 율리시즈)

---

68 그리스군에게 패배하여 멸망한 트로이의 영웅 아이네아스가 그의 부하들과 함께 패전 후 7년째에 신의 뜻을 받고 각지를 방랑하면서 천신만고 끝에 드디어 라티움 땅에 로마제국의 기초를 세우게 된다는 줄거리.

상상의 기하학에서 관념의 세계는 일종의 아리안의 공간에 반대되는 미로로 그것의 인도에 따라 우리는 미로에 이르게 된다. 사고의 영역은 고대 사람들을 에게해로 비코를 역사로 비유하는 것과 비슷하다. 미로가 그렇다. 일단 그 영역이 계획되면 그것은 더 이상 미로로 보이지 않는다. 미로는 다른 장소로 미끌어져 들어가야만 한다. 푸코의 충돌하고 교차하는 그리드(충돌하는 그리드, 방황하는 그리드)와 같은 지식에 대한 관점은 이러한 종류의 장소에 대해 담론을 만들고 있다. 우리는 여기서 헤매고 돌아다닐 수 있다. 우리는 종종 친숙한 지점인, 교차점으로 회귀하는데 그곳에서 우리는 무한한 기쁨을 얻는다. 이것은 신화적인 미로로 일단 들어가서 발견하고 나면 빠져나오고 싶은 욕구가 생기지 않는 곳이다.

> 도서관은 정확한 입구가 육각형이나 다른 어떤 형태라도 될 수 있고 주변은 접근할 수 없는 구형으로 되어 있다. (호르헤 L. 보르헤스 "바벨의 도서관")

> 비코의 길은 관계가 시작되는 곳에서 계속해서 끊임없이 만나게 된다.**(제임스 조이스, 피네간의 경야)**

"비코적인 원": 목적telos[69]과 같은 파편으로부터 목적telos와 같이 절대적인 것에 이르기까지

가능성: 단지 한 가지 생각만이 있고 눈먼 시인이 그것을 기록했다.

불사하는 것 중에서 . . . 모든 행위(그리고 모든 생각)은 과거에 그것보다 우선했던 다른 것의 메아리이다. 눈에 띄는 생각이나 미래에 현기증 날정도로 그것을 반복할 다른 것에 대한 충실한 예감이다.

> 수 없이 많은 거울로 되어있는 미궁 속에서 길을 잃은 채 버려진 존재와 같지 않은 것은 아무것도 없다. 위태롭지 않은 것은 아무도 없다. 비가적悲歌이고 심각한 의식은 영구적인 것을 남겨두지 않는다. 호머와 나는 탕헤르(모로코의 북서쪽 항구)의 입구에서 헤어졌다. 나는 우리가 인사조차 나누지 않았다고 생각한다. (호르헤 보르헤스[70] "불멸적인 것")

마르지오 광장Campo Marzio과 율리시즈와 피네간의 경야의 발생구조는 둘 다 미로적이고 중심적인 벽으로 구성되어 있는데 그것은 더 낮은 세계와 매개되는 소우주인 도시의 원형적인 형태—도쿄와 제리코—에서 둘러싸고 있는 벽을 구성하는 것이며, 우주의 중심적인 구체를 닮았다.

피라네지의 도시—미로는 아주 먼 위쪽(신의 시점)에서 본 것이고 조이스의 모던 도시—미로는 인간의 시점에서 경험되었다. 각각은 작자의 마음속 깊은 곳으로부터 나온 표면적인 대상으로부터 거리를 두는 것으로 특성화 될 수 있다. 오르테가 이 가제트José Ortega y Gasset[71]는 "***예술에 있어, 시점에 관하여***"에서 이 "거리가 떨어진 시점" (사실 르네상스 회화의 근접한 시점보다 더욱 근접한 것이다)이 현대 예술(예술의 비인간화 109—110)의 특징이라고 기술했다. 피라네지의 기억되는 실제의 로마와 상상 속에 있는 비실제적 로마를 떨어뜨려서 본 시점이 특별히 모던하다는 것이다.

그의 작업을 통해서 조이스는 그가 지은 집의 중심에 책을, 미로의 중심에 다이달러스를 위치시키는데 그것으로부터 디자인이 솟아나오거나

---

69 목적론目的論 **teleology**(그리스어로 '목적'을 뜻하는 telos와 '이성'을 뜻하는 logos에서 유래) 세계 안에서 일어나는 모든 사건을 목적과 관련지어 설명하는 방식. 작용인作用因만으로 설명하는 방식과 대비하여 목적인과론이라고도 한다.

70 호르헤 루이스 보르헤스**Jorge Luis Borges, 1899—1986**은 아르헨티나의 소설가. 국제적으로 인정받은 최초의 라틴아메리카 작가인 보르헤스는 라틴아메리카의 '마술적 사실주의'를 꽃피웠으며, '제 2세대' 라틴아메리카 예술가들이 세계적으로 도약하는 데 영향을 주었다. 뿐만 아니라 보르헤스는 라틴아메리카를 벗어나 프랑스의 신소설가들과 2차 세계대전 이후 미국의 반사실주의 세대 작가들에게도 큰 영향을 미쳤다. 그의 경험과 상상의 세계는 문제를 야기하거나 놀라게 하는 점에서 사무엘 베게트에 버금간다.

71 오르테가 이 가제트(1883—1955) 스페인의 철학자 · 인문학자. 20세기 스페인의 문화와 문학의 부흥에 큰 영향을 끼쳤다. 그는 인간의 개별적 삶을 근본적 실재로 보았다. 곧 절대 이성은 삶의 기능으로서의 이성으로 그 절대 진리는 각 개인의 관점으로 바뀌었다("나는 나이고, 나의 환경이다"). 1948년 마드리드에 인문학연구소를 세웠다. 가장 유명한 저서는 『무기력한 스페인**España invertebrada**』(1922)과 『대중의 반역**La rebelión de las masas**』(1929)이다. 『대중의 반역』에서는 20세기 사회의 특징을 평범하고 두드러지지 않은 개인들로 이루어진 대중이 지배하는 것이라고 규정하고, 이들은 교양 있고 지적으로 독립적인 소수에게 사회의 지도권을 넘겨주어야 한다고 주장했다.

72 미국작가, 번역가, 화가, 일러스트레이터, 지식인이자 교육자

방출된다. 피네간의 경야는 잭이 된 조이스가 지은 [집HOUSE]인 것이다.(가이 대번포트Guy Davenport[72], "**잭이 지은 집**The House that Jack Built")

*이 집은 모두 포장되고 돌이 깔리고 좁은 오두막에 가두어 놓고, 절대 소유되지 않고, 그의 다리를 곧추서고, 달걀[**탐탁치 않은 짐승** UNDESIRABLE BEAST]을 낳는 Hausman이다.* **(제임스 조이스, 피네간의 경야)**

벽

우리가 그의 에칭, 캄포 마르지오 도상을 볼 때 알게 되는 것은 벽–건물과 정원의 벽인, 도시의 구조인 고대도시의 벽들–의 흔적들이 보이고 있다는 것이다. 우리가 미로를 볼 때 인지하게 되는 것은 벽이다. 미로에서 벽들은 존재하는 것이지만 그곳의 벽들은 물질이 아니다.

단지 벽과 길에 의해 갇혀진 공간만이 방황하는 이를 수용한다.

"황소가 쟁기질하는 방식"과 같은 좌우교대서법(왼편에서 오른편으로 그 다음 줄은 오른편에서 왼편으로 쓰는 방식)은 두 가지 다른 방향으로 흐르는 글쓰기와 같은 담론을 나타내는 공식적인 표현이다. 형태가 아닌 것–회전–은 회전사이에서 공간이나 형태를 둘러싸고 있는 훌륭한 실체로 보여질 수도 있다. 좌우교대서법은 회전 즉, 비유적 방법의 영역인 비유적인 공간에서 존재하는 담론이라는 의미이다. 교대서법이 복잡하게 될 때는 띄엄띄엄 그 위에 회전되는 때이고 그것은 미로를 나타낸다.(그것을 트로이 [게임]과 비교해 볼 것) 그것은 영역이나 공간에 존재하는 형태를 남긴다. 그러나 그 영역을 둘러싼 한 부분의 영역이나 공간을 점령한다.

율리시즈의 활동은 본질적으로 비코적인 것이다. 페넬로프(율리시즈의 정숙한 아내)와 같은 것이 데카르트적인 것으로 되는 경향이 있다. 그는 방황한다. 그녀는 실을 짜고 푼다. 그의 세계는 미로이다. 그녀의 세계는 그리드 체계이다. 그의 세계는 알려지지 않은 것이고 그녀의 것은 알고 있는 것이다. 율리시즈에게 있어서, 그 유일한 방법이 중요하다. 페넬로프에게 있어서 단지 그녀

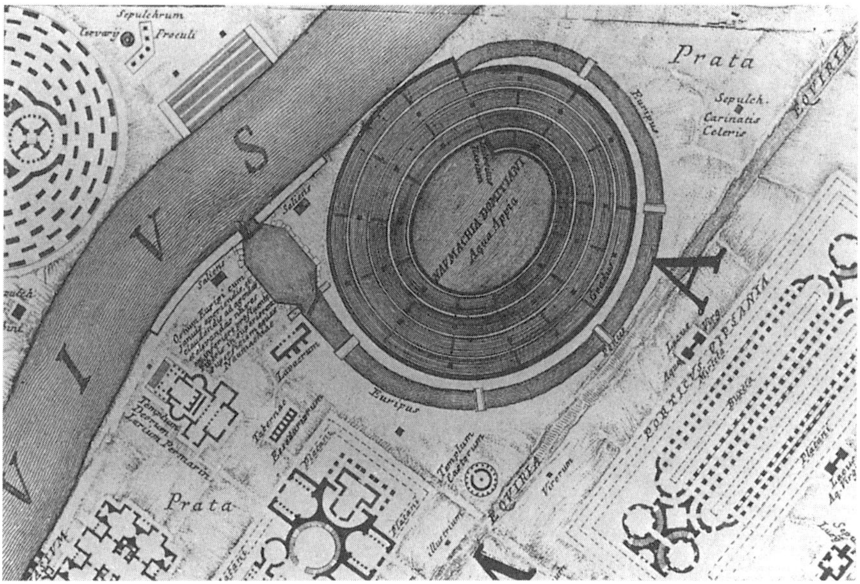

지오반니 바티스타 피라네지, Il Campo Marzio dell' Antica Roma : Ichnographia의 세부그림

의 대상의 구조만이 중요하다. 그것은 매번 같은 원칙에 의해서 구축되고 해체된다. 날실이 90도 각도로 씨실과 짜여지고—교대서법의 형태로 앞뒤로—감긴다. 그 과정은 기준치수적modular이고 반복적이다. 때때로 새로운 실이 소개되지만 그것들은 오래되고, 사용되고, 재사용된 [짜기, 패치워크]와 별반 차이가 없는 듯 다루어진다. 페넬로프는 신화를 유클리드(땅을 측량한 사람)라는 이름 속에 고정된 것으로 만든다. 율리시즈는 피라네지처럼 신화가 현존의 상태로 구체화 되어있는 [지도만들기MAPPING]와 같은 세속의 땅을 방황한다.

그러나 페넬로프는 메티스[미주4](캐나다프랑스인과 아메리칸 인디언간의 혼혈아)의 딸이다. 그녀는 진실과 허위의 애매모호한 출처로부터 나왔다. 그녀는 그렇게 쉽게 분류되거나 버려지지 않는다. 그녀는 앰블럼이고 독특한 중심이고 연결자이다. 그녀의 행위는 "적절한" 것으로 보여진다. [THE PROPER], 그러나 그것은 말할 수는 없는 것이다. 그녀의 행위는 이 구축행위가 열망하는 방식이다.

웃긴 피츠Fitz를 위한 블루스가 있는 가방; 타프 테프를 위한 미사 프로메사; 소녀의 숟가락, 잭, 소년의 형제; 로저슨 크루소의 프라이데이, 루비콘스타인, 빅토르 위고를 위한 직조자의 씨줄에서의 몽상의 날실을 위한 삼백 육십 육개의 포플린 타인(제임스 조이스, 피네간의 경야)

강

산산조각난 대리석판을 가로질러 도시의 등줄기이자 그림의 등줄기인, 티베르강이 흐른다. 그것은 표현된 요소로서 공간의 허구와 지류를 이루고 있는 레이스 달린 치마[미주5]와 도시의 직물융단으로 구성되어 있는 수로를 가로지르고 있는 이야기체의 강이자 모형이다.

> 수로망으로 되어 있는 물의 도시인 에스머랄다에서는 서로가 다리로 연결되고 교차한다. 한 장소에서 다른 장소로 가려면 당신은 항상 육로와 보트 중에 선택권을 가지고 있다. 에스머랄다에서 두 점 사이에 가장 짧은 거리는 직선이 아니라 꼬불꼬불한 최적의 루트에서 나오는 지그재그 형태이기 때문에 각각의 통행자에게 열려져 있는 길은 절대로 두 개가

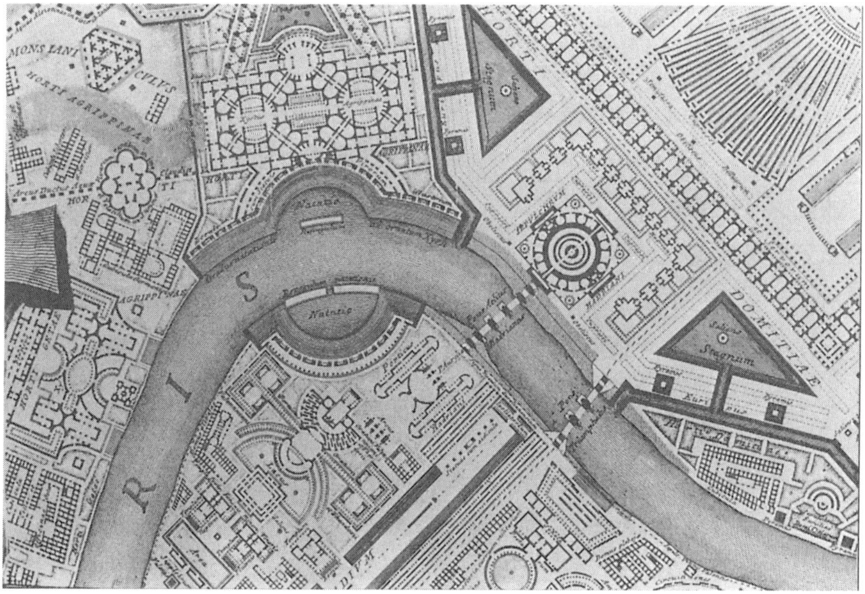

지오반니 바티스타 피라네지, Il Campo Marzio dell' Antica Romana : Ichonographia(1762)의 일부그림

아니라, 수없이 많은 것이고 그것들은 한번은 보우트나 한번은 육로로 직선 코스를 선택하는 사람들을 위해 더 늘려나간다.(이탈로 칼비노, 보이지 않는 도시)

강은 지상세계로부터 지하세계로의 전이점을 나타낸다. 그것은 한 영역에서 다른 영역으로 가는 통로의 매개체라는 공간적 관점과 흐름이라는 일시적인 관점에서 볼 때 둘 다 통로이다.[미주6] 강(시간과 역사의)은 삶의 미로와 죽음의 미로사이의 경계를 나타낸다.

신학적인 시인들을 연상시키면서 비코는 "시적인 우주구조론"에서 강의 경계를 인정한다. 낮은 세상의 영구적인 봄(시인들이 삼도천[저승에 있는 강]이라고 부른)과 결합된 최초의 신인 다이아나Diana는 세부분으로 이루어진 여신으로 세 가지의 형태로 세 가지 세계인 천국, 지상세계, 지하세계의 세부분으로 연결시킨 인물이다. 다이아나, 신시아, 헤카테(프로세르피나[쥬피터와 케레스 사이의 딸 플루토에게 납치되어 저승의 신이 됨]의 함축적, 잠재적 성격) 등의 같은 이름인 수신水神은 세상사이의 통로를 마련하였다.

> *음, 직조선의 공간주위로 그녀가 좁게 이끼 낀 공간에서 재잘대고, 춤추며 회전하고, 옆걸음질하고 둥근 돌을 이리저리 몰고, 우리 쪽의 마른 곳에는 뒤쪽에 하늘과 살갈퀴 덩굴이 놓여있고, 이곳저곳 쿠라레*[73]*, 어디로 가야 할 지 아무도 모르네. 작은 가슴에서 콩닥거리는 느낌을 느끼려는 창백한 크리스마스트리, 앞의 산타클로스처럼 그녀의 팔로 이소벨라를 안는다. 그리고 나서는 화해한 로마인과 라인강으로 달려간다. 다트놀이 하는 호색한처럼, 그리고 나서는 모든 아이들을 크리스마스 박스에 모아서 침으로 더러운 Han을 목욕시킨다.*
>
> *그들이 꿈꾸어 왔던 선물을 그녀에게 준다. 주자마자 문 앞에 떨어뜨려 못쓰게 만든다! . . . 사라에게는 눈물의 골짜기, 그녀의 이빨을 하얗게 해주고 헬렌 아혼을 돋보이게 하기 위한 엘리엔 아루나의 작은 파우더 박스; 무법천지의 에디를 위한 팽이, 키티 컬러린, 그녀의 바보같은 피처pitcher를 위한 Butterman의 작은 길, 퍼티용 삽, 프로모터 듄을 위한 마스크; 가장*

좋은 계란, 두 번 본 조개, 바울 신부에게 다이나마이트를; 망토를 두른 사람에게 콜레라를, 바니에게 개의 울부짖음을, 썹기에 달콤하게 두개의 근대를, 올리버 본드에게 프레이르(평화 · 부富 · 결혼의 신)의 길을, Seumas은 적게 생각하고 왕관은 크게 느끼고 해가 뜨기전에 Congoswood의 십자가더미(제임스 조이스, "아나 리비아 플루라벨," 피네간의 경야)

지하세계로 향하는 출입문

하드리안 대제 묘에서 티베르 강을 가로질러 바로 강둑에 피라네지의 그림 속에는 땅에 분화구를 둘러싼 구조의 묘사가 있다. 그것은 "Terentus occulens aram Ditis et Proserpinae" 즉, "디스(저승의 신)와 프로세르피나의 제단을 덮고 있는/숨기고 있는 테렌투스" 라고 쓰여 있다. 테렌투스는ludi saeculares, 즉, "세속적인 게임"의 장소로 수백 년마다 한 번씩 경기가 열린다. [게임GAME]이 벌어지는 땅 바로 아래 어두운 허공으로 향하는 접근수단을 막고 있다. 이것은 "영원한 도시"에서 위에 겹쳐진 도시가 되풀이 되는 지하의 미로에 이르는 연결점을 형성한다. 일곱 겹으로 되어 있는 [동굴]화 된 지하세계, 즉 실제 세계를 초월하는 세계는 알려진 곳—미로 위에 있는 도시—을 통해 다다를 수 있는 알려지지 않은 곳이다. 피라네지의 분화구는 비코적인 열쇠구멍이고 프로이드적인 칸막이이다.

미로라는 알려지지 않은 곳에 대하여 피라네지는 알려진 모든 것을 포함하여 공포를 보여주고 있다. 캄포 마르지오Ichnographia와 신 과학Scienza Nuova는 합리주의자가 만든 수용소와 같은 공간같이 질적 저하의 중단을 부르짖고 있다. 그들이 주장하는 외부의 어떠한 질서나 어떠한 구조적 질서도 체계 속에 필요하다. 그것은 넓은 관점에서 혼돈과 같지만 그것은 내부적 질서의 실들을 가지고 있다.

---

73 마전속馬錢屬 식물의 즙으로 만든 독毒. 남아메리카 원주민이 화살에 바름. 지금은 의료용

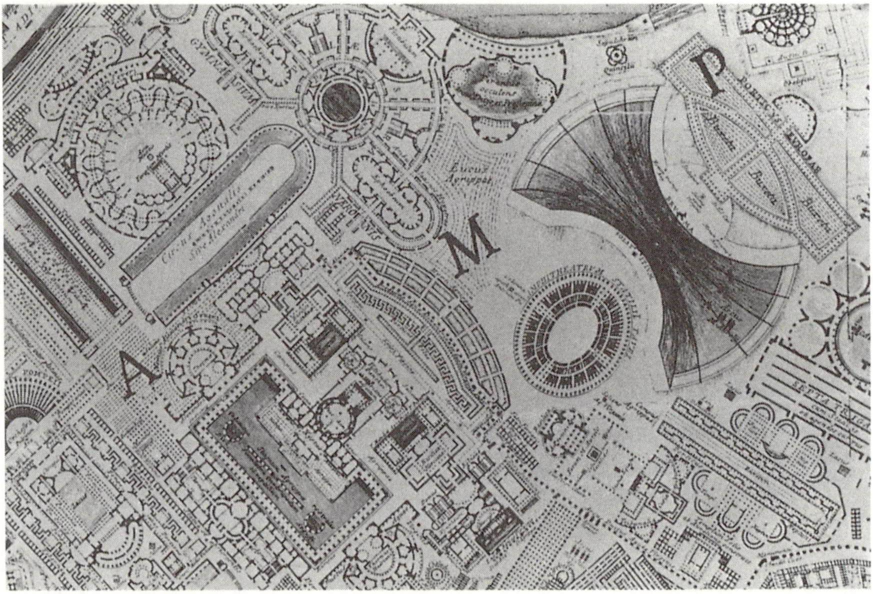

지오반니 바티스타 피라네지, Il Campo Marzio dell' Antica Romana : Ichonographia(1762)의 일부그림

운반가능한 루트는 알지 못하는 것의 가장자리로 당신을 이끌 것이다.(앙드레 브르통, 초현실주의의 선언으로부터 나온 시의 파편)

크레타섬의 미로 속의 테세우스는 오디세이의 율리시즈이고 지하세계의 프로세르피나이다. 그는 또한, 이전 크레타섬 미로의 소유자였던 미노스를 찾기 위해 지옥으로 내려간 단테로서, 이제 그나 그녀의 의식을 위한 원에 그늘을 드리우는 재판관의 역할을 한다. 일곱 번째 원을 지키는 것은 "크레타섬의 불명예스러운 존재"인 미노타우르이다.

> 단테와 같이 비코는 언어를 진실로 이끄는 출입문으로 생각하고 "시적인 분별"을 가장 본질적인 출발점으로 여겼지만 최후의 종착역으로서, 초월적인 환상으로 여겼다. 단테와 같이 그는 역시 여러 개의 원을 자세히 설명했다 . . . 그의 최후의 환상에 이르기 전에.
> 다름은 비코의 통로는 역시 그 자체로 계속 연속하고 있는 것이다. (도날드 켈리, "비코의 길: 철학에서 법률학으로 그리고 그 역순으로")

> 그러나 설상가상으로 *첫 번째, 그녀의 간호원인 샐리가 협곡에서 곤히 잠든 동안 악마의 협곡 바로 옆을 꿈틀거리면서 부드럽게 옆으로 빠져나갔다. 그리고 배수구로 너, 너, 넘어지고 말았다. 그녀는 손을 위에 놓고 순진무구하게 웃었다. 비스듬히 그녀를 바라보면서 소녀는 산사나무같이 얼굴을 붉히고 있었다.***(제임스 조이스, 피네간의 경야)**
> 테세우스는 회귀한다. 율리시즈도 회귀한다. 불운한 딸인 프로세르피나도 회귀한다. 회귀하고 또 회귀한다. 공간뿐만 아니라 시간으로 이르는 미로를 매듭지으면서.

계절 시계

그림의 분화구 동쪽에는 오목하게 들어간 렌즈처럼 생긴 거대한 구성체가 놓여있다. 이것들은 태양과 함께 계시기計時器를 형성하면서 일 년의 여러 절기에 땅을 가로질러 나타나는 태양의 진로를 보여준다. 충격에 대한 피라네지의 반응은 신화의 파편화와 추상화, 그리고 거리가 떨어져 있는 시점에 있는 소재를 통해 모더니즘으로 향하는 것처럼 보인다.

산산조각난 이야기와 같이, 그림의 현세적인 적응은 원과 나선형의 파편화라는 수단으로 불연속적이고 친숙한 점으로 회귀하는 경향을 보인다. 시간을 산산조각낸 것은 여기서 두가지방법으로 나타낸다. 그림은 산산조각 나 있는 것을 나타내고 산산조각내는 것으로서 작용한다. 그것은 조이스의 파편화된 이야기와 같이 "과거의 미래제시"와 같은 것이다.

> *우리의 두더지와 같이 일하는 물레방아 바퀴인 비코시클로메터 vicociclometer("마마 루야 Mamma Lujah"는 모든 학교 소년에게 알려져 있다. 마태 Matty, 마가 Marky, 누가 Lukey, 혹은 수도사 요한(죠나당) John-a-Donk 등과 같은 소년들에게) 일이 아주 잘 진행되면서 자동적으로 움직이며, 박수를 치며, 수다떠는 수다쟁이들로 채워진다.* (농사꾼에게 있어, 그의 아들과 집에서의 암호, 예를 들면 *계란터지기, 계란 섞기, 계란 묻기, 부화장* 등) *문맥*門脈*의 정맥을 통해 받는다. 차후의 재조합할 목적으로 선행하는 재구성의 분리된 요소들이어서 여기, 과거 고대의 유산에 의해 전해진 에로티시즘, 대혼돈, 암탉들의 글자쓰기와 혼란한 움직임. 달걀의 [부화장 HATCHERY].* **(제임스 조이스, 피네간의 경야)**

비코시클로메터vicociclometer는 기하학자의 도구가 아니다. 그것의 물레방아 동작은 묵직한 순환적인 측량 칫수를 나타내지만 두 점 사이의 최단거리를 재는 것은 불가능하다. 그것은 땅에서가 아니라 생각 속에서 벽이 아니라 길에서 재는 것이다. 그것은 신 과학Scienza Nuova에서 구성되었고 피라네지가 그 움직임을 지도로 만들었는데 그것은 나선형의 불연속적인 조각들이고 그 통로를 통해, 조이스는 단어들을 콜라쥬한다. 반짝이는 잎사귀로 무겁게 섞어 짜는 가지들, 떨리고 얼룩진 그늘, 겹쳐지면서 언제나 바뀌는 파편화된 통로이다.

우리들의 거인들이 움츠러드는 우주는 기계적인 우주이다.

그들의 욕망의 대상은 언어의 우주, 신과 영웅과 남자의 세계이다.

실제로는 속이 비지 않은 것이 전제가 되지 않는다.

그 뒤로 가로지는 것은 그늘일 수도 있다.

먼지, 그늘을 가로지르는 힘.

(월러스 스티븐슨, "New Haven에서의 평범한 저녁")

그는 시장의 떠들썩함과 결혼했다. 부정을 통해 무척 싼,

에트루리안 카톨릭 이교도처럼,

핑크색 레몬색 크림많은 논쟁들, 인디언의 자주색 염료

그러나 Milkidmass에서 누가 배우자였던가?

이후 모든 것은 공정했다.

너, 영원의 땅이여 무수한 시간과 계속되는 기쁨들.

똑같이 계속된다. Ordovico 혹은 viricordo

리비아는 풀루라벨이 되는 것이다. **(제임스 조이스, "아나 리비아 플루라벨" 피네간의 경야)**

충 돌

충돌Clinamen : 빗나감.

충돌은 [미셸]세르Michel Serres[74]의 루크레티우스의 De Rerum Natura 자연의 회귀에 대한 해석에 나오는 본질적인 개념이다 . . . . 빗나감Clinamen은 원자가 엷은 판의 흐름에 있어서 그 통로를 벗어나고 다른 원자와 충돌하고 사물, 궁극적으로는 세계를 구성하기 시작하는 순간을 기록한다. (세르의 "언어와 공간"에 대한 편집자의 기록, 에르메스: 문학, 과학, 철학)

애니 딜라드Annie Dillard[75]는 피네간의 경야가 거의 세상을 증발시키고

---

74 미셸 세르Michel Serres – 수학자로서 출발해 라이프니츠 연구, 인식론 연구를 통해 바슐라르를 잇는 프랑스 인식론계의 거장으로 평가받는 인물로서 자연과학과 인문과학의 통합을 모색하는 프랑스 백과전서파 학풍을 이어받은 학자이다. 오늘날 세르는 문화 일반의 가능성의 조건을 다루는 문화 철학과 과학과 철학의 경계 지역을 자신의 학문 영역으로 삼고 있다.

75 Annie Dillard (1945~) – 미국의 여류 작가 1975년에 『Pilgrim at Tinker Creek』으로 퓰리처賞 받음.

언어를 진짜 재료인 것처럼 만든다고 기술하고 있다.(허구에 의한 삶Living by Fiction, 72) 이 책은 피라네지의 그림과 같이 세상을 언어(구어적 혹은 건축적)에 끼워넣은 것처럼 표현하고 있다. 피네간의 경야가 "이가 들끓는 이야기"인 것과 마찬가지로 캄포 마르지오도 형편없이 복잡한 지도이다. 우리가 아는 물질적인 세계는 거의 이러한 파편덩어리들을 만드는 충돌 속에서 증기가 되어 날아가 버린다. 그러나 그 결과로 나타나는 새로운 세계는 우리가 아는 세상과 비교했을 때, 통찰력 있게 아니 그보다 더욱 훌륭하게 모방된 대상으로 평가를 받곤 한다.

우리는 이미지의 충돌보다는 충돌에 의해서 개척된 시적인 진실을 발견하게 된다. (C. 데이 루이스C. Day Lewis, 시적 이미지Poetic Image)

방황하는 돌, 미로의 벽은 충돌하고 조각조각으로 깨진다. 결과로서 나타나는 혼돈적인 파편의 구성은 새로운 울타리와 새로운 미로와 새로운 세계로의 소개와 동시에 금지를 나타내는데 그곳에서 방황하는 사람들은 새로운 길을 찾는다.

무엇이 지나갔지 ? 어떻게 끝나는거야 ?

그것을 잊기 위해서 시작하라. 그것은 모든 면에서 몸짓과 함께 각각의 우리말로 그 자체를 기억할 것이다. 오늘의 진실, 내일의 경향.

잊으라, 기억하라! (제임스 조이스, 피네간의 경야)

구조 2
기숙학교 계획안 Collegio

어떤 악명높은 사병私兵이 (속성화류병적俗性花柳病的) 종지권終止權을 주장하고 자신의 사악순환邪惡循環을 문닫게 했나니 찰깍. 잼이 깜짝(항아리)이라. (제임스 조이스, 피네간의 경야 98.18-19)

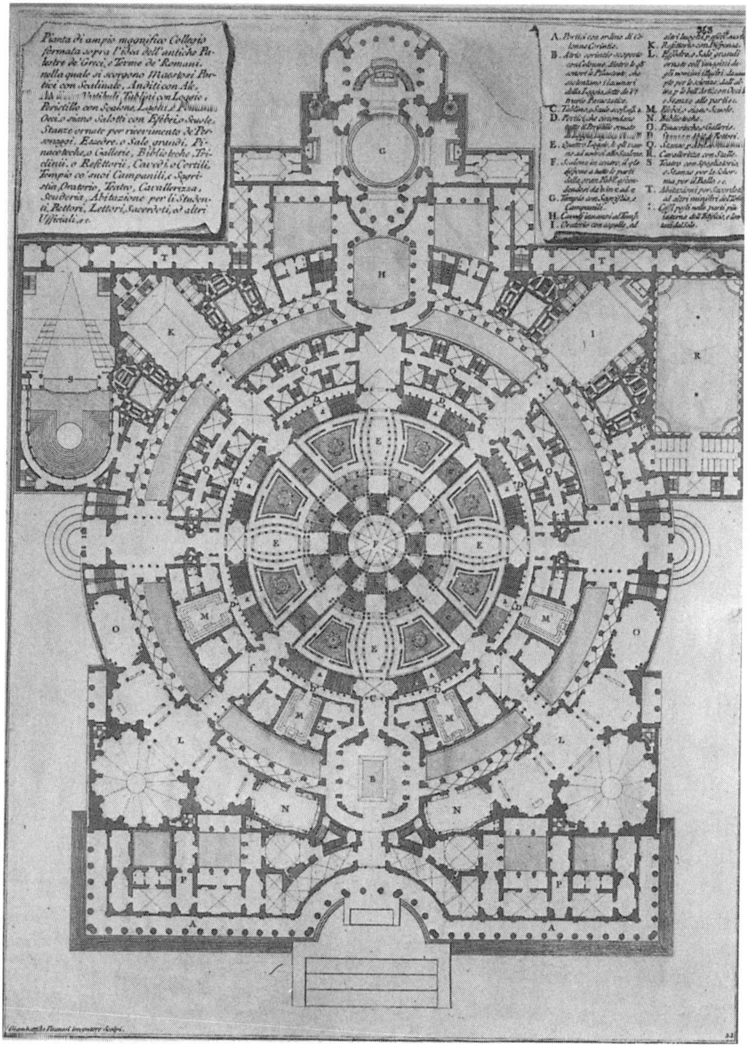

지암 바티스타 피라네지, 상상속의 고대 배움의 중심지의 평면(1750)

머리말 : 단면(아케이드론)

단면이라는 것은 평면의 검은 점들의 집합체이다.[미주7] 그것은 평면을 짜름으로써 대상을 수술한 것처럼 절개된 곳의 나머지 부분을 보여준다. 각각의 점은 수평축과 수직축이 한 점에서 모이는 순간을 보여준다. 구획된 대상은 표현의 논리적 체계—동등한 것의 체계—속에서 조합된다. 표현방식의 논리는 물리적 세계에 강요되는 논리와 닮아있다. 중력의 법칙이 강요된 구조속에서 대상들은 지구 표면에 관련된 방위로 변환되게 되는 탓으로 놀려지게 된다. 그래서 대상들은 최고점과 최저점(각기 저마다 중심으로 향하는 가장 말단의 것과 가장 중앙에 가까운 부분)이 부여된다. 비명의 수평면에서 "최고점"과 "최저점"을 연결한 선에 수직인 수평면에 의해 잘려진 대상을 나타내는 곳을 긁어 파낸 것(스크래치)을 평면이라고 부른다. 평면은 중력이라는 힘이 있음을 전제로 하는 부분이다. 평면은 간결한 의미를 가지고 있다. 그래서 무거움과 가벼움이 뚜렷하고 모호하지 않은 곳에서 나타난다.

우리는 물론, 그러한 실증주의자의 천국에서 살고 있지는 않다. 세상과 언어는 모두 서로가 뒤엉켜있다. 그 놀랄만하게 다산多産적인 일상에서 지암바티스타 피라네지는 그가 평면이라고 불렀던 단 하나의 건물만을 설계했다. 몰타 기숙학교 계획Pianta di ampio magnifico Collegio이다. 적절한 평면을 만들 수 없는 것에 대해 프랑스 아카데미Academie de France에 의해 비난 받았기 때문에 그 이태리인은 꼴레지오 도면으로 응답했다. 그것은 정말 평면 같아 보인다.

기하학에 의해 생성된 종이위에 선들, 기둥과 벽과 솔리드를 나타내는 [검은 점POCHE]과 계단과 볼트Vault와 보를 나타내는 점으로 된 선들이 있다. 그것은 오히려 직접적으로 긴장과 압박의 세계에 연결된 것으로 나타난다.—그것은 연결되었지만 교묘하게 연결되어 있다. 자세히 살펴보면, 이 단일 도면에 의해 표현된 "건물"이 돌과 나무와 회벽을 둘러싸는 것이 아니라 오히려 얽혀있는 까다로운 구축이라는 것을 알 수 있다.

피라네지의 평면은 중력으로부터 벗어난 평면으로 생각만으로 구축된 대상인 ampio("광대한"과 "퍼지는"의 뜻을 둘 다 가진)와 Collegio("대학"과

"집회"의 뜻을 둘 다 가진)를 통한 구축이다. 그것은 반투명의 얇은 조각으로 된 창문이다. 또한 써는 기계(슬라이서)이다.—잘라서 개방시키고, 벌거벗긴 채로 놔두고, 드러내놓는 피라네지의 비평적 칼이다. 그 단면(잘라진 것)은 그 자체가 절개(자르기)시키는 도구이다. 그것은 각의 수평면의 이면에서 파서 새긴 수평면이다. 그 단면은 세계 사이의 연결을 만들고 있다. 그것은 이곳의 윤곽을 그리고 저곳의 중간접촉면으로 작용한다.

그렇다면, 여기는 어디일까? 중력의 세계에서 우리는 그레코—로만 전통으로부터 나온 관습적 건물의 조각들로 이루어진 텍스트(평면의 건축적 메타언어와 피라네지의 새긴 것 둘 다)를 읽는다. 그것은 바로크 건축에 대해 논평하고 있는 비평적 텍스트이다. 그러나 광활한 땅속에서 여기란 어디인가? 평면이 단지 우리가 판 부분의 세밀한 수로(부분)망에 잉크가 흡수되어 종이에 고착되는 연결망인, 여기에서 우리는 무엇을 읽을 수 있는가?

기하학. 정말로 사각형에 의해 포함되지 않은 일련의 원형고리이다. 주위에 부착된 기하학적인 조가비이다. 그 고리모양은 8등분으로 나누어져 있다. 8개의 방사상으로 뻗어나간 것으로 표시되지 않은 중심에서 교차된 표시를 만들고 있다. 우리는 이 바퀴모양인, 창에 관심을 집중하고자 한다. 도구의 힘은 여기에 존재한다. V들에 의해 잘린 원이다. 원속에 8개의 V들.

> 《비평의 전략은 비평의 대상에 위치해 있다. . . . 이 텍스트를 읽기 위해 방법을 소개하는 것이 필요하다. 그 텍스트는 그 자체에 대한 비평이고 자체에 대한 설명이자 적용이다. 이것은 특별한 경우가 아니다. 그것은 완벽하게 일반화 될 수 있는 것이다. 왜 텍스트사이에서와 작용하는 것과 작용되는 것 사이에 이분법이 있어야만 하는가? 텍스트가 있을 뿐이고 그게 전부다.》《미셸 세르, 헤르메스 38》

76 루이스 캐롤 (1832–1898) 현대 초현실주의 문학과 부조리문학의 선구자로 넌센스 문학의 전형. 성직자의 자격을 얻었음에도 내성적인 성격과 말더듬이 때문에 평생 설교단에 서지 않고 독신으로 삼. 1865년 친구의 딸인 앨리스 리델에게 이야기해 주었던 동화 『이상한 나라의 앨리스』 발표하여 유명해짐.

《낄낄웃음snicker—스낵snack》《이 "절단"은 ... 해석의 과정이 여기저기에서 다르게 열려 있고 저기 여기로부터 잘려나간 연속적인 해석으로 시작되는 글쓰기의 가장자리를 잘라내면서 편지개봉용 칼을 임의로 삽입하는 것을 보여준다.》《루이스 캐롤Lewis Carroll[76], "**무의미한 말**"《자크 데리다, 씨뿌리기, 300—301》

V 구성에서 두 번째 자른(절개) 것으로 우리는 첫 번째 조각을 제거할 수 있다. 그것을 집주본集註本(대가들의 주註를 실은)이라 부르자. 이 V자로 구획된 것을 제거하면 해부탁자위에 있는 고양이의 "레이스달린 앞치마—꼬인 창자모습"과 같이 엉킨 혼잡함 속에 붕괴된다. 그러나 두 번의 절개는 두 개의 결말을 낳는다. 그것들을 두 손으로 잡아서 그 얇은 조각들을 전등 위 불빛으로 들어 올려보자. 여기에 일곱으로 구획된 구획이 있다 —그것들을 읽으라.

[지도만들기 MAPPING]

괴팍한 행동

칼집에 넣음(함입)

배(난파된)

허공

맨 끝

침입

간격

집주본集註本

《[여러사람의 집주본 ... 여러 사람의 기록이라는 뜻을 가지고 있는 *cum notis variorum*이란 구절에서] 1 : 판版이나 텍스트. 특히 다른 사람들에 의해 쓰인 주註가 있는 고전의 저자 2 : 여러 가지 텍스트의 해석을 담고 있는 출판물》

《웹스터 뉴 인터내셔날 영어사전 3판》

《이랴, 어떤 갈기도 어떤 말도 총총 걷지 않는다. 그러나, 그러나,
땅에 새들이 퍼져 두개의 갈기가 짝을 이루고
새들 각각의 새들의 말 창자가 나와
여기에 아무 말도 없어. 저기에 아무런 말도 없어
나무로 만든 말, 우리의 말로 인식하고
아니야,
죽은 자의 얼굴을 붉게 만들기 위해,
차려입은 복장으로 일어나 원을 그리며 걷는다.
조련된 말들이 과수원을 격자로 만든다.(변경!) 새들[게임GAME]》
《루이스 주코프스키Louis Zukofsky, "A", 7:45-46》

괴팍한 행동

《1 고어 : 여행, 소풍, 투어. 2 고어: 목표 없는 탈선 ... 4 예상되었던 것, 정상, 논리적 질서나 과정으로부터 이탈함》《웹스터 뉴 인터내셔날 영어 사전 3판》

《소모(梳毛-면화, 양털을 잣기 전의 공정) 굴레 바퀴의 통로는 직선이고 구부려져 있다.》《헤라클리투스, 파편》

《핀란드인과 게르만인들이 보았던 . . . 옛 올림푸스의 높이 솟은 정상》[미주8]

열 번째의 가장 긴 두 개의 신경, 한 쌍은 미추신경으로 불리는 것으로 "떠돌아다니고" 있고 머리의 뒤쪽에서부터 배의 중심까지 떠돌아다닌다. 그 단어는 속여 넘기다 또는 "구부러진 발가락을 하고 안장다리로 걷다"와 비슷하다. 구부러진 발가락으로 돌아다니는 사람은 [암탉]의 자취, 병아리의 긁음인 구부러진 T, 톡-톡-톡 [부화장]과 유사함을 보이면서 한 점으로 모이지 않는 V의 흔적을 남기고 있다. 그녀는 구부러진 발가락을 지닌 오이디푸스와 같은데

그의 자취가 그의 인생의 지도를 형성했다. 별개의 두 선은 황폐함의 원인이 되는 선으로 한점으로 모이는 [지도만들기 MAPPING]로 모이게 된다. 알아채지 못한 채 자신을 속이는 오이디푸스가 V자 모양으로 걸어 들어가 V자 모양으로 만나는 두 삶을 살았다. 모이는 점–초점 그리고 소점(사라지는)–에서 오이디푸스는 그의 안구를 잡아 빼버렸다. 보는 것(사인Sign 가운데 관계를 형성하는 것)은 그에게 있어서 수집과 고찰과 눈앞의 지각력과 보이지 않는 가운데에 존재하는 지각력사이의 경계(가로축 구역)였다.

《V. 33세의 나이에 . . . 세상을 통해(정직하게 말하자면) 그녀의 여행에서 마침내 사랑을 찾았다. 이 곳은 단지 "투어리스트"라고 불리는 인종만이 거주하는 이상한 나라이다 . . . . 이것보다 더 그것은 거리보다도, 책 페이지보다도, 그리고 빨간 여행안내서와 같은 지도보다도 더 2차원적이다.》《토마스 핀천Thomas Pynchon[77], V., 384》

《여행안내서를 따라 가라.
정확하게.
당신이 그곳에 이르게 될 때,
그 장소에 바로 호텔이 있을 것이니.(그것은 현존하는
가장 좋은 호텔이다)
당신은 알게 될지니.
절대적으로 아무것도
없다는 것을–조용히 계속한다– 알게 될 것이니.
여행 안내서는 [지도만들기MAPPING] 거짓말을 하지 않으니.》《조지오 까프로니Giorgio Caproni, "확실한 방향", 222》

《자. 이제(그대의 반점안斑點眼의 렌즈(수정체)를 여기 맞추고 나의 것은 장로교안長老教眼, 분리하여 구를지라)》

(피네간의 경야, 293.32–294.01)

초점 앞에 보여지는 것은 검은 점(혹은 주머니)이다. 눈 위에 검은 점이다. 거주하는 검은 점 부분을 우리는 뜨는 찌라고 부른다.[78] 플랑크톤과 같이

("방황하는 것") 투명한 액체에 수동적으로 뜨는 부스러기 조각이다. 외부의 주머니-피라네지의 그림, 눈앞에 있던 검은 점들의 집합-은 그것을 통해 보는 스크린이나 창문이다.

그 부분은 눈이 보는 위치이다. 정보의 전달은 V 포인트나 눈 뒤의 V의 교차점에서 시작된다. 눈 뒤에 그것은 손상되지 않은 상태(보여지는 대상)로 될 수 있다. 그것은 중심이 될 수 있다.(분석된 대상) 혹은 그것은 퍼뜨려질 수 있다. (길바닥에 던져지고, 표류하고, 탐험하는 조각들로 잘려진다. -요구하고, 찾고, 분해하고, 다른 것에 이어주고, 옛 대상의 파편을 끼워 새로운 텍스트를 형성한다.)

《"그것은 쓰레기 같은 이야기 같다. 그것들은 단지 그것 뿐이다. 진실이나 거짓말은 적용하지 않는다."》《토마스 핀천, V., 108》

함 입

《위아래의 길은 하나이고 같은 것이다.》《헤라클레이투스, 파편》

《영속적인 회귀의 세계에서 참을 수 없는 책임감의 무게는 우리가 만들고 있는 움직임에 무겁게 놓여있다. 그것이 니체가 가장 큰 짐이라 이름붙인 영속적인 회귀의 개념이라고 부른 이유이다.

---

77 미국의 소설가 · 단편작가. 포스트모더니즘 문학을 대표하는 주요 미국 소설가이다. 현대사회의 혼란 속에 존재하는 인간의 소외를 그린 냉소적인 유머와 환상을 결합한 작품을 쓴 것으로 유명하다. 1963년 첫 소설 『브이**V**』로 포크너 재단 상을 받았다. 『브이』(1963)는 유럽 역사에서 중요한 시대마다 여러 가지 형태로 나타나는 신출귀몰하는 초자연적인 여자 모험가를 찾아 나선 중년 영국인의 이야기이다. 『중력의 무지개 **Gravity' s Rainbow**』(1973)는 20세기 문학의 걸작이다. 현대 세계의 인간의 딜레마를 탐구한 이 소설은 제2차 세계대전 후 독일의 '어떠 지대' 를 무대로 발사되면 지구 중력의 한계를 벗어날 수 있는 비밀 V-2 로케트을 찾는 기이한 미국 군인의 방황을 그린 작품이다. 이야기는 광적인 환상과 터무니 없고 기괴한 상상, 무모하고 희화적인 이미지, 비교적秘敎的이라고 할 만큼 수학적 · 과학적인 언어로 가득 차 있다.

78 평면에서 검은 점으로 표현되는 부분은 벽체가 올라가는 부분이며, 비어있는 흰공간은 건물에서 공간으로 사용되는 빈공간을 의미한다. 그런면에서 뜨는 찌라고 표현했다.

만약 영원한 회귀가 가장 무거운 무게라면 우리들의 삶은 이 배경 앞에서 아주 가벼운 것으로 찬란하게 나타날 수 있다. 하지만 무거운 것은 정말 무섭고 가벼운 것은 찬란한가 ?

가장 무거운 무게는 우리를 짓눌러 우리를 압사케 한다. 우리를 땅바닥에 압착시킨다. 하지만 어느 시대나 사랑의 서정시에서 여자는 남자 육체의 육중한 무게를 동경한다.[미주9] 따라서 가장 무거운 무게는 동시에 가장 집약적인 삶의 충족이미지다. 무게가 무거우면 무거울수록 우리의 삶은 더욱더 땅에 가깝다. 그것은 더욱더 실제적이고 참된 것이 된다.

이와는 반대로 무게가 전혀 없을 때 그것은 인간이 공기보다도 더 가볍게 되어 둥둥 떠올라 땅으로부터 세속의 존재로부터 멀리 떠나게 한다. 그래서 인간은 절반만 실제적이고 그의 동작은 자유롭고 동시에 무의미한 것이 된다. 자, 그러니 무엇을 선택할 것인가 ? 무거운 것을 ? 아니면 가벼운 것을 ?》

《밀란 쿤데라, 참을 수 없는 존재의 가벼움, 5》

우리는 공간과 시간 둘 다 멀리까지 감지한다. 사라지는 점인 V의 시점은 연결점이다. —아마도 신학적이고 아마도 신지론적이거나 일시적, 공간적일지도 모른다. 그것은 세계사이의 연결점이다. 옴팔로스(세계의 중심)이다. 최정점이다. 기숙학교 계획도면Collegio은 그러한 연결을 통하여 단면을 형성한다. 그것은 배제된 중심의 모형이다. 그것은 우리가 서로에게 반대 흐름이라고 부르는 장소인 모호함의 비평적인 점, "둘 다/그리고"의 지점이다.

《난 내가 땅에 제대로 떨어질지 궁금해! 머리가 아래로 향한 채 걷고 있는 사람들 가운데서 튀어나오면 얼마나 우스워 보일까! 내가 생각하기에 그건 아마도 보기 싫을 거야.》《루이스 캐롤, 이상한 나라의 앨리스, 19》

만약 우리가 건물이 그려진 그림이라는 관점에서 잠시 물러서서 본다면, 우리는 피라네지의 단서를 해독할 수 있을 것이다. 이 건물에 현관의 하나를 통해 들어가 보라. 당신 앞에 있는 물결치고 눈금이 있는 축을 따라 계속 내려가 보라. 거대한 중심이 보이는 원형 로툰다를 발견하는 것이 아니라 좌우, 위 아래로 여러분을 갑자기 7개의 축 중에 하나로 옮겨서 미로에 이르게 할 계단들이 거대하게 얽혀있는 것을 발견할 것이다. 불가항력적으로 당신의 방랑(산책)은 다시 중심 없는 중심으로 이끌고 또 다시 뛰어나가게 할 또 다른 축으로 이끌어 줄 것이다.

애매한 중심은 구조를 안정화시키는 전통적인 의무를 수행하지 않는다. 그것은 편심적인 중심이다. 건물은 바바라 스테파노바Vavara Stephanova[79]의 ***타렐긴의 죽음***을 위한 세트장과 같다. 붕괴하고 재조합하는 의자와 폭발하는 탁자들의 집합에 의해 둘러싸여서 빨아들이고 소용돌이치게 하고 내쫓는 끔찍한 의문의 기계이다.

> 《유리가 얇은 망사와 같은 부드러움을 갖고 있다고 가정해보자, 그러면 우리는 통과할 수 있을 것이다. 이런, 그것이 지금 안개 같은 것으로 변하고 있군, 설마!》
>
> 《루이스 캐롤, ***유리 보는 것을 통해***, 129》

그것은 "둘 다/그리고"의 땅이고 "하나의 세계가 또 하나의 세계를 계속 차투借鬪 하는지라. "에서처럼 "또 다른 구멍을 파고 있는 한 세계"이다.**(피네간의 경야, 314.20; 275.5)** 세계 안에 세계, 튜브안의 튜브이다. 연결된 것들은 사각형과 원, 남성과 여성, 합리적인 것과 비합리적인 것, 내파on-glide와 외부적 폭발이다. 빨려들고 소용돌이치듯 돌다가 떠밀려 나가는 것이다. 소화, 호흡, 재생산과 창조적인 생각이다. 그것은 신체와 우주와 책을 통한 구획이다.

---

79 스테파노바**Varvara Stepanova**(1894–1958) 화가이며 무대미술가. 연극 『탈렌긴의 죽음』에서 우스꽝스러운 분장과 의상을 이용하고 '인간과 기계'의 복합적인 합성을 통하여, 무대를 마치 '사회와 기계', 즉 '산업 시회의 한 표본(세계)'으로 삼았다. 닭장 같은 울타리, 미끄럼틀, 회전문, 거대한 쥐덫, 사다리, 의자....그것들은 모두 배우의 신체 조건에 맞춘 듯 하였고, 쥐덫과 같이 생긴 장치물 안에는 다람쥐를 돌리는 것과 같은 쳇바퀴가 달려있다....이윽고 무대가 어두워진다. 곧이어 다시 밝아지면 다소 미친 듯한 무리가 괴성을 지르며 무대 위를 날뛴다....이윽고, 광포해진 무리들이 자본가로 보이는 사람을 가파른 계단위로 밀어 올린다. 그리고 그를 쥐덫과 같이 생긴 구멍으로 쳐넣는다...그 안의 쳇바퀴가 정신없이 돌아간다.

구형의 세포(난자)는 꼬리와 같은 선을 지닌 세포(정자)에 의해 침입된다. 그 꼬리(선)은 잘려나간다. 정보가 흐른다. 구축이 시작된다. 세포안의 세포가 분열되고 배가 된다: 하나가 둘로, 넷으로, 여덟으로. 이제 그것은 속에 빈 공간을 가지고 있는 둥글고 울퉁불퉁한 세포집단이다. 원구生 [로케트]이다! 외부 벽은 안쪽으로 조그마한 점으로 붕괴된다. 이 분열 구멍의 가장자리로 구별되는 세포들의 줄 무늬진 켜(레이어)들이 미끌어져 들어간다 —내배엽, 중배엽, 척색 등이다. 외부는 내부가 된다. 원장: 함입, 안으로 말리기 이다. 내부적 파괴(내파)이다. 어떻게 우리가 튜브화 되어있는 것 안에 튜브를 만드는가이다.

우리는 난해하게 얽혀있는 구멍—암피오Ampio—인 튜브 안에 있는 튜브이다.(연속적인 외부—내부의 표면) 세포의 체계는 안과 바깥쪽 면에서 공간을 채우면서 과밀한 직물같이 짜여있다: 뼈—근육—신경—혈관으로부터 C 홉킨스 카페, 강대한 선, 자연적으로 깨끗함[미주10]으로 쿼크와 렙톤(경입자)로 계층화 된다. 그 단면은 무언가 담는 용기인 신체가 틈이 있는 건축임을 보여줄 것이다.

> 《정말로 그에게 이마의 작은 구멍과 땀샘의 막다른 곳까지 어슬렁거리면서 미세한 크기로 줄어들어 뇌 속에 들어갔던 꿈이 찾아왔다. 모세관의 정글속에서 나오려고 고군분투하면서 그는 마침내 두개골에 도달하게 된다. 두개골을 통과하여 밑으로 내려가 경외막, 거미막, 연뇌막을 거쳐 뇌척수의 바다에 깔린 틈에 이르기까지 돌아다닌다. 그리고 거기서 그는 회색의 반구물질에 마지막 공격을 하기 전 떠올랐다.
>
> 랜비어의 마디, 슈완의 칼집, 갈헤노스(그리스의 의사)의 혈관 ; 시냅시스를 통과한 신경충동의 조용하고 넓은 번개와 같은 충격 사이에서 밤새 내내 방황했던 작은 스텐실, 형판型板이다. 수축하는 마지막 전구와 같이 신에게 뻗은 아우토반과 같은 물결치는 신경 세포 수지상 돌기이다. 이 지역에서 방황하던 낯선 사람, 누구의 뇌 속에 그가 있었는지 묻는 것은 그에게 절대 일어나지 않을 것이다. 아마도 그 자신의 뇌 속이었을까.》《토마스 핀천, V., 443》[미주11]

《델피에서 그의 계시가 선포되지도, 숨겨지지도 않은 하나님》《헤라클리투스, 파편 33》

선 박

[선박]은 용기이자 도관(파이프)이고 바다이자 배이다. 씨가 뿌려진 곳이고 씨 뿌리는 도구이다. 선박은 흐름의 도구이다. 그들을 통해 정보와 산소, 음식, 항체, 정액 등이 흐른다. 그 그림은 수송선[미주12]으로 해석될 수 있다. 차이점과 수송의 역할을 하는 선박이다. 인공적인 직립(이시스의 기교—다이달러스의 다른 기교)의 역할을 맡아보면서 그것은 교환점인 흐름의 테두리의 오목한 곳을 보인다. 무언가가 일어나려고 하는 가장자리이다.

《그러나 생동감 넘치는 [로케트]의 역동적인 공간에서 이중적으로 나타나는 전체는 다른 의미를 가지고 있다. 여기서 합쳐지는 것은 교환의 비율로 작용해서 시간이 사라질 수 있도록 하는 것이다. 변화는 가라앉게 된다. . . . "미터 퍼 세컨드"는 "미터"로 환산된다. 움직이는 수레는 고착되고 공간에서 건축이 되고 영원하게 된다. 그것은 절대 내보내지 못했다. 그것은 절대 침몰하지 않는다.》《토마스 핀쳔, 중력의 무지개, 350》

로케토rochetto는 여자의 도구로 직물을 만드는 기구이다. 케이프 카나베랄에서의 세움은 그림의 영역에서 여자의 도구인 이시스의 구축과 만나는데 아마도 그것과 만나게 되는 [거울]이미지와 그다지 놀라지는 않을 것이다.

《문제의 첫 번째, 아나 등변삼각等邊三角의 건각乾角을 건립할지라, 베틀[짜기 WEAVING] 탐사探査할지라! 자신의 유일한 타액구唾液口속에 원모지原某指를 꼽은채 등각等角의 삼문자三文字를 조작造作할 지라 (라마羅馬 부르스와 레부스가 하루에 라마羅馬를 건립하려 갔던 것처럼》(피네간의 경야, 286. 19—22)

여기는 방광과 물고기 부레, 흐름의 선박이 있는 곳으로 남성과 여성, 공간과 시간, 과학과 마술이 만나는 곳이다.

그것은 피네간의 경야를 통과하거나 혹은 대우주를 통과하는 것이다. 3차원적으로 감지하기 위해 조이스의 교리를 따르라.

유클리드를 비유클리드적 세계의 경계로 좇아내고 그것을 통해 단면을 자르면 당신은 피라네지를 구축하게 될 것이다.

피네간의 경야의 [암탉]의 [글자]인 씨뿌려지고 의미하는 창조물—교접의 행위이고 도시구축의 행위—은 [선박]의 [주머니POCHE]이다. 글자는 thalatta(thalassa)이고 사다리이다—야곱이나 비트겐 슈타인의 것이고 바다나 수로이다. 글자는 검은 점이 흩어진 주머니이고 또한 건축의 T 상인방 구조체계이다.

《숨겨진 것은 명확한 것보다 낫다》《헤라클리투스, 파편》

《만일 그대가 이러한 언제나 통풍痛風의 무실인간의 뇌腦의 소스 냄비 속을 엿볼 수 있다면, 그대는 그의 사고잡물思考雜物의 집 속에 볼지니 (즉, 그대는 무육체無肉體일 정도로 충분히 비오염화非汚染化 되어 있어야 하지만), 육지부하물陸地負荷物의 및 또한 설유기물舌遺棄物의, 석금폐물昔今廢物의, 상실된 또는 산란한 시대의 메꽃식목 식목(腦)의 어떤 부하물負荷物 찌꺼기라도 그 뿐만 아니라 탐조 등의, 바닷가에 끌어 얹힌 채, 처부수어진 채 그리하여 미패각美貝殼된 채, 바다로부터 우언미래迂言未來 속으로 원두선행遠頭先行하는지라, 그대 자신의 곡괭이 모인帽人 노동자의 건초류腱草瘤가 이른바 진부한 말(言)들이 이따금 엮어 내거나 아주 능란하게 짜 맞추는 신발생물新發生物을 재즈 무광舞狂스럽게 얼레로 자아낼지니, 따라서: 그리하여 동등이 그렇게, 전체 파우스트적 퍼스티언직 직의 호언범죄豪言犯罪는 그대의 기품氣品이 경박한 것이든 혹은 그대의 혼지魂脂가 울기鬱氣하든, 말하자면, 우리들의 사제師弟 밧줄 쌍연雙連 급폐쇄急閉鎖의 경악안驚愕眼이 심벨상징적象徵的으로 그대에게 종달새 되 듣도록 할 것이나니, 비록 하루가 십년처럼 농집濃集할지라도 어떠한 입도 토지방언土地方言의 행진에 경계선을 펼 힘을 가지는 못하는지라, 반일철半一綴로, 반일리半一里로, 반일점半一粘으로, 상식常識, 즉 권태하倦怠荷의 짐승이 전방으로, 그의 헐거운 이텅 S.S

칼라 속에 회전기록적回轉記錄的으로 숨어서, 그대에게 단호하게 휘파람 행행行行 불지니—플라톤 위년아偉年兒들 쌍간 雙間의 프루톤의 애쾌愛快—그대가, 어떻게, 무할 無割의 선현실旋現實 속에 어딘가 경계를 해야할 것인지를)》 **(피네간의 경야, 292)**

《바다는 가장 순수하면서도 불결한 물이다: 왜냐하면 물고기가 물을 먹고 삶을 지탱하기 때문이다 ; 사람들이 마실 수 없기 때문이고 치명적인 [파마콘]이기 때문이다.》《헤라클리투스, 파편》

허 공

꼴레지오는 사각형 안에 새겨진 원이다. 사각형은 단지 4개의 코너로 이루어진 4개의 잘려진 이등변 삼각형이고 4개의 넓은 V자이다. 만들어진 형상의 4각형은 창조자의 형상인 원에 고정된 것으로 비어있는 중심인 동심원의 마지막부분을 통해서이다. 옴팔로스(세계의 중심, 배꼽)는 남성의 음경이다. 레오나르도의 코스모스(우주적 질서)의 부분들이 이동하고 미끌어져 들어가서 이제 "*무소류無所類 무시류無時類의 절대현재絶對現在*"의 구멍과 평행하게 정렬이 된다.(피네간의 경야, 609.2)

《근접하는 것이 현기증을 일으킬 수 있을까?

그럴 수 있다. 북극점이 남극점과 너무나 근접하게 되면 땅은 사라지고 사람은 머리가 빙빙 돌게 되고 추락하라고 손짓하는 허공 속에 자신이 있는 것을 발견하게 될 것이다.》《밀란쿤데라, 참을 수 없는 존재의 가벼움, 244》

그림의 V는 한 점으로 집중된다. 그러나 만나지는 않는다. 소실점은 감지되지만 "지도상"에는 없다. 예술가 카시미르 말레비치(소실점을 통과해 가는 것을 통하여 도달되는 4차원의 세계)는 이 구멍을 초월할 수도 있다. 허공은 n과 n+1차원의 세계사이의 통로이다. 단면은 창이다. 허공은 문이다.

《만약 그림속의 방에 있는 문을 활짝 열고 나간다면, 당신은 거울 유리(면경)집에 있는 [탐탁치 않은 짐승]이라는 통로를 잠시 엿볼 수 있을 것이다. 그것은 당신이 볼 수 있는 한 우리의 통로와 같다. 너는 정말로 그것을 초월하는 다른 것일 수도 있다는 것을 알 수 있다.》《루이스 캐롤, 유리거울을 통해서, 129》

고리를 만드는 회전계단은(이상하게도) 비어있는 중심을 만들게 된다. 이 그림과 몇몇 피라네지의 감옥연작Carceri에서 나오는 중심이 없는 무한정의 고리사이에 연결을 심심치 않게 볼 수 있다. "빗장이 쳐진 볼록한 중심의 구멍 뒤로 우리는 그것과 같은 다른 구멍들이 있다는 것을 짐작할 수 있고 여러 면에서 추론되거나 추론이 가능하다.

모든 곳에서 복도와 돌로 된 계단이 겹쳐진 공중에 있는 갸날픈 좁은 통로인 가등교(들어올릴 수 있는 다리)들은 가능한 한 모두 곡선과 평행선들로 변환 가능한 공간으로 빨려들어 가려는 것과 같이, 욕망에 대응하는 것처럼 보인다. 그 자체가 덮어 씌워진 이 세계는 수학적으로 무한의 세계이다." (유르스나르Yourcenar[80], **피라네지의 어두운 뇌수**, 114)

기숙대학계획Collegio에서 중심으로 향하는 가운데 요구되고 있는 끝이 없이 산에 오르는 것은 카프카에서 땅을 측량하는 기사가 성에 도달하려 무던히 애쓰는 것과 닮아 있다; 그것은 보르헤스가 지적했듯이, 아킬레스가 바다거북과 같은 속도로 접근하는 것과 같은 것이다; 그것은 더글라스 호프스타터가 지적했듯이, M. C 에셔의 그림을 채우고 있는 사람들의 행동과 같다. 그것은 에이젠슈타인의 영화 **'10월'** 에서 감옥연작에서 영감을 받은 몽타쥬 장면인, 케렌스키가 계단을 오르는 장면과 같다.

《신성한 중심으로의 접근 또한 심각한 것의 공명정대한 제시로 잘 만들어진 스포츠인 야구와 같이 기록 경신자에 똑같은 취약점을 지닌 심심풀이 오락은》은 곧 최고의 전지구적 오락거리가 된다》《토마스 핀천, **중력의 무지개**, 592, 593, 592》

점수를 얻는 것 즉, 중심에 이르는 것은 약동하는 것이고 세계사이의 통로를 가로지르는 것이고 구멍에 빠지는 것이고 야곱의 사다리에 오르는 것이

다: 결말에 이르는 것, 그것은 시작이다. 가장 강력하고 장엄한 통로는 다른 측면이 보여지지 않는 것으로 허공은 알려진 것과 알려지지 않은 것 사이와 말할 수 있는 것과 말할 수 없는 것 사이의 중간적 위치에 있다. 비트겐슈타인[81]의 Tractaus 결말에 대한 경구("우리가 침묵속에서 통과해야만 하는 것에 대하여 말할 수 없는 것")는 말할 수 없는 것과 언어 사이에 있는 경계를 나타내는—중간의—구역이다. 그것은 언어가 묘사할 수 없고 언어로 묘사될 수도 없는 것이다. 그것은 중간의 어려움을 지적하는 것으로 공허함과 복잡함이 같은 장소에 있는 복잡하게(짜여짐을 통하여)하는 공허함의 장소이다. 가족의 비밀들이 [동굴]에 들어가서 암호화 되는 허공이다— "가족의 얽힘"

(허공)의 중심은 차지하지는 않지만 단어는 그 상태를 묘사하기 위해 사용된다. 그래서 중심은 유지하기도 하고 유지하지 않기도 한다. 그것은 패턴을 유지하는 것이다.

> 《사고思考의 침묵! 언설言說할지라! 외전적外全的 무미죄無味罪의 기교를 띠나니! 앞발, 야아야!》(피네간의 경야, 378.29—31)

> 《네가 보아야만 하는 곳은 여기, 은하수의 중심, 그곳은 모든 산술과 기구가 어쨌든 전체를 감지할 수 없을만큼 거대한 유형적인 덩어리들의 현존으로 모이는 곳이지. 방사능과 가스로 얽혀있는 거미망은 아마도

---

80 (1903—1987) 프랑스 태생의 소설가 · 수필가 · 단편작가. 회원이 40명으로 제한되어 있는 배타적 문학단체인 아카데미 프랑세즈 회원으로 선출된 최초의 여성. 작품은 엄격한 고전주의 양식, 박식함, 섬세한 심리묘사로 유명하다. 과거시대와 인물들을 재창조하고, 이를 통해 인간의 운명과 도덕 및 권력을 조명한다. 대표작은 2세기의 로마 황제인 하드리아누스의 가상적 회고록으로 이루어진 역사소설 『하드리아누스 황제의 회고록 **Mémoires d' Hadrien**』(1951)이다. 또다른 역사소설 『어둠의 과정**L' Oeuvre au noir**』(1968)은 16세기의 연금술사이자 학자의 가상전기이다.

81 비트겐슈타인**Ludwig Wittgenstein**(1889—1951) 오스트리아 태생 영국 철학자. 1925—50 년 영국 철학계에서 가장 영향력 있는 철학자 중 한 사람이었으며, 논리학 이론과 언어철학에 관한 독창적이며 중요한 철학적 사유체계를 제시했다.

가장 최근, 폭발의 순간에 뒤얽힌 상태로 남겨져서, 그 중간에 이제는 오래된 분화구와 같이 사용된 이른바 구멍과 같은 것이 하나로 놓여있는 것을 보여주고 있어. 우리를 둘러싼 모든 것, 행성계의 시스템 내의 회전과 바퀴와 별자리와 은하수의 지류, 즉 우리 은하계의 모든 단일의 것이 그 자체 안에 던져진 이 내부파괴에 주축에 달려있다. 그것은 나의 극極이고 나의 [거울], 나의 비밀스런 본국이다.》《이탈로 칼비노Italo Calvino[82], "내부파괴", 221》

가장자리

《[나, 작은 가지, 줄무니, 무늬 —작은 털묶음] 1a (1): 권위를 나타내는 앰블럼이나 관청의 상징(심볼)으로 사용되는 막대기나 지팡이,.... b(1) : 시계균형 축 특히 (시계 톱니바퀴의) 지동기구止動機構 c : 여러 가지 무척추 동물의 남성의 내부 기관 d(2) : 레이스 기계에 대한 얼레 2a : 경계, 한계 혹은 영역.... 등등의 어떤 것 (2)obs : 둘러싼 끈; 장식띠, 반지... 또한: 외륜外輪, 죽 둘린 챙,.... (7)수평선.... (8) 지붕의 박공의 끝부분.... b : 새롭거나 다른 상태나 행위의 시작을 나타내는 점 : 찰나, 문턱》《웹스터 제3 인터내셔널 딕셔너리 영어사전》

《불사의 것은 죽어야 할 운명이고, 죽어야 할 운명은 불멸이고, 다른 자의 죽음에서 살아있는 것이고 다른 이의 삶 속에서 죽어있는 것이다.》《헤라클리투스, **조각**》

《[블랙홀]이 예견되는 방정식]은 하나가 아닌, 두 개의 해결방법을 가지고 있다. 두 번째 해결방법에서 그 방정식은 "화이트 홀"을 만들어 내는데 그것은 블랙홀에서와 같이 흡수하기 보다는 에너지와 사물을 바깥으로 방출하는 것이다... [A] 블랙홀은 방정식에서 시간의 값어치를 역전시킴으로써 화이트홀로 변형될 수 있다 . . .

만약에 우주의 본체가 블랙홀에 빨려 들어간다면, 소멸과 재탄생이 단순히 동전의 양면과 같은 순환적인 변증법속에서 화이트 홀로 내뱉어지는 것이다.》《헤일스 N.Katherine Hayles, *Cosmic Web*, 195–196》

《라첼은 45도[각도]로 [거울]을 바라보고 있었다. 그리고 방 쪽으로 향한 [시계]의 면과 거울에 반사된 뒤쪽 면을 보았다. 이곳이 바로 시간과 반대의 시간이 공존하고 정확하게 중화되는 곳이다.》《해골, 거북등딱지, 아무것도 아닌 것 : 그녀의 내부 역시 외부이다.》《토마스 핀천, V.36 ; 426》

《석탄과 철을 생각해보라. 그들이 만나는 장소가 있다. 석탄과 철사이의 경계면은 콜타르이다. 땅속 밑에 있는 아주 꺼멓고 빛이 없는 바로 죽음의 물질과 같은 석탄을 상상해보라. 바로 죽음, 고대의, 유사이전의 종류를 우리는 다시 보지 못할 것이다. 영속적인 밤의 어두움 속에서 낡고 더 검게 되고 더 깊게 된다. 땅 위에서 철은 화염이 나오고 밝은 상태로 펼쳐지게 된다. 그러나 철을 더 어둡고 무거운 콜타르로 만들기 위해서는 원 석탄으로부터 취해야만 한다. 땅의 배설물은 철강이 고귀하게 빛나도록 하기위해 씻겨진다.》《토마스 핀천, 중력의 무지개, 194》

침 입

《모든 유럽의 종교적, 정치적 신념을 뒤로하고 우리는 창세기 첫 장을 발견하게 되는데 그것은 우리에게 적당하게 [THE PROPER]으로 창조되었다는 것과 인간의 존재는 선하고 우리는 그래서 번식되어 개체의

---

82 이탈로 칼비노는 1923년 쿠바에서 태어났다. 2차대전과 국내의 혁명 속에서 글쓰기를 시작한 그는 초반기에는 사실주의적인 색채가 짙은 소설을 썼다. 또한 칼비노는 현 사회의 익이나 인간을 왜소하게 만드는 온갖 고정관념을 신랄하게 비판하는 내용의 우화들을 통하여 현대인이 메마른 일상에 생기를 불어넣고 인간성 회복을 꾀하기도 했다. 짧은 글쓰기와 환상 문학에 심취한 그는 『우주만화**Cosmicomiches**』, 『티제로**T-zero**』와 같은 SF소설을 쓰는 것을 계기로 문학 세계의 전환점을 마련한다. 건축적으로는 『보이지 않는 도시 **Invisible City**』가 유명하다.

수가 늘어날 자격이 있다는 것을 말해준다. 이것을 존재에 대한 절대적인 동의인 기초적 신념이라 부르자 . . . . 존재의 절대적 동의에 대한 미학적 이상은 더러운 것이 부인되고 모든 사람들은 그것이 없었던 것 같이 행동하는 세계이다. 이 미학적 이상[헤겔의 씻어냄의 결과]은 키치Kitsch(저속한 작품)로 불린다.》《밀란 쿤데라, 참을 수 없는 존재의 가벼움, 248》

피라네지의 건축은 더럽혀졌다. 그것은(만약에 보는이가 시내착오적으로 받아들인다면) 파편조각들과 소화되거나 소화되지 않은 재료인 [집, 선박]들의 조각들로 침입된 키치와 같은 대상이다.[미주13] 그것은 키치의 역설상의 메타논평이다. 키치는 부재사이의 중심에 있다.

이 중심은 이상한 것(튜브안의 튜브)이 침입한 배설물이 가득한 선박–다른 무엇인가 ?–이기 때문에 말할 수 없고 접근할 수 없다. 그것은 더러운 것(배설물)이 끈질기게 거부되면서 중심인 초점이 된다. 파열–허공–중심이다. 그리고 "부채를 부친다"는 얼룩진 잡색의 검은 점의 암피오ampio를 만들면서 씨를 뿌리는 것이다. [로케트]는 이런 식으로 그 자신의 폐기물을 소멸시킴으로써 추진력을 얻게 된다.

《당신이 원통모양의 [거울]을 삼켰다고 상상해 보라. 똑바로 서서 당신보다 큰 . . . . 이 유리기둥은 여러 가지의 다의성과 전체적인 사각형의 형태에서 가로지르고 장악하고 규칙을 세우고 반사한다.

그것은 다수의 언어와 글쓰기의 형태가 서로 충돌하여 섞이고 항구적으로 변형되는 바벨탑인데, 그것은 가장 조화되기 힘든 타자성이다. 그 타자성은 역시 강력하게 단언한다. 왜냐하면, 여기에서의 다원성은 끝이 없이 많고 잃어버린 일체성에 대한 향수를 지는 부정적인 것이 아니기 때문이다.》《자크 데리다, 씨뿌리기, 341》

원래 의미심장하게 에지 시티Edge City라고 불린 영화(리포 맨Repo Man[83]으로 개봉되었던)에서 환매 특약소의 경비원이자 쓰레기 같은 사람인 밀러라고 불리는 인물이 등장하는데 영화에서 그는 뿌리줄기를 통해 버스를 탄다. 밀러는 Dioretix의 옹호자로 물질을 압도하는 대중적인 마음의 움직임으로, 가벼움을 유지하면서 무게를 없애버린다. 밀러의 손에 있는 뜨거운 자동차는 실제 로케트가 된다.

《질문 : 폭발하거나 내부파열하는 것, 그것은 장차 다시 일어날 것인가 ? 이 은하수의 소용돌이에 의해 흡수되어 우리는 다른 시대나 다른 하늘아래 다시 나타날 수 있을 것인가 ? 여기에서 깊은 심연의 침묵으로 빠져드는 것, 우리를 저기 화염속에서 우리자신을 표현하는 것은 다른 언어로 비명을 지르는 것과 마찬가지일까 ? 여기서 선과 악을 어두움 속에 있는 스폰지와 같이 흡수하는 것, 눈부신 제트기와 같이 저기에서 뿜어나와 퍼지고 소진하여 우리자신을 잃는 것은 ?》《이탈로 칼비노, "내부파열", 215》

《심지어 플로렌스에서도 . . . 그는 완만하게 움직이는 작은 조각들을 송두리째 통합하려고 하는 강박관념에 주목했다.》《*펄럭!*》《토마스 핀천, V. 459》**(피네간의 경야, 213.22)**
우리는 V자의 끝부분의 극도로 작은 부분을 볼 수 없다. 그러나 우리는 작은 V자의 흔적을 남기면서 작은 충돌 조각들이 거기에 계속해서 있어왔다는 것을 알고 있다. 역사의 각도.

《세상에서 가장 아름다운 질서는 마구잡이식으로 쓸어 모은 쓰레기더미이다.》《헤라클리투스, 파편》

---

83 영화 리포맨: 장르 : SF/코미디, 알렉스 콕스 감독 및 각본. 줄거리는 좌절한 펑크 록커 오토는 슈퍼마켓에서 일하다 주인과 다투고는 해고되고 우연히 리포맨(자동차 할부금을 내지 않은 사람에게서 차를 회수하는 사람들) 버드를 만난다. 리포맨으로 일하면서부터 그는 갖가지 기괴한 인간군상늘 만나게 된다. 총들고 설치는 섹스에 미친 펑크족들과 UFO 음모이론가. 무리지어 몰려다니는 기관원들과 중성자탄 연구원, 라이벌 회사 리포맨들까지. 오토는 현상금 2만 달러가 걸린 자동차를 쫓는데 그 자동차는 트렁크에 외계인을 싣고 있었다. 중성자탄 개발에 죄책감을 느끼는 이 과학자와 외계인의 비밀을 외부에 노출시키지 않으려는 정부기관이 뒤엉키면서 일은 점점 뒤죽박죽이 되어 간다.

간 격

《펄럭!》**(피네간의 경야, 213.23)**

간격이라는 단어는 inter("~의 사이, 가운데")와 vallum(vallus 즉, "기둥이나 말뚝"에서 기원하는 "말뚝이나 벽")과의 결합의 결과로 생긴다. 그렇다면 간격은 점유될 수도 있는 장소인 공간을 나타내면서 문자적으로 "벽 사이"를 의미한다. 그것은 여러 가지의 이미지들을 이끌어낸다. 하나는 미로 사이에 있는 장소－지도를 만들려면 헤매는 것과 찾으려고 하는 것과 무언가 찾아야할 장소가 필요하다－이다.

지도는 간격사이에 존재한다. 그것은 눈에 보이는 것만을 의미하는 것은 아니다. 실제로는 장소－지리－를 나타낸다. 그러나 똑같이 중요한 것으로 우리가 하는 것－연대기－처럼 그것들은 시간과 관련이 있다. 우리의 삶을 통하여 어떻게 움직이는가이다. 그것들은 실제와 [지도만들기MAPPING]에 대한 계획된 경험사이에서의 간격 속에 존재한다.

지도가 만들어지게 되는 도해圖解(실제의 경험)는 지도 그 자체에 끼워져 있다. 이것은 다음과 같은 것을 보여준다. 간격의 두 번째 이미지를 나타낸다. 그 기원에 관한 도구가 놓여있는 대상의 벽 속에 있는 장소이다. 이 대상은 이후 도해圖解나 도구를 포함하는데 그것으로 그것은 만들어진다. 그것은 이상적인 체발궁전이나 까를로 스까르파의 팔레르모에 있는 아바텔리스 궁전과 같은 것으로 그것은 작업도면 그 자체가 벽 위에 만들어진 후 회반죽으로 덮혀진 것이다.(프라스까리, "카를로 스까르파" 9를 참조할 것)

세 번째 이미지는 경계사이의 틈새로 그 장소는 사물의 모서리가 서로 만나는 장소이다. 건축의 장소는 여기에 위치하는 것처럼 보인다.(오히려 예술과 과학사이의 벽 속에 그 자신을 끼워 넣는 전통적 교리상의 공간과 마찬가지로) 이 건축은 교리적이지도 않고 교리 상에 있지도 않다. 그것은 캡슐(용기)을 서서히 확산하고 다른 캡슐의 벽들의 녹아들어 생기는 벽사이의 간격으로 틈새기로 흘러나온다. 건축은 캡슐(용기)속에 있는 것이 아니라 수프속에 있는 것이다.[미주14]

《스텐실 인쇄형판은 V의 전체역사의 약도를 그리고 있다. 밤과 같으며 오랫동안 더 심해진 의심과 같다.

그것은 정말로 최초로 소수의 사멸된 대상을 재현함으로써 추가되었던 것이다.》《토마스 핀천, V., 419》

《파악하기: 전체와 전체가 아닌 것, 한 점에 모이는 것과 퍼지는 것, 일치하는 것과 부조화스러운 것, 하나가 되는 모든 것과 모든 것이 되는 하나》《헤라클리투스, 파편》[미주15]

《빛 파장과 양자, 우리는 두 가지가 존재한다는 증명방법을 훌륭히 알고 있다 : 우리가 현재의 노력해야 할 것은 어떻게 이것이 그러한가를 알아야 한다는 것이다: 두 시점의 시각의 구성을 완벽히 하기 위해서

…………………

그것을 구축하라.》《루이스 주코프스키, "A", 8: 55−56》

추신 : Collegio의 토폴로지 Taupologie

앞으로 많은 아버지들의 유령들이 등장하게 될 것이다. 그러나 이 추신은 시각적인 것과 언어적인 것 사이의 구별을 흐리게 하면서 우리가 말하기와 글쓰기의 [짜기]를 인식해야만 한다는 경고와 함께 나온다. 이 아버지들은 지명되지 않을 것이다. −아직.

시 초

토폴로지Taupologie는 위상기하학Topology[84]이라는 단어와 비슷하지만 다

---

84 위상 기하학位相幾何學[명사] 기하학의 한 가지. 도형이나 공간의 연속적인 변형變形이 가진 불변의 성질을 연구함. 공간의 일 대 일, 연속 그리고 그 역도 연속인 사상寫像에 대하여도 불변인 성질, 즉 위상적 성질을 연구하는 기하학이다. 이를테면 구면球面과 위상동형인 2차원 폐다면체閉多面體의 꼭지점의 수 V, 변의 수 E, 면의 수 F 사이에는 V−E+F=2라는 관계가 성립한다는 오일러의 정리는 전형적인 문제인데 이는 위상기하학의 출발점이 되었다.

른 이형–동음이의어이다. Taupologie는 두더지la taupe의 행동에 대한 이름으로 이것은 감추어진 귀를 가지고 있고 잘 볼 수 없으며 어둠속에서 구멍을 파는 작고 부드러운 동물인 "두더지"를 가리킨다.[미주16] 웹스터 사전은 우리에게 두더지에 대한 다른 정의를 보여주고 있다: 표면에 선천적으로("시작을 표시하면서") 타고난 검은 점, 어둠속에서 일하는 사람, 석조와 거대한[돌]들을 형성하는 거대한 작업 혹은 부두나 방파제로서 바다 la mer[el])속에 놓여진 지면 특히 태아의 조직을 담고 있을 때의 자궁 속의 비정상적인 넝어리(처음을 표시하면서), 일 그램의 미분자(무언가의 작은 조각)이다. 이 네 글자로 된 단어의 구조 위치는 망을 짜는 것의 행위를 상징하는데 실제로 그는 망을 만드는 행위에만 관심이 있다. 두더지의 행위와 관련된 것, 즉 어두운 흙에서 작업하는 것은 구멍을 파는 사람mole-ster괴롭히는 사람)으로 불려질 것이다. 구멍 파는 사람의 행위는 위상기하학과 관련된 것으로 그것은 사물 속에 있는 구멍 및 파열과 관계가 있다.

또 다른 시초

수중에 있는 기원Origin이라는 텍스트 속에 있는 발터 벤야민이라는 무서운 유령은 이미 불러들여졌다. 그가 텍스트에서 아이들의 육아실이라고 불렀던 장소에서 우리는 그가 부르는 동요를 들을지도 모른다.

여기에 마이클 피네간의 이야기가 있네.
그는 턱주거리에다 턱수염을 길렀네.
뚱뚱보가 되었다가 다시 마르네.
불쌍한 늙은이 마이클 피네간. 다시 시작한다네.
(그리고 기타 등등 . . .)

마이클 피네간은 Chymica Vannus dell' Alchimia, o la scienza sonata라는 그림에서 나오는 턱 수염난 아버지와 닮았다. 그 그림에서 아버지/왕은 그의 아들을 잡아먹기 바로 직전에 있다. –영원히 끝나지 않는 순환속에서 최초의 물질적인 것을 탐식하고, 다시 내뱉고, 살찌고, 다시 마르는 것을 반복하는 것이다.[85] 이것은 "무엇이 먼저인가, 닭인가 ? 달걀인가 ?" 하는 질문을 하면서 또 다른 피네간과 전체 다수의 아버지들과 같은 것이며, 역사의 거대한 동인動因이고, 죽었다가 다시 살아나 걷는 것이고, 상승했다가 추락하는 것이고, 말랐다가 찌는 것을 상기시킨다. 제임스 조이스의 텍스트는 조이스와 피라네지의 아버지인 지암바티스타 비코의 강력한 시적 명언을 낳는다.

에드워드 사이드Edward Said[86]는 (in Beginning이라는 책에서) 다음과 같이 기술하고 있다. "[비코]는 그의 책 시초에서의 첫 번째 철학자였다. 그가 했던 것처럼 생각한 시간에 있어서 첫 번째가 아니라 그에게 있어서, 시초는 절대로 즉시 주어지는 것이 아니고 항상 불명확하거나 신성하지만 항상 엄청난 희생을 요구하는 것이다."(350) 비코의 시초는 조이스와 같이 "현기증 나게 하기"이다.—현기증 나는 시초를 만드는 것—사과를 처음 깨물어 먹는 때이다. 비코의 세계는 "오히려 예이츠의 '마음속의 불결한 누더기 조각들로 채워진 상점과 같이' 돌과 바위와 개구리, 매미 사이에서 시작된다. "이것은 플라톤의 형태에 대한 영역과 데카르트의 명확하고 뚜렷한 사고들과는 완전히 다른 차원의 세계이다."(348) 그것은 "아이들의 육아실"이나 조이스의 오 쉐나 오쉐임의 집과 같은 것이다.

> *거기 잠자리 소굴의 충적토沖積土 마루와通音性 통음성의 벽, 직립부直立剖 재목 및 덧문은 말할 것도 없고, 다음과 같은 것들이 덧문처럼 초췌憔悴하게 산문화散文化되어 있나니 파열된 연애편지, 내막 폭로 이야기, 등 끈적끈적한 스냅 문구, 의심스런 계란 껍질, 소품권小品券, 부싯돌, 송곳, 칙칙*

---

85 대부분의 조이스의 소설은 계속해서 순환하는 구조로 구축되어있다. 『더블린 사람들』은 새로운 소설의 장르로서 "Short Story Cycle"이라고 일컫는다. 이것은 단편들이 모아져서 하나의 책을 이루며, 각 단편들이 일정한 주제, 인물, 배경, 모티프, 상징, 이미지 등을 반복한다. 그리고 이러한 반복적인 요소들은 작품이 전개됨에 따라 점점 확대되고 구체화되고 복잡해지며 하나의 큰 통일체를 형성하게 된다.

86 1977년부터 미국 컬럼비아 대학의 영어 및 비교문학 교수로 재직해 온 에드워드 사이드는 미국내에서는 물론이고 전 세계적으로 이론적인 차원에서 아랍을 대변하는 최고의 '대변인'으로서 활약하고 있다. 서구인들의 이슬람에 대한 뿌리깊은 편견을 고발하는 그의 지적 활동은 많은 제3세계 국가들의 공감을 얻으면서 '문화제국주의' 연구에 큰 기여를 하고 있다.

폭폭, 전분질의 아몬드, 무피無彼 건포도, 알파벳 형태의 언채言菜, 생성서生聖書의 생편기生偏崎, 흔히 수립된 의견 개나開裸, 에헴과 아하, 무음절無音節의 불가표현의 발칙한 것들, 차용증서, 적용서適用書, 백노대의 연도燃道, 몰락한 마摩 석양, 봉사했던 화여신火女神, 소나기 장식품, 빌린 가죽 구두, 안팎 양면용 재킷, 멍든 눈가리 렌즈, 가정용 단지, 가발 와이셔츠, 하나님께 버림받은 외투, 결코 입지 않은 바지, 목조르는 넥타이, 위조무료 송달 우편물, 최고의사最高意絲, 주석 음표, 뒤집힌 구리 깡통,
미용未用 맷돌 및 비틀린 석반石盤, 뒤틀린 깃촉 펜, 고통 소화 불량본 不良本, 확대 주잔酒盞, 도깨비에게 던져진 고물古物, 한때 유행했던 롤빵, 짓이긴 감자, 얼간이 몽타주, 의심할 여지 없는 발행 신문, 언짢은 사출射出 **(피네간의 경야, 183.8–23)**

그리고 폐허더미 속에서 악마와 같이 거대한 라블레Rabelais(프랑스의 풍자작가) 유령이 춤추고 있음은 의심의 여지가 없다.

비코는 이론과 실제사이에 구분이 없다는 것을 인식하고 있었다. 그의 텍스트속에는 역사의 순환에 대한 고찰과 동굴에서 남자들과 성교하는 원시시대 여성들의 묘사(의역하기와 패러디했던 것처럼)들이 뒤섞여 꼬여 있다.(이러한 행위를 없애버리는 원초적 오두막Primitive Hut이 아니라 동굴에서 두더지와 같이, 성교하는 것에 주목해주길 바란다.)

원초적 오두막Primitive Hut[87]은 나의 아버지들의 [집]이다. 그러나 여기에 이 집의 [부화장]이 끼어드는 현존의 시초가 있다.

> 그녀는 변형한다. 그녀는 행동한다. 옛 문화는 곧 새롭게 될 것이다. 그녀는 더러운 것과 섞여 버릴 것이다. 그녀는 결벽증(깨끗하게 하려는 것이 도가 지나친)이 없다.–적당한 정도의 집안청소는 히스테리환자를 고통받게 만든다. 그녀는 불순물과 폐기물들을 교묘히 만지고, 태반胎盤을 묻고, 행운을 빌면서 새로 태어난 아이의 탯줄을 태운다. 그녀는 부분적인 대상을 유용하게 만든다. 그들을 [PROPER] 순환에서 빠져나오게 한다. 얼마나 강렬한 난잡함인가![미주17] (식수와 클레망, ***새롭게 태어난 여자***, 36)

부분적인 대상을 순환하게 만드는 것. . . . 애비(“아버지”) 로지에가 문자적으로 남근적인 건축을 만들면서 원초적 오두막과 건축의 불변의 법칙 사이에 합리성의 선을 그리고 있는 동시에, 표면을 검은 점으로 마구 긁고 키클롭스(시실리에 살았던 애꾸눈의 거인—그는 잘 볼 수가 없다)처럼 석공의 거대한 돌들로 거대한 작업을 하며 비정상적인 덩어리를 만드는 등 남쪽과 동쪽에는 광란상태의 작업이 남아 있다. “어두운 뇌” 미주18를 가지고 있는 개인은 8개의 다리가 있는 괴상한 동물인 [탐탁치 않은 짐승]를 널리 퍼뜨리고 장대한 조합의 작업인 구멍 파는 작업을 하는 괴수는 운하를 절단하여 보여준다.

이 작업은 피라네지의 기숙학교 계획안Pianta di ampio magnifico Collegio으로서 무엇이 될 것인가에 대한 이미지는 존재하지 않고 종합되지 않은 건물을 통해 취해진 조각들이다. 그것은 “구심성을 가지고 있는 체하지만 결코 구심성을 갖지는 못하는 유기체이다.”(타푸리, 구와 미로, 27) 우리에게 던져지는 것은 중심인데 그곳은 많은 것을 포함하고 있는 허공과 원형 홀의 논리를 예견하는 곳이다. 그곳은 정말 문자적으로 우리를 붕괴시키는 장치인 계단을 통해 건물의 바깥으로 끌어내서 한계를 밀어내고 나머지의 논리를 의문을 가지고 내던져 버린다. 꼴레지오는 [동굴]의 조합이고, 내분비선이고, 소낭이고, [선박]이고 밸브이다. 끝없는 흐름을 수용하고 체크하고 전환한다. 밀어낼 수 없는 생성력이 있는 단면은 선적인 시간의 폭군에 복종하지 않을 것이다.

운동성 있는 빈 공간속에서 내키는대로 하는 히스테리환자의 행위와 같은 타란텔라(나폴리춤)의 흔적을 보여주는 두더지 작업이다. 미주19 수은을 담는 용기이다. 위상기하학Taupologie기계이다. “전체 두더지가 비코시클로메터의 물레바퀴를 돌린다.”는 “주제 그 자체인 척하는 것과 같이 은밀하게 파내려가는

---

87 로지에가 묘사하고 있는 원초적 오두막은 계몽주의 시대의 정신적 산물로 ‘자연으로 돌아가라’는 명제와 함께 건축적 원형인 기둥과 보, 박공의 형태로 되어 있는 나무들과 그 가지들을 천사가 손가락으로 가리키고 있는 삽화를 빌어 설명하고 있다. 신고전주의 건축의 정신적 모태가 되었다.

것이다."(구와 미로, 31). [히스테리적 문서], 그것은 프로이트가 지은 "심리적 집"으로 중간에 이상한 기구가 있는 [집]이다 : 얽힌 허공이 있는 곳으로 그곳은 (가족의) 역사가 [동굴]화−암호화 되어 있는 곳(새겨지고 숨겨지는 곳)이다. "각운강경증적脚韻强硬症的 신외발기적神猥勃起的! 여汝가 지닌 총總 토템침주상寢柱傷 조상祖上이 살았던 곳은 어떤 거미도 줄을 치지 않았던 낙원애란樂園愛蘭에 서였던고" 미주20 (피네간의 경야, 482.4−5) 욕망을 품고서 욕망에 사로 잡힌 채로. . . 기숙학교 계획안은 역설적이다. 그 본체를 휘감고 있는 실서의 독소들을 빼내어 버리고 오래된 상징 질서를 치명적으로 생체해부하는 것이다. 그것은 욕망의 건축에 대한 순간적인 강직증強直症이다.

이 시점에서 기의인 "구멍 파는 자−괴롭히는 사람"은 세 번째 음절을 은밀히 사용(숨긴다)하고 빈 공간에 침투한다. "아버지와 아들사이에 빈틈없이 감금된 역사"의 집에서 제외된 딸(식수와 클레망, 새롭게 태어난 여인, 56)은 "성가시게 굴고", "괴롭히고", "추잡한 구애"를 한다.(성적으로 희롱한다.) 그 구멍파는 사람은 클라인의 벌레이론처럼, 위상기하학에서의 선처럼 기묘하게 구멍을 판다. 그리고 구멍 파는 사람(치한)이 된다. 그녀는 사악하다. "도덕적으로 나쁘고", "악덕하고", "역겨울 정도로 불쾌하다."

그 "사악한 건축가"는 "표현할 수 없는 허공"에 다리를 놓으면서 쓰여지는 행위와 행하여지는 행위 사이에 놓여있는 거리의 간격을 좁히려고 하는데 그 장소는 "그림 그리는 것이 언제나 멈춰지는" 장소이고 얽혀있고 교차하는 틈이 있는 그림과 구축−[집]−사이의 공간이다.(타푸리Tafuri, "사악한 건축가, "구와 미로", 47; 로시, 과학적 자서전, 24) 그 장소는 계보系譜상의 선적 연락망을 형성한다." '위기의 계획' 으로서의 역사는 그 이후부터이다.(타푸리, "역사적인 계획", 구와 미로, 13) "[히스테리]는 논란의 여지가 없는 '언어학상의 증명' 속에서 그 자신을 뒤덮는 것이 아니라, '안전치 못한 건물' 로서 그 자체를 인식하는 것이다." (12)

"정신착란증의 구축"을 당신 자신이 쓰는 것, 내가 당신을 "senza fare il passo piu lungo della gamba" − "나의 다리보다 길게 걸음을 걷는 것 같지 않고"

허공속으로 추락시키게 하여 괴롭힐 수 없을까? La tarantola는 불안하다.[미주21]

"Mes peres je vous lis difficilement." ("Je vous lit difficilement.") 나는 너를 잘못 해석한다. 나는 너를 잘못 쓴다. 나는 너를 괴롭힌다.

또다른 시초

줄리아 크리스테바Julia Kristeva[88]는 다음과 같이 쓰고 있다. "자본주의 사회가 정치, 경제적으로 숨이 막혀 죽게 되었을 때, 담론은 옮어질 것이고 그 어떤 때보다 빠른 속도로 붕괴되어 갈 것이다. . . . 유일하게 하나의 언어만이 더욱더 동시대적으로 자라나게 될 것이다. 피네간의 경야의 언어와 같은. . . . 동등함"(언어속의 욕망, 92) 피네간의 경야는 욕망의 건축을 위한 지도이다. 그것은 "욕망의 기의가 이질적으로 나타나면서 원인을 제공하고 반대로 기의를 통한 이질성을 나타내는 것이다."(116) 꼴레지오는 기의가 떠도는 건축물을 의미하는데 그 건축물은 건축적 사인을 기표로부터 뚜렷하게 분리시키는 것을 인정하는 것이다. (타푸리, 구와 미로, 40)

만약에 우리가 건축도면의 불변의 상징적 질서에 따라 새겨진 거대한 정문을 통해 꼴레지오로 다시 들어가면, 그림과 같은 이미지를 만나게 될 것이다. 그러나 그 장치는 피하게 될 것이다. 새기거나 단면을 절개하는 도구를 통해 통로를 따라 미끌어져 들어감으로써 이 텍스트에 들어가는 것과 극장(그것을 마술가나 외과의사 소유의 마술의 극장이나 수술하는 극장이라고 하자) 뒤에 있는 오래된 커튼 속에 있는 눈물을 통해 미끌어지고 이후 어두운 곳에서 두더지와 같이 헤매면서 들어가는 것은 훨씬 더 "조이스적"[미주22]이다.

---

88 Julia Kristeva (1941~) 프랑스 기호론학자. 페미니스트. 불가리아 출생. 역사적 유물론과 문학을 공부하였다. 1966년 프랑스로 건너가 구조주의 영향으로 언어학 · 정신분석학 · 기호론 등 새로운 성과를 문학연구에 응용하였다. 73년 이래 파리대학에서 문학텍스트의 승화작용을 주제로 강의하였고, 분석의사로서 의료에도 관여하였다. S. 프로이트의 고정화된 문화상징질서의 심층에서 억압당하고 있는 무의식의 욕동세계가 어떤 구조에 의하여 승화되고 새로운 상징질서를 형성하여 가는지를 탐색한 점에 그녀의 독창성이 있다.

구축 3 : 감옥Le Carceri

피네간의 경야에 마지막 페이지에는 뚜렷한 접점이 나타나고 있다.[미주23] 이 접합점은 책의 이전부분인 600하고도 13페이지들을 연결하는 것인데 그것은 많은 [글자], 잡동사니, 사다리, 무엇보다도 "거룩한" 것과 경야에서 여성적 등장인물인 아나 리비아 플루라벨인 "ALP"에게 보내지는 것으로 명명된 텍스트 중 5페이지를 차지하는 편지라고 널리 알려진 무언가와 많은 관련성이 있다. 텍스트의 접합점은 페이지 614. 27로부터 615.11("우리의 전체 두더지 수레바퀴비코시클로메터. . . . 물론 그렇지! 그리고 실제로도 그래 ?") 그리고 이 챕터의 구조 1에서도 등장한다.

다음으로 글자가 시작되는데 그것은 피네간의 경야를 통해 은유적으로, 문자적으로 둘 다 파열되고, 씨가 뿌려지고, 텍스트를 거대한 순환으로 밝히면서 우리를 마지막 페이지까지 이끈다.

비코시클로메터는 흐름(유속)과 관련된 기계이다.—언어와 역사의 흐름을 전환한다. 비코의 순환을 측정하는 기계이다. 순환기구이다.

한 짝의 콤파스를 생각해보자. "도면에서 건물까지의 해석"이라고 불리는 로빈 에반스가 쓴 글의 마지막 페이지에서 이 도구가 형상화하는 두 개의 이미지가 등장한다. 하나는 우리에게 친숙한 윌리엄 블레이크William Blake의 저서 "Ancient of Days"에서 나오는 것으로 왼손에는 넓게 펼쳐진 콤파스를 들고 빛 속에서 벌거벗은 채 무릎을 꿇고 우주의 도면을 그리고 있는 숭엄한 남성 신의 형상이 나온다. 다른 하나는 지아신토 브랜디Giacinto Brandi에 의해 그려진 17세기 회화로 그림 속에는 당시의 드레스를 입은 한 젊은 여자가 일을 끝마치고 나서, 끝은 하늘을 가리키고 그늘에 가려진 채로 오른손에는 거의 닫힌 콤파스를 들고 있다. 그 회화는 제목이 건축L' Archittetura이라고 적혀 있다. 명칭이 그 일에 대한 종사자로서가 아니라 여성을 원칙에 대한 비유로 묘사하는 것은 주목할 만한 가치가 있다. 에반스Evans는 다음과 같이 쓰고 있다.

> 이것이 나의 야망이다. 건축가이자 기하학자인 블레이크의 역사가 수백 번이나 쓰여져 왔다. 나는 지아신토 브랜디의 역사를 쓰고 싶다. 나

는 그녀가 어리고 귀엽기 때문이 아니라 창녀와 고급매춘부를 그린 17세기 회화에서 정상적으로 보전된 특징없는 표현때문에 덧붙이고자 한다. 그 그림의 주제는 불확실하지만 그녀가 디바이더를 손에 쥐고 있다는 사실에 근거하여 보았을 때 모던의 시초가 될 수 있다는 것이지, 그 이상은 아니다. 어떤 이는 그러한 형상이 그녀가 우리에게 보여주는 도구와 어떤 관계가 있는지를 물을 지도 모른다.(16)

정말로 무엇일까 ?

건축가인 블레이크의 손에서 콤파스 한벌은 기하학과 측량을 묘사하고 선과 각도를 이등분한다. 그것은 ***계획화*** 시키는 것이다. 브랜디의 알레고리적인 그늘을 가지고 있는 사람의 손에 기구의 목적은 모호하다. 위치를 선택하고 꿰매는 바늘의 정교한 손짓에 사로잡힌 채, 그것은 아마도 투과하고 꿰뚫는 도구일 것이다. 아니면 그것은 표면[검은 점POCHE]에 작은 검은 점을 만들면서 표시하고 툭툭 치기 위한 도구는 아닐까 ? 그것은 씨뿌리기 위한 도구이다.

건축 도면의 도구들은 건축이 계획되면서 씨뿌리기가 되기를 "원한다"는 것을 보여주고 있다. 개념적으로 이것은 불합리한 혼성물이거나 교차(아마도 건축 그 자체가 그러한 것이다)의 대상으로 역사적인 시기에 관련된 폴 리쾨르Paul Ricoeur의 개념에서 조이스로부터 도출된 데리다적인 해체기구의 이중첨가가 되는 것이다.

시간과 이야기구조라는 책 1권에서 리쾨르는 역사적인 시기에 대한 구축과 우리의 이야기체에 대한 설명으로서, 역사구조[Annales학교의 건축연대기적 역사 구조와 같이]와 앵글로 아메리카계의 분석철학에서 인식론적으로 절대적인 구조 사이에 존재한다는 것을 보여주고 있다. 리쾨르에게 있어서, 계획

---

89 리처드 엘먼의 저작 『제임스 조이스–언어의 연금술사』는 이른바 제임스 조이스 평전으로는 결정판이라고 평가될 정도로 조이스 연구를 대표하는 저작이다. 조이스를 연구하는 데 비켜갈 수 없는 유명 저작이기도 하다. 저자 엘먼은 미국 예일대에서 문학사를 전공한 뒤, 하버드 · 예일 · 옥스퍼드 대학의 영문학 교수로 일했다. 엘먼을 조이스 연구의 선두에 올려놓은 저작이 바로 이 『제임스 조이스–언어의 연금술사』다.

화의 개념— 일종의 연대기적인 구조들을 겹치는 것—은 중재시키는 연결점이나 접합점을 형성한다. 씨뿌리기는 데리다에 의해 사용되기만 할 뿐 절대 설명되지는 않는다. 그러나 또 다른 데리다의 "개념"으로서 단어 그 자체는 작은 조각들과 씨앗들로 흩어지면서 사용되고 있고 수태受胎—투과시키고 세심하게 작은 검은 점들로 표면에 표시를 한—하여 연결되는 방식으로 향하고 있다. 탁 탁(가볍게 튀기는 의성어)

아주 먼 옛날, 나는 제임스 조이스에 대한 세미나에 참석해달라는 요청을 받고 겁을 먹었는데 그 세미나에서 율리시즈를 해석하는 통로에 대하여 짤막하게 얘기해달라는 요청을 받았다. 나의 공포는 그것이 정말로 매력적인 일이라서가 아니라, 그곳에 참석하는 인사들의 정체성 때문이었다. 조이스의 전기작가인 고故 리차드 엘먼Richard Ellmann[89]과 조이스의 화신인 자크 데리다 때문이었다. 이러한 면에서 나는 나의 선언에 대하여 먼저 진술한 도구를 (우아함의 몸짓으로) 휘둘렀고, 이내 후회하면서 율리시즈의 "건축" 부분으로부터 조이스의 텍스트를 빌려왔다.[미주24]

율리시즈는 암시에 관련되어서는 자궁과 같은 플롯화의 틀로 구축되어 있다. 특히, 호머의 오디세이의 낮 시간 동안의 에피소드들과 문화와 색깔, 신체부위, 그리고 문학적인 기법의 요소들로 구축되어있다. 율리시즈 그 자체는—그것으로부터 더블린 시가 재구축되었다고 회자되고 있다.—지도나 건축 도면과 같이 실제로는 2차원적인 미로와 같은 구성으로 되어 있다. 내가 짤막하게 언급하기로 선택했던 부분은 "레스트리고니언"이라고 불리는 부분에서 나온 것이고 오디세우스의 부하들이 레스트리고니아 섬에 방문한 동안 잡아먹힌 내용이 있는 곳으로 오디세이에서 언급되었다. "레스트리고니언[90]"들은 점심시간—먹는 시간—에 그 행위를 저질러 버렸다. 그것은 식도에 의해 형상화되었고 그것을 다스리는 문화적 요소는 건축이다.[미주25] 그 부분은 레오폴드 블룸이 도서관에 다가가는 때인 에피소드의 말미에 배치되어 있다.

> 눈먼 젊은이가 그의 가느다란 지팡이로 갓돌(연석)을 툭툭 치며 걷고 있었다. 시야에 전차(트램)가 없었다. 건너고 싶었다.

—건너고 싶어요 ? 라고 불룸씨가 물었다.

눈먼 애송이는 대답하지 않았다. 그의 긴 얼굴을 가볍게 찡그렸다.

—당신은 도손 가로에 있어요. 불룸씨가 말했다.

몰스워드 거리는 반대편이예요. 건너고 싶어요 ? 길에는 아무것도 없어요.

지팡이가 떨면서 왼쪽으로 움직였다.

그는 얇은 팔꿈치를 부드럽게 잡았다: 그리고는 유연하게 감지하는 손을 앞쪽으로 이끌었다. . . .

—지금이요 ? 장님이 왼쪽으로 돌았다.

장님의 지팡이가 보도연석을 두드리고 계속 가기 시작했다. 그의 지팡이는 다시 느끼기 시작했다.

미스터 블룸은 앞이 안 보이는 사람 뒤로 걸었다. 가여운 젊은이 같으니라고! 도대체 그는 소형 화물 자동차가 거기에 있었다는 것을 알고나 있었을까? 그것을 느꼈어야만 했다. 아마도 그 바로 앞에서 보아야만 했다. 일종의 볼륨감을 느꼈어야만 했다. 중량을 느꼈어야만 했다. 무언가 없어져 버렸다면 느낄 수 있었을까 ? 차이를 느껴야한다. 길가의 돌들 옆을 톡톡치며 돌아나가면서 더블린에 대해 기묘하다는 생각을 그는 했어야만 했다. 그 지팡이가 없었더라면 그가 직선으로 나아갈 수 있었을까 ? 그는 성직자가 되려고 하는 사람과 같은 핏기없이 경건한 얼굴을 하고 있다.

펜로즈! 그것이 그 녀석의 이름이다....

후각 역시 강함에 틀림이 없다. . . . 미각 역시. 그들은 눈을 감은채로 혹은 감기가 걸린 상태에서는 와인맛을 구별하기 힘들다고 말한다.

---

90 율리시즈는 18개의 에피소드 속에 각각 다른 장면, 색채, 예술, 상징, 기법, 신체기관 등이 거미줄같이 얽혀 있지만 "한장소(더블린)에서 일어나는 하루동안의 이야기"에 불과하다. 특히 2부의 8번째 에피소드 레스트리고니언즈**Lestrygoinians**는 오후 1시 간이식당의 장면으로 식도내에서의 이야기이며 관련된 예술은 건축학으로 그 의미가 있다.

지암 바티스타 피라네지, le Carceri, 판 1, 첫 번째 (ca, 1745)

지암 바티스타 피라네지, le Carceri, 판 1, 두 번째 (ca, 1761)

또한 어둠 속의 연기속에서도 역시 그들은 즐거움을 얻지 못한다고 말한다.

그리고 여자에 있어서 가령, 보지 못하기에 수치심이 더욱 없게 마련이다. 스튜어트Stewart 공공기관을 지나가는 그 여자는 허공을 가르며 나아간다. 나를 봐야한다. 나는 이미 모든 것을 가지고 있다. 그녀를 보지 않기 위해 이상한 척 해야만 한다. 일종의 그의 마음속의 눈과 같은 형태이다. 그가 그녀를 손가락으로 만졌을 때, 목소리의 온도는 거의 곡선을 이루며 상승하는 것을 보아야만 했다. 가령 그의 손이 그녀의 머릿결에 닿았을 때, 가령 검은 머리결이었다고 치자. 아주 좋아. 검은 머릿결이라 하자. 그녀의 하얀 피부로 옮겨가자. 아마도 다른 느낌일거야. 하얀 느낌. . . .

부드러운 손가락으로 그는 귀 위로 그 머릿결을 빗어준다. 다시한번 빗어준다. 아주 아주 감촉좋은 머릿결의 섬유질. 그리고 나서는 부드럽게 손가락이 그의 오른쪽 뺨의 살결을 느낀다. 솜털같이 포근한 머릿결이 있다. 복부가 가장 부드럽다. 거기에서 그는 프레드릭가로 향한다. 아마도 레번스톤의 댄싱 아카데미 피아노로 향하는 것 같다. 아마도 내 부목副木을 조정하겠지.

도란 대포집 옆을 지나 그는 그의 손을 허리와 바지 사이에 꽂고 그의 셔츠를 살짝 꺼내어 복부에 약간 겹친 느낌으로 걷는다. 그러나 나는 그것이 연한 노랑색이라는 것을 안다. 어두운 곳에서 한번 보도록 해봐.

> 가엾은 사람. 조용한 소년이여. 끔찍한 일이야. 정말 끔찍해. 아무것도 못보면서 도대체 무슨 꿈이 있을까! 그에게 삶이 곧 꿈일거야. 그런 식으로 태어나다니, 도대체 정의가 어디 있단 말이지? 그러한 여자들과 아이들은 뉴욕의 홍청망청한 연회에 놀러 갈꺼야. 끔찍한 일이지. 과거의 생에서 죄를 저지른 윤회라 부르는 업業으로 인해 환생해서는 지팡이 진 신세로 되어 버렸네. 가엾은 지고, 가엾은 지고, 가엾은 지고 (180－182)

나의 반응은 세 음절 속에 있다. 톡. 톡. 톡.

신 체

건축가는 고대에 활과 화살을 만드는 것과 마찬가지로 무언가를 짜고, 규격대로 만드는 사람이었다.[미주26] 그래서 건축가architect라는 단어는 모호한 목적의 도구를 포함하고 있다. 활과 화살은 사랑(큐피트의 손에서는)의 도구이고 또한 죽음의 도구이다. 그래서 그것은 건축적인 계획과 동의어였다.

오늘날 물질의 재료적 구어적 구축을 만들어내는 소수의 건축가들 중에, 버나드 츄미와 알도 로시 두 사람은 건축행위 혹은 계획을 정사나 범죄(살인)에 연결시킨다. 만약 우리가 전형적인 건축가의 구성을 본다면, 우리는 건축을 사랑과 죽음의 도구로 볼 수 있을 것이다.

우리는 다이달러스Daedalus[91]가 똑바른 직선을 만들기 위한 도구로서 수직선—최단거리, 지구표면에서 중심을 따라서 수직인— 등의 많은 것들을 고안해낸 영리한 사람으로 알고 있다. (다이달러스는 또한 콤파스의 연결부를 고안한 사람으로 그것의 기원은 걷는 골반 연결부였다.—헤매는 것—daidalons.[미주27] 콤파스는 애매함의 흔적을 낳는다.) 또한 우리는 아마도 크레타섬에서 탈출도중에 만든 두 가지 구조가 다이달러스의 가장 최고의 것임을 알고 있다. 첫 번째 것은 실물크기의 속이 비고 겉은 가죽으로 덮인 나무소이다. 그는 이것을, 파시페Pasiphae 여왕을 위해 즉, 쉽게 유혹하고 관심을 사로잡은 황소와 성교하게 할 목적으로 만들었다. 두 번째는 성교에 따른 무서운 결과로 나타난 용기(담을 수 있는)인 미로이다. 사랑의 건축이자 죽음의 건축이다. 사물을 담는 두 구축물은 관통되는 것이고 그것은 또한 신체이다.

91 그리스신화 다이달러스 (Crete의 미로迷路를 만든 Athens의 명장名匠) 또한 율리시즈에서 나오는 스티븐 다이달러스는 1부에 나오는 인물로 지적知的, 혹은 정신적 세계를 반영하는 인물이다. 『초상』에서 보았듯이 그를 속박하는 현실(종교, 조국, 가족)을 떠나서 비상飛翔을 결심한 스티븐 다이달러스는 『율리시즈』에서 재등장한다.

[지도만들기 MAPPING]

구같이 생긴 세포(난자)는 선에 이끌려진 세포(정자)에 의해 침입된다. 꼬리(선)가 잘려나간다. 정보가 흐른다. 구축이 시작된다. 세포안의 세포가 쪼개지고 두 배가 된다. 하나가 둘로, 둘이 넷으로, 넷이 여덟으로. . . 이제 그것은 안쪽이 비어있는 둥글고 울퉁불퉁한 세포무리이다. 원구[로케트]이다! 아주 조그만 점에서부터 외부의 벽이 안쪽으로 허물어진다. 내파된 구멍의 가장자리로 줄무늬가 새겨져 있는 차별화된 세포의 켜(레이어)가 미끌어져 들어간다. 내배엽, 중배엽, 척색이 된다. 외부는 내부가 된다. 장배형성: 함입, 안으로 말아 넣어진 것이다. 이것이 우리가 말하고 있는 튜브 안에 튜브화 되는 방법이다.

우리는 복잡하게 얽힌 틈새기를 가지고 있는 튜브안의 튜브(연속적인 외부-내부의 표면)이다. 세포의 체계는 내부와 외부사이의 공간들을 메우면서 과밀한 직물로 짜여져 있다. 뼈-신경-혈액을 담은 선박(용기)로부터 C 홉킨스 카페, 강대한 선과 본질적으로 쿼크와 렙톤에 깨끗함에 이르기까지의 분류체계이다. 그 구획은 용기인 신체를 나타낼 것이고 그것은 간격사이의 건축이다.

그리고 "레스트리고니언"의 에피소드에서의 도시건축과 같이, 신체는 정적이면서도 변화하는 것이다. 조이스의 도시를 경청해보라. 차례차례로 들어오고 나가고 종을 울리는 전차(트램)들. . . . 전차들이 들어오고 나가고. . . . 침대에 누워 부풀려진 배속의 아이를 잡아 끄집어내려고 신음하고 있는 미너 푸어포이. . . . 도시의 사물들이 왔다가 지나가고 또 오고, 다른 것이 왔다가 지나가고. . . . 집들, 줄지어 늘어선 집들, 거리들, 끝없는 포장도로 쌓여 있는 벽돌들과 돌들.(율리시즈, 164) 통로의 도구는 음식을 삼킨 몸과 같이-튜브안의 튜브이다.

인공의 소는 그 여인을 삼키고 그 여인은 황소를 삼킨다. 유전상으로 상호 교차하는 황소인간이 여자의 [용기]에 의해 잠시동안 포함된다.-어둠속에서 보이지 않은 채로 손과 발로 톡 톡 톡 치면서 세상[히스테리적인 문서]을 측정하는 생명체이다.

후에 미로는 황소인간을 삼키고 황소인간은 젊은 소년들과 소녀들을 삼킨다. 레스트리고니 사람들이 오디세우스의 부하들을 삼킨 것과 같이 그리고 사람과 야수가 이 부분 속에 있는 무수한 조각들을 삼킨 것과 같이 말이다.

선

조이스의 선은 모든 텍스트들이 그렇듯이 선들로 구성되어 있다. 텍스트의 선과 참고문헌의 선뿐만 아니라 선들과 선적인 단어들과 구들에 언급된 것들이다. 풋내기, 가느다란 지팡이, 거리, 벽, 지팡이 선, 트위드(직물)의 청어 가시무늬(비스듬이 꺾인 평행선으로 된), 최단코스, 땋은 끈, 선들, 곡선들, 머리카락, 섬유들.

더욱이 그것은 교차와 —"건너고 싶으세요?"—건너기에 대한 선과 관련된 텍스트이다. 거리를 가로지르기와 거리의 교차, 서술의 교차와 서술과 내부 독백의 교합과 감각 (접촉과 시각)의 교차이다. 그것은 또한 은유적인 교차를 보여주고 있다 : 윤회.

건축구축적Architectonic 텍스트는 또한 선들의 복합체이다. 건축가는 표현을 위해 다양한 선의 표현방법을 사용한다. 종이 위에 그려진 선들, 땅위에 그려진 선들, 수직선, 기준점과 기하학, 케이블, 구조적 힘의 선들과 같은 상상의 선들이다. 그리고 이들 선의 각각은 지구의 중심과 표면의 가장 최단거리를 가로지르는 복잡한 선들이라는 몇몇 방식으로 교차한다.

선들이 교차하면서 점들을 생성시킨다. 수평면을 교차하는 것이 선을 생성시킨다. 솔리드 물체를 가로지르는 것은 평면을 생성시킨다. 가로지르는 것은 n에서 n+1을 만드는 씨뿌리기이다.

가로지르기—잘려진 것들과 단면들 사이의 관계—는 앰블럼이고 건축가의 도구이다. 그것은 건축의 포괄적인 모형인, 관습이 예술이라고 부르거나 다른 말로 과학이라고 불리는 것을 가로지르는 지점에 위치시킴으로써, 실체를 형성한다. 건축적인 대상을 만드는 것은 교차시키는 조작을 필요로 한다. 그 재료의 힘에 반응하는 수용능력의 교차와 그것들에 작용하는 힘들, 형식적인 미학의 교차, 대상을 만드는 사람과 그것을 소유하는 사람과의 교차, 그리고 이러한 종류의 또 다른 까다로운 교차이다.

그러나 건축적 대상을 만드는 교차점에서 보도록 하자. 전통적으로 건축가가 사물을 디자인 할 때, 그는 그것을 도면으로 그린다. 건축적 대상은 이차원에서 삼차원으로 교차하는 것과 같이 도면이 완성된 이후에 구축된다. 알도 로시는 이러한 교차지점을 도면이 항상 정지하는 장소이자 "나타낼 수 없는 빈 공간"이라고 부른다.(과학적 자서전, 24)

건축가는 선과 같이 생긴 선을 만드는 도구를 수중에 가지고 있고 수평면에 선을 그린다. 해부절차와는 반대로 그녀는 이러한 기호들의 조합을 만든다. 이것들(전체인 단면은 부분집합인 평면과 입면을 포함한다)은 상상으로 평면을 자르면서 잘라낸 나머지 부분이다.―삼차원과 이차원적 대상의 교차이다. 이 교차들의 결과는 이차원적인 것으로 종이에 그려진 잉크 선들을 가로지르는 레이스 모양으로 썰어낸 것이다.

단면은 세계와 연결됨을 나타낸다.

이 연결이나 통로는 교차해서 극도의 예각이나 둔각이 만들어 내는 두 개의 선을 상상함으로써 형성시킬 수 있다. 당신은 여기서 물질적인 세계와 정신적인 세계사이의 연결을 묘사하는 카시미르 말레비치의 모델을 깨닭을 수도 있을 것이다. 여기서 원근법적의 소실점(교차점)은 예술가가 서있으면서 세상을 초월하여 볼 수도 있는 문이고 그 세계는 삼차원의 세계가 그림자와 같거나 직각의 그림―유사한 모양의―과 같은 것들을 만드는 사차원의 세계이다. 세계와의 통로를 가로지르는 것은 한편으로 시작이 되는 결말에 이르는 것이다. A의 교차. A는 그를 창모양의 호스로 만나게 했다.

그것은 보여줄 수 없는 빈 공간―비어있음과 얽혀있음이 동일한 장소―이고 복잡한("짜 넣는 것을 통해서") 비어있음의 장소이다. 단면(교차인 것)은 이곳을 묘사하고 저곳에서 교차점을 만든다. 그것은 이것도 저것도 아니다. 그리고 그것은 이것임과 동시에 저것이기도 하다.

점

나는 샤론 레오폴드 블룸이 하나의 세계와 또 다른 세계와의 연결점인 교차로를 가로질러 인도한 사람의 이름을 모른다. 그것은 눈먼 호머일 수도 있다. 그는 트위드(직물)의 청어가시무늬와 같이 비뚤어진 발을 가진 가련한 오이디푸스일 수도 있다. 오이디푸스는 최단거리로 걸을 수 없고 실제로 두 선을 걷는 사람이었고 그 선이 교차되었을 때 자신의 눈을 뽑아낸 사람이다. 그러나 한 가지는 단언할 수 있다. 그는 건축가이다. 그는 눈과 "감지하는 —앞을 보는 도구— 손" 앞에 검은 점이 있는 눈먼 선과 같은 사람이다.

돌들 옆을 두드리며 길을 가면서 더블린에 대한 기묘한 생각을 가졌음에 틀림없다. 그가 만약 지팡이를 가지고 있지 않았다면 똑바로 걸을 수나 있었을까 ? 이 시점에서 블룸은 시력이 나쁜 사팔뜨기의 이름을 회상한다. 그 이름은 25페이지 앞에서 기억해 내려고 애써왔던 이름이다. "펜로스!"

교차와 관련하여 합리적이고 양극적인 논리에 관하여는 눈먼 건축가—장님이고 그래서 다이달러스의 솜씨와 같은 복잡한 세계를 볼 수없는—는 도구를 깐닥거리면서 들었다 놨다하면서 도시에 표시를 한다. 톡 톡 두드리면서 선과 평면의 교차점의 순간을 톡톡 두드린다.—점이고 얼룩점이다. 검은 점이다. [검은 점POCHE]이며, 눈 위의 검은 부분이다.

츄미는 건축의 정의를 "논리와 고통, 이성과 번민, 개념과 행복의 교차점" 에 위치 시켰다. (***맨하탄, 사본***, 9)

이 교차가 반복된 지도는 지팡이의 두드림에 의해 무리를 짓는 더블린 시내교차로의 지도와 흡사하다. 다중의 교차선의 텍스트에 대한 조이스의 3중 두드림이 있는 검은 표시poche와 같은 것이다. T. T. T. 상인방구조의 작은 사인(기호)이다. 기둥위에 보가 올려져 있는 것이다. 교차. 접합점,

챕터의 주제로서, "그들 창모양의 호스에서 만났다" 라는 것과 관계가 있는 블룸의 "시차" (사진기 파인더의 시야와 실제로 찍히는 범위와의 차이)는 두 가지 시점을 가지고 있는데 그것은 대상에서 교차하는 시각선과 단면의 점에서이다. 이러한 건축의 조각속에서 조이스는 루이스 주코프스키의

지암 바티스타 피라네지, Carceri oscura con Antenna pel Suplizio de Malfatori(1743)

조언Advice—이 단어를 대문자 A로 발음하자—을 예견했다.

빛의 파장과 양자量子, 우리는 둘 모두가 존재한다는 좋은 예를 가지고 있다.
현재의 노력은 우리가 이것을 어떻게 보느냐이다.
2가지 시점의 구성을 완성해 내는 것이다.
. . . .
그것을 구축하라.(8:55—56)

율리시즈의 단면에 대한 나의 반응이 발표된 이후로 나는 어두움 속[부화장HATCHERY]에서 살면서 마구 휘갈겨 쓰면서 사는 해치무늬(교차된 평행선)가 그려진 옷을 입고 해치무늬를 그리는 사람의 정체를 알아낼 수가 있었다. 그리고 내가 옳았다. 그는 건축가이다. 그는 또한 결합부이고 연결점으로 빛이 있는 조이스의 이차원적인 책에서 "어두움속의 삼차원의 책"미주28으로 가로질러 가는 공간들을 안내해 줄 것이다. 사다리 위에 있으면서 헛소리하며 술 취한 벽돌의 켜(레이어)와 같은 팀 피네간의 꿈과 같은 책이다. 그렇지 않다면 그것은 [글자]인가?

"가면을 쓴 사람이 누구지?"미주29 몽타쥬의 거장이고 조이스의 친구이자, 조이스가 그의 작품을 영화로 옮길 수 있다고 생각한 두 사람 중 한명인, 소련 영화감독 세르게이 에이젠슈타인은 아파트 방 한구석 초상화 자리에 지암바티스타 피라네지의 에칭그림인 Carceri oscure, 직역하면 어두운 감옥미주30을 걸어 놓고 있었다.

영화에 있어 황홀한 효과(단어의 어원학에 중대한 전환을 하게 했던 것: 예, 균형상태, "fludity—유동성과 flow—흐름")에 대한 그의 개념을 적은 에세이에서 에이젠슈타인은 피라네지의 환상에 대하여 특별한 신뢰를 하고 있음을 밝히고 있다. 필름과 같은 몽타쥬를 만드는 플롯화에 대한 씨뿌리기와 엑스타시/현기증/열광/광란과 같은 상태사이에 결합을 만들면서 에이젠슈타인은 다음과 같이 기술하고 있다.

드 퀸시De Quincey[토마스[92]]는 실제로 피라네지 자신의 감옥을 아편을 핀 열광상태에서 그를 사로잡았던 건축적 환상과 가장 정확하게 일치하는 것으로 표현하고 있다. "여러해 전에, 내가 피라네지의 고대 로마를 조사하고 있었을 때, 옆에 서있던 콜리지씨가 그 예술가에 의해 그려진 그의 꿈이라고 불리는 동판화에 대해 말해주었는데 그것은 열병에 걸려 신음하고 있는 동안 그 자신의 환상속의 광경을 기록한 것이었다. 그것들의 몇몇(나는 단지 콜리지씨의 설명에 대한 기억만을 기술하는 것이다)은 광대한 고딕식의 홀을 보여준다. 모든 종류의 엔진과 기계, 바퀴, 선들, 도르래, 지렛대, 쇠, 석궁 등이 서있는 바닥에 과도하게 거대한 힘이 나오고 저항감이 극복된다. 벽의 측면을 기어 올라가면 당신은 계단을 감지하게 될 것이다. 그리고 그 위에 그의 길을 거슬러 올라가면 손을 더듬으면서 길을 찾고 있는 사람은 바로 피라네지 그 자신이다. 계단을 따라 조금만 더 올라가면 뜻밖에도 난간도 없이 갑자기 끝나버리고 끝에 이르러서는 더 이상은 계단이 없고 아래로 낭떠러지만이 있는 것을 알 수 있다. 당신이 무엇을 가정하던지 간에 당신은 불쌍한 피라네지가 된다. 적어도 그의 노동은 어느 정도 여기서 끝나야만 한다. 그러나 눈을 치켜 올려보라. 그리고 두 번째 더 높이 떠있는 계단을 보라! 거기에서 다시 한번 피라네지를 볼 수 있다. 그러나 이번에는 바로 심연의 낭떠러지 끝에 서있는 것을 알 수 있다. 눈을 더 높이면 여전히 더 많은 계단이 보인다. 그리고 다시 불쌍한 피라네지는 그의 열망을 품고 있는 노동에 매진하느라 바쁘다. 그리고 계속해서 끝나지 않는 계단까지 피

---

92 드 퀸시**Thomas De Quincey**(1785-1859) 영국의 수필가 · 비평가. 윌리엄 워즈워스와 새뮤얼 테일러 콜리지가 발표한 『서정 민요집**Lyrical Ballads**』의 혁명적 의의를 누구보다도 먼저 인식했으며, 1807년에 이 시인들과 친하게 되었다. 『영국인 아편쟁이의 고백**Confessions of an English Opium-Eater**』으로 유명하다. 이 책은 자신의 중독에 대한 자서전적인 진술로 시작해 약에 취한 상태에서 경험한 도취와 고도로 상징적인 몽환을 생동감있게 상세히 묘사하며, 약의 지속적인 복용이 결국 가져오게 되는 무서운 악몽을 이야기한다. 이 작품은 매우 시적일 뿐만 아니라 상상력이 풍부한 산문으로 영문학 작품 가운데 문체의 걸작으로 오랫동안 인정받고 있다.

지암 바티스타 피라네지, 카르체리, 6판, 두 번째(ca. 1761)

라네지는 둘 다 홀의 어두운 윗면에서 사라져 버린다. 끝이 없는 성장과 자기 반복의 동등한 힘이 꿈속에서 진행되었다". . . . 우리는 자그마한 세부적인 사실로 판단하는 부정확함 때문에 고통받지는 말아야 한다. **감옥은 꿈**이라 불린다.("피라네지, 혹은 형태의 유동성", 100-101)

유리거울을 통한 철학에서 프랑스 철학자 쟝 자크 레세클Jean-Jacques Lecercle은 정신착란délire라 불리는 애매한 개념을 탐구하고 있는데 "단어들이 모순되고 의미가 우리의 기대를 저버리는 [바벨탑]언어의 영역을 묘사하고 있다. 그것은 루이스 캐롤의 언어이고 레이몬드 러셀, 피네간의 경야의 언어이다. 레세클은 다음과 같이 쓰고 있다.

정신착란은 다음으로 그들 사이의 모순이 구체화 된 두 언어사이의 최전선에 있다. 추상언어는 체계적이다. 그것은 물리적인 물질적인 기원과 분리된 채로 개인적으로 말하는 이를 초월한다.

> 그것은 잘 조정된 주제에 의해 숙달된, 통제의 도구이다. 재료적 언어는 다른 한편으로 비체계적이고 일련의 소란이 있는 것이고 개인적으로 말하는 사람에게는 사적이지만 의사소통을 촉진시키는 것을 의미하는 것은 아니다. 그래서 자기 모순적이고 모든 "사적 언어들"과 마찬가지로 "불가능"하다. . . . 인간의 신체속의 기원으로 되돌아간 언어, 제일로 중요한 법칙이 지배하는 곳이다.(44-45)

정신착란은 덧붙이는 행위의 이름이자 상태이다. 그것은 감옥의 "그늘진 측면"이고 어둡고, 긁어 파내고, 갈겨쓴 곳이다. 정신착란은 어원적으로 정신착란에 관계되어 있지만 동의어는 아니다. 레세클은 정신착란을 환자가 그의 몸의 시스템(상태)을 자세히 말하고 그의 내부상태를 보여주고 광기를 극복하려고 시도하는 "일종의 반사적인 정신착란으로 특별한 형태의 정신착란과 관련이 있다고 설명하는데 그것은 이성적인 과학사이에서 주저하는 것이고 그것으로부터 그는 노력하고 그것을 위해 그는 갈망하고 있는 거친 허구이다." (1). 마르게리테 유르스나르Marguerite Yourcenar는 카르체리(감옥)에 대해 쓰면서 피라네지 그림을 délire의 선을 따른 그림으로 해석한다.

이 감옥에서 보여지는 모든 것들은 피라네지가 의식이 뚜렷한 착란상태에서 그가 가지고 있는 뚜렷한 의미를 잃어버린 이미지를 합리화하려 했으며, 더할 나위 없는 실제 지하감옥과 실제 고문을 담고 있는 초월적인 지하감옥과 현기증나는 고문실을 첨가함으로써, 제목을 정당화시키려 시도했다는 것을 보여주고 있다.—줄여 말해서, 개념과 함께 어둡지만 덜 예상되었던 상태로 이해할 수 있는 감정을 대체하기 위해서인데 그것은 건축가 최초의 거대한 환영이었고 순수한 볼륨과 공간에 취한 건축가의 꿈이었다.(***어두운 뇌***, 108)

레세클은 계속해서 다음과 같이 말하고 있다. "단순한 정신착란은 가련하고 반복적이다. 다른 형태인.... délire는 풍부하고 상상력이 풍부하다. 과학자, 심리학자, 그리고 철학자의 경의와 관심을 요구한다."(***유리거울을 통한 철학***, 1-2)

우리가 파라펫(난간)이라고 부르는 프랑스어 단어는 garde-fou이다. 파라펫의 기능은 내가 비코주의자라고 한다면, 광인과 정신착란자를 높은 곳에서 심연의 낭떠러지로 떨어뜨리는 것을 막아 주는 장치라 생각할 것이다. 건축은 광기를 포함하고 있다.

Délire는 피라네지와 조이스의 건축영역사이의 하나의 결합부이다. 이것들은 서로 다른 것이다.

카르체리(감옥)의 두 번째 판에서 피라네지는 정신착란의 열병상태에서 그린 첫 번째 판의 에칭판화를 더욱 합리화시킨다. 긁어판 것과 해치무늬 표시들이 더 많아졌고 이들 에칭판화의 이미지는 더욱 어두워졌다. 두 번째 에칭판화에서는 도구들에 대한 묘사를 더욱 강조했다 : 고문의 기구를 나타내는 끔찍한 기계들이다. 이들 소름끼치는 기구들은 처음 판화에는 없었던 것들이다. 그러나 자세히 보라. 이것들은 건설도구들이나: 도르래, 윈치, 사다리, 목수들의 가대(교각), 잭과 발판들이다. 감옥은 ***진행중인 작업의 장소***[미주31]이다.

이들 어둡고 비밀스런 환상 전에 우리는 꿈의 현존 속에 있다. 유르스나르는 다음과 같이 주장한다.

꿈꾸는 것에 있어서는 어떠한 전문가라도 모든 꿈 상태의 주요특성을 나타내는 이들 그림의 현존의 순간에 머뭇머뭇 거릴 것이다. 시간의 부정, 공간의 모순성, 공중 부양장면, 그것은 조정이 불가능하거나 초월하는 것에 대한 열중하는 것으로 외부나 꿈의 일부 특성들과 마침내 치명적이고 필요한 아름다움 사이에 명백한 접촉의 부재로부터 환상을 꿈꾸는 자의 창조물을 분석하는 사람들에 의해 가정되는 것보다도 더 엑스타시에 가까운 공포이다.(*어두운 뇌*, 110)

피라네지의 일생에 걸친 작품은 피네간의 경야의 구축을 손짓하며 나타내고 있다. 유르스나르가 지적했듯이 "피라네지의 서사적인 판화의 주제는 두 가지 범주로 구분되는데 그것은 물론 교차한다."(*어두운 뇌*, 96) 이들 두 개의 범주들은 바로크적인 구성물(기하학적인 것들이 겹쳐지고)이고 수세기가 된 폐허(역사와 문화의 잔해)의 조각들이고 파편들이다.

플롯화와 씨뿌리기.

피라네지가 설계한 독립건물 계획인 몰타 기숙학교 계획은 앰블럼적이다. 얽히고 쪼개진 공간이 기하학적으로 겹쳐지면서 비코적인 네 겹의 원, "거대한 사각형 바퀴인 사각형 안에 새겨진 원"이다. 본질적인 것과 다의적인 것이 겹쳐진다. 플롯화 위에 씨뿌리기이다.

꼴레지오에서 양식(타입)은 반어적으로 표현되어 있다. 위상기하적 공간은 (거의) 양식에 집착하는 그림의 해석으로부터 튀어나올 수도 있다. 안 밖으로 표면을 따라 움직이면서 게임을 하면서 나올 수 있다. 나는 헤매고 있는 멍청이 같은 사람의 존재를 희미하게 느낀다.

퀸시의 감옥에 대한 회고의 심연은 여러 가지의 증식이고 피네간의 경야의 주요 구조요소이다.

성인 남자인 아버지가 경야에서 형상화되는데 그의 이니셜은 HCE이고 그의 이름은 험프리 쉼든 이어위커Humphrey Chimpden Earwicker일 수도 있다. 그러나 더욱 적절하게 말하자면, 모든 사람이 온다Here Comes Everybody일 수도 있고 피라네지나 드 퀸시나 오히려 콜리지의 계단만큼 회상장면의 켜(레이어)에 있

지암 바티스타 피라네지, 카르체리, 3판, 2번째(ca. 1761)

지암 바티스타 피라네지, 카르체리, 4판, 2번째(ca. 1761)

는 텍스트를 통해서 등장하게 된다. 만약에 우리가 켜(레이어)를 해부한다면 우리는 그가 몰락한 자로 등장하고 재등장하는 것을 보게 될 것이다. 아담, 나폴레옹, 이카루스, 팀 피네간, 루시퍼(어두움 속으로 떨어진 빛의 심부름꾼), 심지어 험프티 덤프티까지도. 허구적이면서도 역사적인 사건들은 어느 정도 그것들을 분리하는 것이 불가능할 정도로 주제와 일치하면서 미끌어져 들어간다.(우리는 여기서 피라네지의 캄포 마르지오와 비교할 수도 있다.) 물질과 대상들도 그럴 수 있다. 티, 소변, 기둥, 보, 십자가에 못 박힌 예수 등이다. 단어들은 역시 서로 미끌어져 들어간다.(조이스는 코르크 액자에 코르크시Cork-아일랜드 도시-의 회화를 소유하고 있었다) 사물들은 그들 구조의 적절함에 근거하여 동일하게 된다. 당신은 또한 여기에서 꿈속에서 압축시키고 왜곡시키는 프로이트적인 매커니즘을 인식할지도 모른다. 당신은 또한 위상기하학 프로그램의 일부를 인식할 수도 있다.

피네간의 경야는 심연속의 심연이고 심연을 교차하는 심연이다. 여기에 예가 있다. 시초Origin에서 보여지는 "결합부" 에서 역사에 대한 비코의 이론을 주창한 프랑스 역사가 에드가 키네Edgar Quinet[93]로부터 나온 많은 인용들이 동음이어적으로 반복되는 것들 중 하나로 전락한다. 최초의 인용은 키네의 ala philosophie de l' humanite대한 소개에서 옮겨진 것이고 거의 그대로 경야의 281페이지에 등장한다.(여러 번 콤파스에 대한 유클리드적이면서 비 유클리드적인 기하학과 암시사이의 접점에서 춤을 추고 있는 듯, 악명높게 모호한 부분에서) 이 접합부를 상기하라. "장소에 의한 형태, 잡동사니로부터의 편지, 수용

---

93 에드가 키네(1803-1875) 프랑스의 시인 · 역사가 · 정치철학자. 프랑스 자유주의의 발전에 크게 공헌했다. 1820년 파리로 간 뒤, 개신교도인 어머니의 믿음을 저버리고 독일 철학에 심취했다. 1827-28년에 첫번째 대표작으로 헤르더의 기념비적인 역사철학 『철학 · 역사 · 인류의 개념Ideen zur Philosophie der Geschichte der Menschheit』을 번역해서 발표했다. 그러나 곧 독일 철학에 환멸을 느끼고 프로이센의 민족주의가 보여준 공격적인 성향에 대해 경각심을 갖게 되었다. 1842년 파리의 교수직을 얻고 콜레주 드 프랑스에서 강의하면서 가톨릭교를 공격했고, 프랑스 혁명을 높이 평가했으며, 유럽 여러 나라의 억압받는 국민들을 지지했고, 종교가 사회에서 결정적인 힘을 발휘한다는 이론을 전개했다.

소의 말言, 일무日舞의 상승문자上昇文字와 함께, 저자 플리니우스 및 작가 코룸세라스의 시대 이래, 하야신스植, 협죽도植 및 프랑스 국화植가 우리들의 중얼거림 모국 모국에서 온통—너무—악귀 같은 그리고 비정서적非抒情的인 및 뉴만시아 비낭만적인 것 위를 흔들었던 때," (피네간의 경야, 615.1—4) 여기에 키네Quinet가 있다. 정체를 들어라.

그러나 여기서는 동음이의어 이상의 것이다. 완벽한 키네의 인용구절은 문명의 충돌과 인류역사의 깨어진 잔여조각 아래로 야생화와 같은 삶이 계속되는 순환이 있다는 것을 지적한다. 플롯화 위에 씨뿌리기로서의 역사이다. 키네의 인용이 피네간의 경야를 통해서 여러 번 나타나고, 변형되고, 섞어서 품격을 떨어뜨린다.

키네의 이름은 117페이지에 단 한번 등장하는데 그 부분은 글자의 숙명에 대하여 기술 했던 부분 바로 직전이다.([글자]의 작가였을 수도, 아닐 수도 있었던 [암닭]에 의해 쪼아지고, 파헤쳐지고 다시 덮힌—순환되는—땅위의 배설물 속에 씨 뿌려 진다.)

그리고 키네의 이름에 어떤 친구들이 쓰여 있는지 잠깐 들여다보라: "아무아무개 퀴네에서 멋쟁이 멋쟁이 미슐레까지 바티스타 비코, 그리고 세례문설주에서 화형인火刑人 부루노까지!" (**피네간의 경야**, 117.11—12) 에드가 키네Edgar Quinet, 쥴 미슐레Jules Michelet[94], 지암바티스타 비코Giam Battista Vico[95], 지오다노 브루노Giordano Bruno[96]이다. 순환하는 이론가들이다. 피네간의 경야에서 원으로 묘사되는 사각형의 네 점이다. 브루노는 그의 마술적인 순환 기억 체계를 그늘이라 불리는 책에서 기술하고 있다. 미슐레는 비코의 저서 신 과학원리Scienza Nouva를 프랑스어로 번역했다. 그리고 그가 소개한 글에서는 피네간의 경야에서 사용된 사고체계를 담고 있다.

미슐레는 또한 동시대 철학가인 미셸 세르Michel Serres[97]와 연결하고 있는데 그가 협조하여 짜놓은 연역적인 모형의 베틀에서 구축되는 것이다. 세르의 ***에르메스***에 두 개의 밀접한 에세이인 "**미슐레: 수프**"와 "**언어와 공간 : 오이디푸스로부터 졸라까지**"가 등장한다. 두 책은 마지막 구절을 첫 번째 부분에 연결시킴으로써 상호 연결되는데, 세르는 다음과 같이 쓰고 있다. "비평의 전략은 비평의 대상에 위치한다."(38) 이것은 데리다의 "텍스트 밖에는 아무것도 없다"와 같은 의미이다.(너의 도구를 텍스트에서 찾아라)

"언어와 공간"에서 세르는 졸라의 전체 **Rougon Macquart** 연작이 얼간이[탐탁치 않은 짐승]의 [게임]인 거위게임**jeu de l' oe**을 예로 보여주고 있다. 건축적으로 전형적인 이름이 덧붙여진 것 외에, 게임의 동기는 세르가 지적했듯이 위상기하학의 기초적인 프로그램을 만들어 내고 있다. 닫히고, 열리고, 연결되는 통로 찢어지고, 연속되고, 불연속적인 발단이고 한계이다. 거위게임**jeu de l' oe**은 유형학과 위상기하학의 경계면이다. 육체 또한 그렇다. 세르는 다음과 같이 말한다. 나의 신체(난 그것을 피할 수 없다)는 하나의 특정한 공간으로 빠져들지는 않는다. 그것은 유클리드적인 공간에서 작용하고 있지만 단지 거기서만 작

---

94 Jules Michelet(1798–1874) 프랑스의 역사가. 기념비적인 저작 『프랑스사**Histoire de France**』(1833–67)로 잘 알려져 있는 민족주의 역사가로서 개성적인 서술방식으로 과거를 되살림으로써 커다란 극적 힘을 지니는 역사적 종합**synthesis**을 이루었다.

95 이태리의 철학자 · 법학자. 나폴리대학교수. 데카르트철학이 지배적인 시대에서 역사의 가치를 강조하고 역사철학과 민족심리학을 처음으로 제창하였다. 또 법학에 있어서 그의 이론은 법제사 및 비교법학에 영향을 끼쳤다. 저서 : [신 과학원리]

96 Giordano Bruno(1548–1600) 본명은 Filippo Bruno. 별칭은 Il Nolano. 이탈리아의 철학자 · 천문학자 · 수학자 · 신비주의자. 현대 과학을 예상하는 이론들을 제시했는데 가장 유명한 것은 무한한 우주에 관한 이론과 다양한 세계에 관한 이론이다. 브루노는 이 이론들을 통해 지구 중심의 전통 천문학을 거부했으며, 나아가 여전히 항성 천구를 가진 유한한 우주를 주장한 코페르니쿠스의 태양중심 이론을 직관으로 넘어섰다. 로마 가톨릭 교회와 개혁 교회가 모두 유럽의 복음화를 위한 투쟁 속에서 엄격한 아리스토텔레스적 · 스콜라적 원리들을 재확인하던 시기에 비정통 사상을 집요하게 고수하다가 화형대에서 비극적 죽음을 맞이한 것으로 유명하다.

97 Michel Serres (1930–) 프랑스 철학자. 아장 출생. 1956–58년 해군장교로 근무했다. 68년 G.W. 라이프니츠의 철학에 관한 논문으로 박사학위를 받고, 그 뒤 소르본대학 · 스탠포드대학 교수를 지냈다. 90년 아카데미프랑세즈 회원이 되었다. 메신저 <헤르메스>를 자신의 철학적 소명으로 삼고 숱한 메시지들을 유통시키는 헤르메스의 중재양상을 다룬 헤르메스 저작 시리즈 5권(『의사소통(1969)』 『간섭(1972)』 『번역(1074)』 『배분(1977)』 『북서로 난 통행로(1980)』)를 펴냈다. 여기서 그는 과학과 문학, 이성과 꿈을 구분하는 G. 바슐라르의 과학 중심의 실증적 이성관에 대해 라이프니츠적 영감으로 통합적인 새로운 과학정신을 창안하였다. 그 뒤에도 『등과 안개의 신화들. 졸라(1975)』 『뤼크레스의 텍스트에서 물리학의 탄생(1977)』 『천사들의 전설(1992)』 등의 저작을 통해 다양한 학문 사이에 공생共生의 지혜를 추구하였다.

용한다. 투사력이 있는 공간으로 보여진다. 그것은 위상기하학 속에서 만지고, 애무하고 느낀다." (44)

조이스의 텍스트에서 거위게임—플롯화에 씨뿌리기—을 찾는 것은 쉽다. "너의 거위와 같은 게임"라는 말(123.29)에서와 같이 현 목적에 아마도 가장 중요한 단서가 풍부할 텐데. 그것은 사무엘 테일러 콜리지Samuel Taylor Coledge[98]의 작품이자, 바다이야기인 "고대의 선원의 시"를 참고해보면 같은 문장속에서 나타나고 있다.

"대양은 어머니다 : la Mer, c' est la mere" 라고 세르가 "미슐레: 수프"라는 책에서 썼다.

그들 사이에서 세르와 미슐레는 바다에서 영원히 활동 중인 화산—하나는 아틀란타에 하나는 태평양에—의 두 개의 고리(순환)에 의해 데워지는 생물발생 이전의 수프(액체)로 묘사하고 있다. 그래서 결과적으로 나타나는 우라늄 순환에 의해, 폭풍우와 사이클론의 소용돌이에 의해 지구에 순환이 야기되는 것이다. 계속되는 순환의 순환이다. 미슐레를 거쳐 세르는 이 세계를 기하학과 역학, 물리학, 화학, 그리고 생물학 등을 통해 계속적으로 파악하고 있는데 그것이 "응축점과 치환의 순환" (34)을 가지고 있는 정적인 기계와 압축기계, 전기발동기, 화학기계가 되는 지점이고, 마침내는 유기체가 되는 곳인데 그것은 둥글게 기하학적으로 생겨서 달의 순환자취를 따라 들어가는 영양가 있는 우유수프와 피수프를 만들고 여성적이다. "강江들의 상像. 그리하여 고산高山(ALP)의 자취를 발견하는 것은 그녀의 만곡방위彎曲方位를 원原 프리즘 O로서 호우드 구착丘捉하는 것이요 제이 제이의 O로서 그대의 컴퍼스를 개상開箱하는 거로다." (피네간의 경야, 287.8—11)

그것은 시작이 되는 바로 그 점, 혹은 접합점으로 우리를 되돌린다. 콤파스 역시 씨뿌리는 기계이다. 그것은 조이스의 "씨뿌리는 순환"의 도구이자, 거대한 예비 바퀴가 있는 엔진"이며 전면적으로 구멍을 파는 물레바퀴 비코시클로메터이며, 세계의 텍스트인 씨뿌리는 순환체계이다. 감옥연작Carceri 4판 두번째 에칭에서 피라네지는 거대하게 버팀대 없이 서 있는 기둥이 주가 되는 성캐더린의 바퀴가 핑핑돌며 플래쉬 빛을 어둠속으로 쏘아내고 있는 위쪽 끝 장면을 동판화로 만들었다.

> *왠고하니 그것은(정신 팔린 자는 경계하는지라) 인쇄 도중에 지본紙本이 보수되고, 구성되고, 숨으며 암시되는 것이기 때문이라. 드디어 그대는 최후로(비록 끝나지 않을 지라도) 타자씨打字氏, 주조부인酒造婦人 그리고 모든 꼬마 중놈들과 친교를 맺게 되는 것이니라. 충만지부充滿止符. 그런고로 그대는 내게 어떻게 하여 단어 하나하나가 더二重블린 집계서集計書를 통하여 60 및 10의 광취狂醉의 독서를 수행하도록 편찬될 것인지를 자세히 설명할 필요가 거의 없나니(이탈하려는 자의 이마를 진흙으로 어둡게 할지로다!), 그것을 열게 했던, 세순영겁世循永劫, 델타 문자꼴이 거기 그를 폐문할 때 까지. 문門.*[미주32] *(피네간의 경야, 20.10−18)*

---

98 Samuel Coleridge-Taylor(1875−1912) 영국의 작곡가. 20세기 초기에 큰 찬사를 받았다. 1896년 크로이든에 있는 한 아마추어 관현악단의 지휘자가 되었고 아내와 두 아이를 부양하기 위해 교습, 객원지휘, 연습음악제 심사 등의 일을 시작했다. 작곡을 계속하여 관현악곡 『발라드 A단조**Ballade in A Minor**』(1898)로 글로체스터 음악제에서 성공을 거두었으며 그후 뛰어난 수작인 독창 · 합창 · 관현악을 위한 롱펠로의 3부작 『히아와타의 결혼 잔치**Hiawatha' s Wedding Feast**』(1898) · 『미네하하의 죽음**The Death of Minnehaha**』(1899) · 『히아와타의 출발**Hiawatha' s Departure**』(1900)을 연속적으로 발표했다. 그밖에 부수음악, 합창음악, 바이올린 협주곡(1911)을 포함한 다른 작품들에는 드보르자크 · 차이코프스키 · 그리그로부터 받은 영향과 흑인들의 민속음악에 대한 인식에서 도출된 자연스러움이 나타나 있다. 1904, 1906, 1910년에 각각 미국을 방문했으며 그곳에서도 좋은 반응을 얻었다.

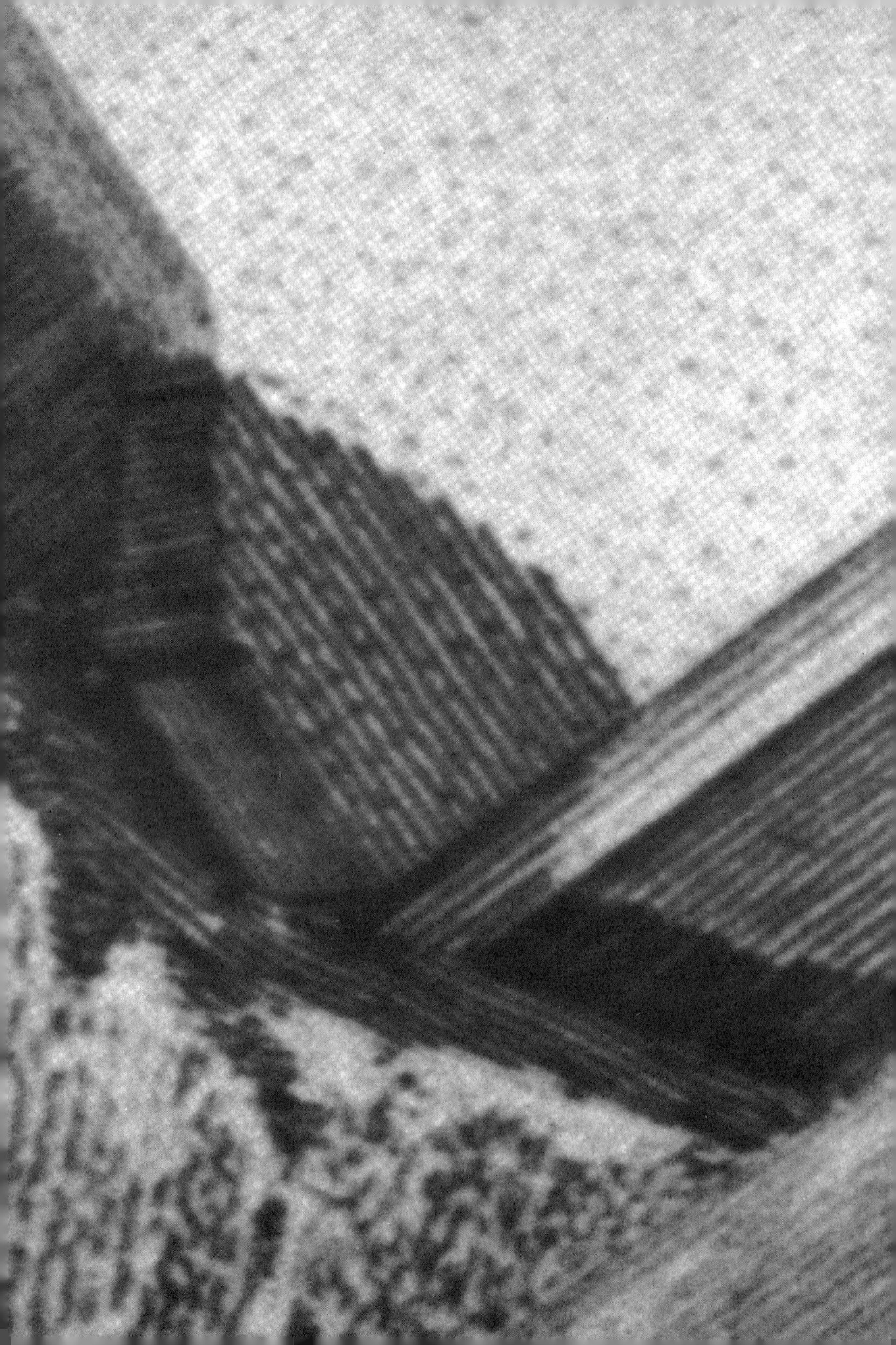

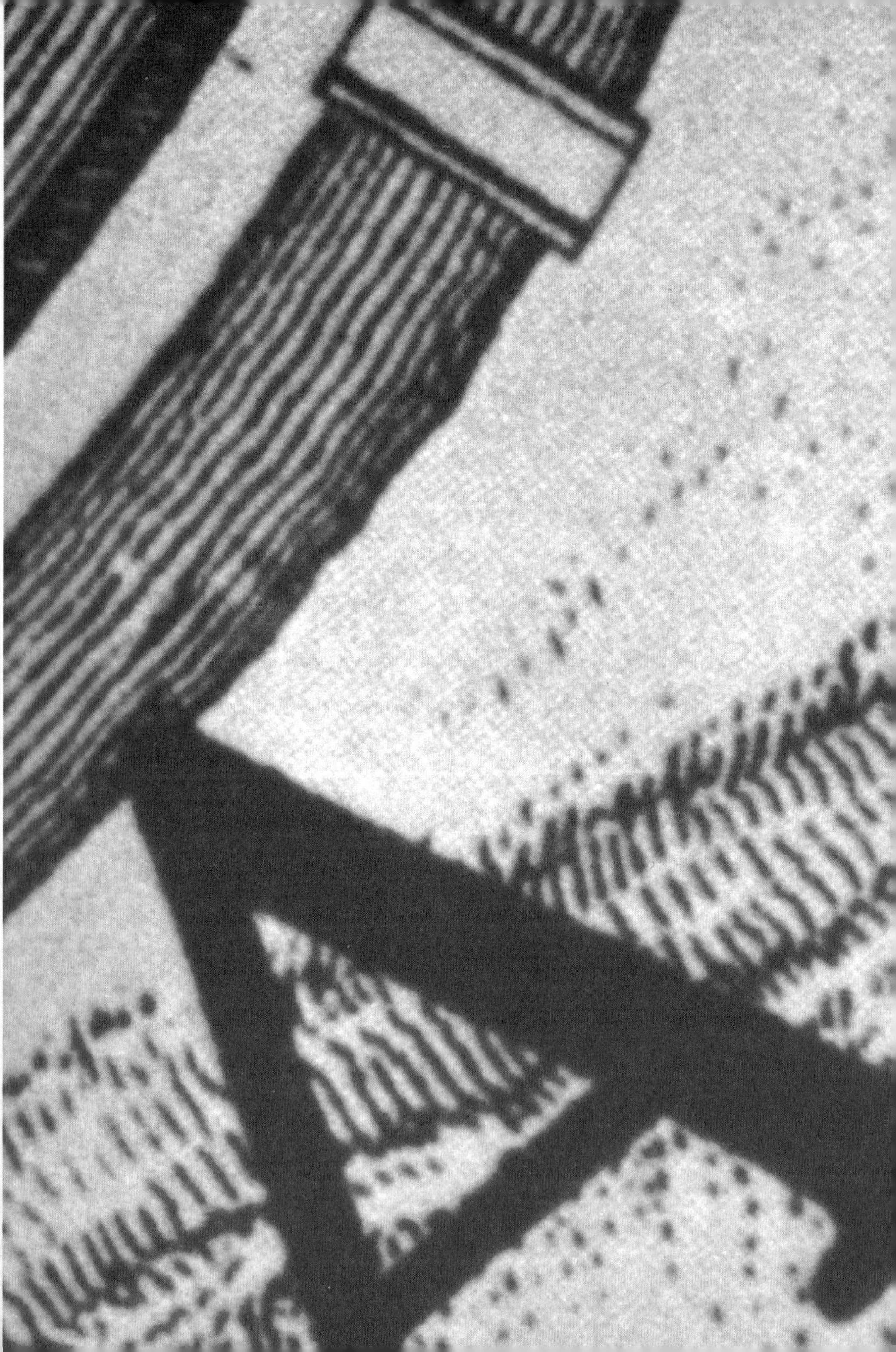

CHAPTER 3

구조 3+1

잭이 지은 집_데카르트의 집

Construction Three-Plus-One: The House That Jack Built (Un Chateau des Carte)

이곳은 건축가 존 소온 경의 [집]이자 박물관이다. 소온은 1753년 작은 군郡에서 건축업자의 아들로 태어났고 1837년, 오랜기간 동안 독특한 경력으로 활동하다가 세상을 떠났다. 그는 이 저택에서 말년의 마지막 25년동안을 기거했나.(1813—1837) 진에 그는 12빈가 옆집에 실었는데 그것을 그가 1792년에 디자인하였다. 이것과 동쪽(No. 14)에 위치하는 것들도 둘 다 소온의 작품이고 세 집은 모두 그 지역에 균형 잡힌 구성을 만들어 내고 있다.

(존 소온 경 박물관에 대한 짧은 설명)

"여기가 뮤즈 박물관으로 가는 길입니다. 들어갈 때 모자를 조심하세요! 유리 거울을 통해서 : 어두운 함몰된 부분으로부터 불룩한 표면으로 튀어나온다. 당신이 현재 있는 곳이 당신이 가는 곳이예요. 볼록렌즈의 중심! 자 당신은 이제 윌리던 자의행自意行 뮤즈 박물관 안에 있어요. (피네간의 경야, 8.10)

1778년 아침 5시 정각, 24살의 학생 존 소온은 런던에서 이탈리아로 떠난다. 몇 달 후에 가련한 이태리 예술가와 대면할 기회를 갖게 된다. 그는 직접 로마에 가서, 이름모를 질병에 시달리면서 거의 40년간 열정적으로 에칭그림 작업을 해왔던 피라네지의 스튜디오를 방문했고 피라네지는 이 청년을 인상깊게 생각했다. 소온은 피라네지의 로마의 풍경 에칭판화에 넋을 잃어버렸다.

이건 온통 포장하고 돌을 깐 하우스만(H), 저건 아무도 결코 소유한 적이 없는 수탉이 자신의 다리를 들고 그의 알(E)을 암탉인양 깐 여물통 비치의 마구간(C)[탐탁치 않은 짐승](피네간의 경야, 205.34—36)

이곳은 초상화를 걸어놓은 방이다. 이곳은 숨겨진 부분이다. 이 벽은 회전하여 돌아간다. 그 뒤로 그것은 또 다시 회전하여 돌아간다.

이 돌아가는 벽 뒤쪽으로 은거지가 있는데 그것은 지하실에 있는 수도승의 거실(신부 지오반니Padre Giovanni의 거실)로 떨어지는 바닥이다. 후퇴한 곳 뒤쪽에는 수도승의 마당인 내부 중정에서 빛을 받는 커다란 창문이 있다. 창 뒤쪽의 훌륭한 광경을 연출하는 초상화실과 후퇴된 부분의 공간은 "18세기 가장 위대한 건축가 중 한명인" 피라네지의 네 개의 에칭판화의 공간과 비슷하고 그 것을 우리가 그의 집을 납득하게 하려고 젊은 소온에게 주었던 것이다. 덧붙여 후퇴된 곳의 벽과 그 안쪽에 눕혀진 것은 프란세스코 피라네지(아들)가 그의 아버지가 죽은 후에 바로 찍었던 15색 잉크와 수채화그림으로 만들었던 두 개의 거대한 에칭판화이다.[미주1]

존 소온은 피라네지를 옷장 속에 가두었다. 우리가 12와 13번가 링컨스 인 법학원 마당(LIFfey강과 같은 장소)을 가로질러 나간다면, "32번째 서쪽 11번째 가로는 주소 상 숫사적으로 선혀 비슷하지 않다.(12/13 과 32/11 이것은 덧붙여 말하자면 머리글자만 비슷한 것이다. 후자가 매우 중요하다는 것을 알게 될 것이다.)[미주2] 피라네지의 동판화는 소온 경이 건축한 집의 [검은 점 POCHE] 속에 포함되어 있다. 단면은 읽힐 수 있는 텍스트가 된다. 그것은 오독되고 다시 쓰여진다. 단면에서 제공된 정보는 언제나 부정확하다.

그리고 이 전대미증유의 만흥장례萬興葬禮 funferal[99]*를 볼지니 조각되고 수정되고 연소되고 푸딩파이 된 깡통 응축 식품으로 익살 된 바로 고래 알卵마냥, 그것은 마치 이상적 불면증으로 고통받는 저 이상적 독자에 의하여 그의 머리가 가라앉거나 또는 수영 맴돌 때까지 영원일야永遠一夜 동안만 일백만조一百萬兆 이상을 코비비며 매달리기를 선언宣言 하는 듯 하는지라 : qhsans 위로 고춧가루 뿌린 모든 저따위 한 대 합쳐 칠한 붉은 황토黃土, 오류, 생략 반복 및 미정렬未整列에 불필요한 주의를 호소하면서*
(피네간의 경야, 120.9-16)

만약 우리가 피네간의 경야로부터 글자 T의 패턴을 분석한다면, 우리는 그 작업의 중요한 발생상의 시초를 알 수 있게 된다. 3중으로 겹친 검은부분 Poche이다. T.T.T. 기둥위의 보beam이다. 상인방구조이다. 눈앞에 펼쳐지는 검은 점의 패턴들이다. 기계장치이다.

누구든 주모가지 않을 수 없는 것은 오히려 글 행行들의 절반 이상이 넴제츠와 미 미 부카라스트 방향의 북남쪽으로 달리는지라 한편 다른 것들은 마리찌츠에서 불가라드를 탐색하여 서동쪽으로 향하고 있나니 왠고하면 다른 인

큐내부라 여명기黎明期 고판본古版本을 따라 옆으로 가지런히 눕힐 때는 마치 작은 점點처럼 보일지라도 그것은 그럼에도 불구하고 기본 방위점方位點을 지니도다. (피네간의 경야, 114.2–7)

13번에서의 검은 표시는 수직상에서 같은 형태가 아니다. 이 건축물에는 이상하게 균열이 생긴 구멍이 있다. 가늘고 긴 공간이고 빛이 통하는 수직공간이다. 여기에 물질적인 구축물 안에 존재하면서 만질 수는 없지만 느낄 수 있는 구축물이 있다. "소온은 이 집을 살기위해 디자인 했지만 또한 그의 고대유품과 예술작품을 위한 배경으로 디자인하기도 했다. (짧은 설명 1)

"실제로 창조의 모든 것은 언어이다. 그리고 문자적으로 단어에 의해 창조되고 문자 그 자체로도 창조하고 창조되기도 한다. . . . 그러나 글자는 해결할 수 없이 일반적이기도 하고 특별하기도 한 이 단어와 연결되어 있다 . . . . 모든 형태를 나타내는 예술이다. 건축, 조각, 회화 등은 뚜렷하게 그러한 각본script이 발전되고 그것이 파생되는 가운데 존재할 수 있다. 발터 벤야민은 알레고리를 파편적이고 모호하고 양피지적(글자를 지우고 또 그 위에 다시 쓰는)이고 [상형문자]적이라고 묘사했다. 그에게 있어서, 알레고리는 오독의 과정을 포함한다. 그래서 그것은 잠재적으로는 비평적이다. 그것은 미학적 한계에 대해서 특히 시각적인 것과 구어적인 것의 범주사이에서 경시하게 된다. 그리고 그것은 사물의 일시적인 인식과 영원토록 그들을 구해내려는 관심으로부터 나온다.(Origin, 187)

> 프레드릭 제임슨Fredric Jameson이 생각하는 벤야민의 알레고리에 대한 개념은 전통적인 것과 구별된다. 알레고리적인 정신은 동종의 심볼을 나타내는 것이라기보다는 꿈의 다중적인 다의어와 같은 몹시 불연속적이고, 분열적인 것이고, 이질적인 것이다. 우리의 전통적인 알레고리에 대한 개념. . . . 은 이 의미체계의 과정에 대한 일차원적인 시각으로 그것은 행위속으로 놓여질 수 있는 것이고 복잡화 된 것은 텍스트의 영속적

99 장례식funeral도 되고 모든 사람들에게 기쁨이 되는 일Fun-for-all이기도 한 동음이의어의 익살pun이다.

인 현재속에서 영속적인 변화와 변형을 가져온다.("제삼세계 문학", 71)

이곳은 공부방을 회랑에 연결시켜주는 작은 화장실이다. 고풍스런 대리석과 르네상스 시대의 청동상들과 작은 그림들을 헤치고 나아가면 위쪽에 소온의 두 명의 무서운 아버지인 안드레아 팔라디오Andrea Palladio[100]와 이니고 존스Inigo Jones[101]의 흉상이 멀리 뒤쪽에 벌거벗은 채로 그를 바라보고 있다. 그 영향에 따른 열망이 구축물 속에 구체화되고 깊숙히 간직되었다. "알레고리적인 구현은 항상 그것의 기능이 사물의 인격화가 아니라 구체화된 것에 사람으로 일깨운 것으로 좀 더 인상적인 형태를 준다는 사실을 숨기고 있다.(Origin, 187)

이것은 박물관의 중심에 있는 기념물 마당yard이자 작은 정원이다.

"*그러나 살며시 기억수記憶水할지라!*" **(피네간의 경야, 628.14)**

> 완전히 발전된 바로크 형태의 알레고리는 그것을 자신의 코트(정원)에 가져온다. 앰블럼의 풍부함이 형상으로 나타난 중심에 무리지어 표현되었는데 그것은 완곡법이라는 개념과는 반대되는 것으로 진짜로 알레고리가 사용되지 않는 곳은 아니다. 그것들은 독단적인 방식으로 배열된 것처럼 보인다. 혼돈된 "코트(정원)"—스페인 비극의 제목—은 알레고리의 모델로 채택될 수 있을 것이다. 이 정원은 "흩어짐"과 "침착함"의 법칙을 필요로 한다.**(Origin, 188)**

이곳은 아침식사용 방이다. 존 소온은 다음과 같이 쓰고 있다. "이 방에서 기념물 정원과 박물관, 천장의 거울, 거울유리로 보이는 시각은 윤곽의 다양성과 일반 배열과 디자인과 제한된 공간의 장식과 함께 결합되어 있는데 건축이 시적인 것을 만드는 색다른 효과의 계승을 보여주고 있다."(섬머손에서 인용됨, 존 소온, 34) 이 집에서 소온은 로마의 제이콥슨의 형식적인 것을 차용한다. 시적인 것은 함유적인 것에 은유적인 축의 투영이 되고, 공시언어학과 통사론의 교차가 이루어진다. 그것은 씨뿌리기와 플롯화의 겹침이다. [편지(글자)LETTER]!, 파지破紙(the litter)! 자신의 유일한 타액구唾液口속에 원모지原某指를 꼽은채. 등각의 삼문자三文字를 조작할지라.[라마羅馬부루스와 레부스가 하루에 라마羅馬를 건립하려 갔던 것처럼.] **(피네간의 경야, 286.19—22)**

남쪽에 있는 아침식사를 위한 방에는 소온과 피라네지의 길이 교차되었고 다른 편에는 나폴레옹의 선과 교차되고 있다. 그 곳에는 같은 해에 처형당한 나폴레옹을 모신 성소가 있다. 두 개의 초상화 사이에 총열에는 나폴레옹 황제라고 새겨진 권총의 사진이 있다. 그 권총은 박물관에서 1969년에 도난당했는데 그 글자가 새겨진 것이 나폴레옹과 연루되었기 때문에 도난당했을 수도 있다. 새겨진 단어가 전당포주인의 책략이기 때문이다.[미주3]

> *이것은 프르시아의 살총殺銃입니다. 이것은 부腐랑스 총이고요. 쾅. 이것은 프르시아 기旗, 모배帽盃와 접시입니다. 이것은 프르시아 기를 쾅 마춘 우탄牛彈이구요.*
>
> *이것은 프르시아 군기를 찢은 웅우雄牛 쏘는 프랑스 살총殺銃입니다. 단독일제一齊 십자 사격! 그대의 창과 포크를 들고 일어섯! 징크. (우족牛足! 좋아!) 이것은 리폴레옹의 삼각 획모獲帽지요. 찰깍. 리포레옹모帽.* **(피네간의 경야, 8.10–16)**

이곳은 박물관의 중심인 돔부분이다. "이것은 소온이 12번지에 살았을 당시 공사가 끝난 곳이고 그래서 현재 박물관의 가장 오래된 부분으로 아마도 피라네지의 낭만적인 판화에 의해서 영감을 받은 일종의 골동품들로 꽉 차있는 동굴이다.(짧은 기술, 6) "이 밝게 빛나는 방은 지면 층 아래로의 빛이 여과되는 공간과 함께 있지만 북쪽의 공간은 완전히 다르게 불명료한 [동굴]이 있다."

---

100 Andrea Palladio(1508–1580) 본명은 Andrea di Pietro della Gondola. 이탈리아의 건축가 · 이론가. 16세기 북부 이탈리아에서 가장 위대한 건축가로 평가된다. 많은 궁전**palazzi**과 별장, 특히 비첸차 근처의 유명한 빌라 로톤다(1550–51)와 논문 『건축 4서**I quattro libri dell' architettura**』(1570)로 서유럽 건축에 가장 큰 영향을 준 것으로 고전건축의 장식 상세부를 대중화하는 데 지금까지 출판된 건축 도해집으로는 가장 영향력 있는 것이다. 팔라디오 건축물과 출판물의 영향은 18세기 건축, 특히 잉글랜드 · 아일랜드 · 미국 · 이탈리아 등지에서 팔라디오 양식이라는 하나의 양식을 창출하면서 절정을 이루었고 이 팔라디오 양식은 세계 곳곳으로 퍼졌다.

101 Inigo Jones (1573–1652) 영국의 화가 · 건축가 · 디자이너. 영국의 고전적인 건축 전통을 수립했으며, 1937년부터 국립해양박물관의 일부가 된 그리니치 여왕전과 최고의 걸작으로 꼽는 화이트홀가街의 연회장(1619–22) 등을 지었다. 또 하나 현존하는 그의 왕실 건축물은 세인트제임스 궁전(1623–27) 여왕의 예배소이다.

(섬머손Summerson, 존 소온John Soane[102], 36)

이곳은 동굴이다. 이곳은 어두운 장소이고 지하에 있는 방이고, 소낭(小囊—작은 주머니)이며, 비밀스런 장소이고, 은닉의 장소이다. "그가 볼 수 있는 모든 것은 서로가 교차하고 다시 교차하는 선들로 가득 찬 미로로서, 그것은 마치 종이를 너무나 두껍게 덮어서, 사이의 빈 공간을 식별하기가 어려운 것과 같다. '그것을 해석하시오' 라고 장교가 말했다. '할 수 없을 것 같아요' 라고 탐험가가 말했다. '그렇지만 그것은 해석할 수 있을만큼 충분히 명확하다오' 라고 장교가 말했다. (카프카Kafka[103], 유형지에서Penal Colony, 202).

이것은 돔의 거대한 수직공간에서 가장 낮은 부분에 있는 무덤 속Catacomb의 방이다. 실의 중앙에 세티 일세Seti I.의 석관이 있다. 직립석재의 용기가 안과 밖에 [상형문자]로 덮혀 있다. 바닥에 숨겨진 안쪽은 ***죽은 자의 책***에서 나온 72장과 89장이 새겨져 있다.

"사농자死聾者(귀머거리)의 벌레 뒤에 뭔가 있는 것을 냄새맡는" **(피네간의 경야, 134. 36)**[미주4]

바로 아래 13번에서 12번 건물까지 이동하면서 동굴로부터 지하매장소를 가로지르는 소온의 집 지하실에 소위 카타콤(지하묘지)이 있다. 왜냐하면 시작부터 그 방은 납골 항아리를 포함한 니치(벽감)로 계획되었기 때문이다. 거기에는 남쪽 벽에 놓여진 납골항아리가 있다. 그 중에 하나는 한때 지암 바티스타 피라네지의 공간이 있었다.

지하 매장소에 의해 순환되고 동굴과 같은 공간과 기념물 코트(정원) 사이를 가로질러 우리는 지하실 계단 바닥에 도착하고 나서야 비로소 우리자신을 인식하게 된다…. "성자 지오반니의 응접실Paloir de Padre Giovanni" 이다. 응접실 남쪽 면에 천장이 없어지고 방의 공간은 지오반니 바티스타의 작품이 있는 후퇴면과 위에 있는 책과 같이 펼쳐진 것들 사이로 미끌어져 들어간다.

미끌어져 들어가는 공간의 니치Niche[104]를 넘어서서 우리 앞에 놓인 창문을 통과하면, 거대한 건물조각들의 잡동사니들로 만들어진 기념비적인 구축물을 포함하고 있는 이상하게 조합된 외부의 방이 있다.

이곳은 수도승의 마당이고 수도승의 무덤이다. 이 장소에 대해서 소온은 다음과 같이 쓰고 있다. "수도승의 묘지는 신성한 장소인 동시에 음산한 장면을 포함하고 있고 그 안에 매우 미세하게 환경이 계획되어 있다. 깨진 병으로 만든 천장과 바닥의 포장과 수도원의 기초를 위해 파고, 디자인이 대칭으로 배치된 자갈들은 간략하고 경제적인 것의 훌륭한 교훈을 제공하고 있으며, 경건한 수도승의 끊임없는 근면성을 보여준다." (섬머손에서 인용됨, 새로운 묘사, 29－30)

소온이 13번가에 대한 작업을 시작했던 해에 조안 빌헬름 리터는 다음과 같이 썼다. "알레고리적인 문맥에서 이미지는 단지 요소상의 결합문자이지, 가면을 쓴 요소는 아니다. 쓰여진 글자에 관해 종속적인 것은 없다. 그것은 불순물과 같이 해석에 있어 난파되지는 않는다. 그것은 그것의 '패턴' 으로서 읽혀짐에 따라 흡수된다.(벤야민의 Origin에서 인용, 214－215)

소온은 다시 벽돌공 존 소온의 아들 존 소온이다. 이 박물관을 나가기 전에 아마도 미래에 그러한 그의 기억을 보존하고 있는 수도사가 있었는지 그리고 그들의 이름을 안치한 행위가 어떠한 정체성이 있는지에 대한 질문을 받을 수도 있다. (섬머손에서 인용됨, 새로운 기술, 30)

적절한 장소에서 무의미하게 되는 것은 즐거운 일이다.

(이것은 성자 지오반니가 지은 집이다.)

---

102 Sir John Soane (1753－1837) 영국의 건축가. 신고전주의 양식의 독창적이고도 개성적인 해석으로 유명하다. 전원주택 건축가로서 성공을 누리다가 1788년 잉글랜드은행 건축가로 임명된 뒤부터 계속 여러 종류의 정부 발주 건축을 맡았고, 1806년에는 댄스의 뒤를 이어 왕립미술원 건축과 교수가 되었다. 런던의 링컨스 인필즈 13번지에 있는 자택(1812－14), 런던에 있는 덜리치 칼리지의 픽처 갤러리(1811－14) 등이다. 그의 건축양식의 몇 가지 특징은 디자인의 고전적인 요소를 줄여 구조적인 필수요소만 남기고 입체적인 장식을 선으로 대체한 점, 속이 얕은 돔과 천창天窓을 자주 사용하며 실내공간을 매우 솜씨있게 다룬 점 등이다.

103 카프카의 소설, 『유형지에서』는 서술시점의 기준이 되는 탐험가의 태도는 확실히 방관적이다. 재판수속이 부당하며 시청집행이 비인도적이라는 것을 확신하면서도 유형지의 주민이 아니라는 이유로 자연의 진리와 세계의 진실을 파헤치는 탐험가 본연의 의무를 저버리는 모습을 노출하고 있다. 장교의 확신이 옳지 않았다는 것은 그의 죽은 얼굴에서도 확인이 되고 있지만 탐험가는 유형지의 잔인하고 비인간적인 제도에 대한 개혁의 의지를, 적어도 옳지 않다고 말할 과학자의 진실에 대한 용기마저도 결여한 채 서둘러 섬을 떠난다.

104 니치: 벽감〈명사〉 등잔이나 불상 · 조각품 따위를 놓기 위해 벽면을 파고 만든 공간.

이 사람은 머리를 동그랗게 면도하여 이발한 나폴리식 성직자이다. 잭 비코. 이 사람은 그의 신봉자인 잭 피라네지가 20년 후에 했던 것이지만 2세기 후에 전통주의 예술가들은 오히려, 데카르트적인 사각형과 그의 원을 조정(화해)시킬 수 없었다. 원을 사각형화 시키는 것의 문제는 잭 조이스에게 넘겨졌다. 잭이 지은 집에서 사각형은 사각형이 아니고 원은 원이 아니다.[미주5] 왜고하니 나는 그대의 식탁에서 그들이 떨어버린 부스러진 빵조각들을 모두 털어 버렸기에. 영광의 할렐루야를 노래하면서 나는 생각하나니, 그러므로 나는 존재하도다. 그렇게 우리는 필독서必讀書를 읽도다. 그건 말하나니. 최선의 돈을 떼어먹는자가 최고로 예익預益하도다. (피네간의 경야, 304.35—305.2)

"현재에 의해 다루어지는 과거부분에 대한 질서에 대하여 그들 사이에 연속성이 있어야만 한다."(벤야민, "N", 아케이드론Passagen Werk, N7:7)

"신의 분노忿怒와 도니 천둥 화禍 미계迷界가 움직이는 묘총墓塚 아니면 이 무슨 정靜의 바벨 수다 성聲인고, 우리에게 말할지니?" **(피네간의 경야, 499.33—34)**

> 건축의 넓은 영역(공간)에서 연속적이지 않은 것은 건물이 아니다. 사고, 묘사, 비평, 이론, 심지어 이데올로기—모든 추상적인 것—들은 결국 건축적인 공간에서 수동적이고 집중력이 없는 것이다. 대상—독립적이고 특권적인 것—은 둘러싸는 것과 구심적인 질서에 대해서는 독립된 주제이다. 건축은 6시에 문 닫는 폐허들의 집합과도 같다.(세그레스트와 블루머, "건축없이" Without Architecture)

박물관이라는 것은 사멸死滅해 버린 것과 권위적이고 가치 있는 것들을 보존하는 장소이다.(뛰어난 건축가였던 존 소온은 그의 두 아들이 인생을 살아가는 방식에 대해 매우 실망하게 되어 그의 집을 건축 박물관으로 남겨놓음으로써 아들들의 소유로 되지 못하게 했다) 뮤즈(학예, 시가, 음악, 무용을 관장하는 아홉 여신의 하나)는 보이지 않고 [검은 점들Poche] 사이로 숨어버린다. 박물관은 조용하고, 정적이고, 깨끗하다.

그러나 이 박물관은 "육아실과 같이" 쓰레기들과 파편들과 말쑥하지 못한 것들로 꽉 차있다.(벤야민, Origin, 188). 오 쉐의 집을 상기하라.

거기 잠자리 소굴의 충적토沖積土 마루와通音性 통음성의 벽, 직립부直立剖 재목 및 덧문은 말할 것도 없고, 다음과 같은 것들이 덧문처럼 초췌憔悴하게 산문화散文化되어 있나니, 파열된 연애편지, 내막 폭로 이야기, 등끈적끈적한 스냅 문구, 의심스런 계란 껍질, 소품권小品券, 부싯돌, 송곳, 칙칙폭폭, 전분질의 아몬드, 무피無彼 건포도, 알파벳 형태의 언채言菜, 생성서生聖書의 생편기?偏畸, 흔히 수립된 의견 개나開裸, 에헴과 아하, 무음절無音節의 불가표현의 발칙한 것들, 차용증서, 적용서適用書, 백노대의 연도燃道, 몰락한 마摩 석양, 봉사했던 화여신火女神, 소나기 장식품, 빌린 가죽 구두, 안팎 양면용 재킷, 멍든 눈가리 렌즈, 가정용 단지, 가발 와이셔츠, 하나님께 버림받은 외투, 결코 입지 않은 바지, 목조르는 넥타이, 위조무료 송달 우편물, 최고의사最高意絲, 즉석 음표, 뒤집힌 구리 깡통, 미용未用 맷돌 및 비틀린 석반石盤, 뒤틀린 깃촉 펜, 고통 소화 불량본不良本, 확대 주잔酒盞, 도깨비에게 던져진 고물古物, 한때 유행했던 롤빵, 짓이긴 감자, 얼간이 몽타주, 의심할 여지 없는 발행 신문, 언짢은 사출射出

(피네간의 경야, 183.8–23)

폐허가 된 역사 속에 있는 물리적인 배경으로 합쳐진다. 그리고 이 변장한 역사는 "거스를 수 없는 쇠락" 만큼이나 영속적인 일상과정에서 나타나는 형태를 가정하지는 않는다.(벤야민, Origin, 177)

회화가 있는 방의 높은 곳에, 당신은 병아리들을 보호하고 있는 [암탉]이라고 명명된 프란시스 부르주아 경이 그린 회화를 발견할 수 있을 것이다. *이것은 수제手製 전성술본戰星術本을 읽는 척 가장하는 밀집 모의 두 신령녀神靈女인지라 한편, 그들은 웰링던 비하碑下에서 그들의 하의下衣 전변轉便하나니*

(피네간의 경야, 8.31–33)

이것은 "[바벨탑]의 테라스에서 울고 있는 암탉"이다. (199.30)

(정각 여섯시가 지나서) 병아리들은 엿기름을 먹기 위해 [집]으로 들어

온다. 그들은 쪼아먹고, 부화시키고, 꼬꼬댁 소리내며 울고, 휘갈겨 쓰고, 이것, 저것들을 긁어모은다. 그것들은 불쾌한 악취가 나는 [탐탁치 않은 짐승]을 만들어낸다.

이곳은 [부화장]이다. 그 곳은 생산과 유동성과 욕망과 삐약삐약하는 소리가 무성한 기표의 장소이다. 그곳은 혼돈스럽고, 역동적이고 더럽다. 거기에는 어떠한 권위(창조자)도 없다. 그것은 해치무니 넣는 장소—[검은 표시Poche]의 해칭선—이고 해치(어두운 장소로 열려있는 문)가 있는 장소이다. 도면에 해칭선을 넣는 행위는 또한 부엌에서의 행위이다. 프랑스어 동사인 hatcher는 사물을 조각들로 잘게 써는 것을 나타낸다. 부화장은 "그녀 자신이 종이에 계필鷄筆을 들고 계란에 낙서를 낙필落筆하듯 확실하게" 건축적인 테러행위의 흔적을 보여준다. **(피네간의 경야, 615.9—10)** 여기, 이 부드러운 공간에서 플롯(구상,각색)들이 계획된다(hatched—해치된다).

"*요아搖兒 [바벨BABEL] 벽을 평평하게 할지라.*" (278.14)

"페미니즘적인 건축은 전혀 건축이 아니다." (공인되지 않은 인용)[미주6]

이것은 질ou Gilles, peut-etre?이 지은 집이다. 어느 명칭이 한 어둠과 더불어 하얗게 도장塗裝된 저 똑딱똑딱 소리나는 싸구려 건재建材의 초막 집을 위한 진원형眞元型의—대표용어代表用語 인고? **(피네간의 경야, 139.29—30)**

"*혹 (황소안眼! 경기競欺!) 이리하여 코펜하겐 교전交戰은 종결되었나니라. 이 길은 예여신음박과藝女神音博館. 신발 조심 거출去出하시라.*" (10.21—23)

추 신

그리하여 여기 상세보詳細報 있도다.

(피네간의 경야, 611.3)

여기에서 보이는 그림은 피네간의 경야 293페이지에 나온 링컨스 인 법학원 12—13—14번지의 파사드에 대한 도해圖解를 겹친 것이다. 조이스의 도해는 끝이 뾰족한 타원형 후광도해vesica piscis이고 이등변 삼각형의 일반화에 대한 유클리드적 기구이다.

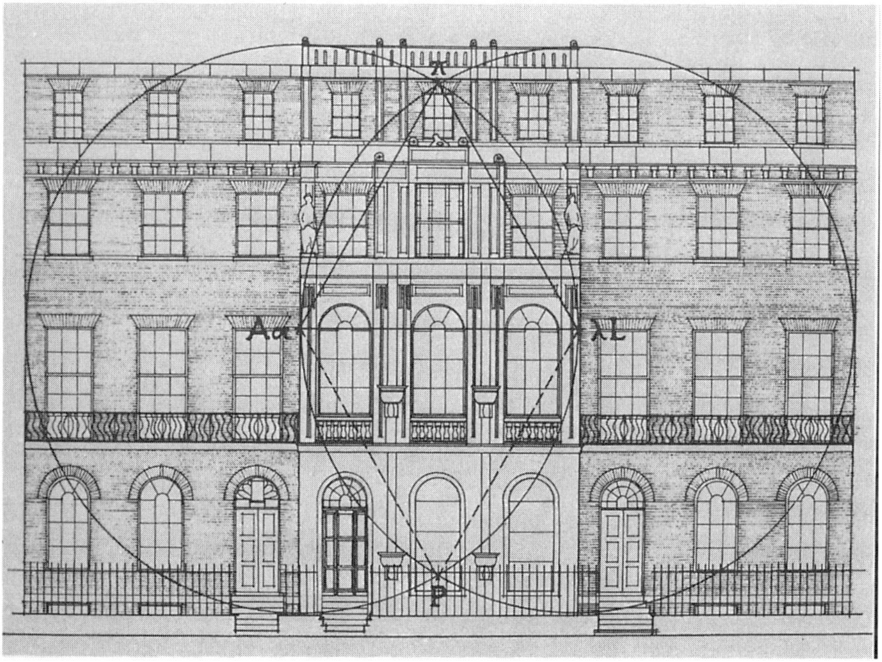

존 소온경의 집과 박물관의 (이상적인)파사드에 후광도해 Vesica Piscis (끝이 뾰족한 타원형 장식)을 겹친 것

이 장치는 건축가의 도구이자 고안물이고, 권위자의 도구인 콤파스라는 도구에 의해 그려질 수 있다. 도해(다이어그램) 그 자체는 이성적 인간에 대한 앰블럼이다. 그러나 안에 쓰여지고, 밖으로 겹쳐지고, 13번가를 같이 묶은 것은 알파(A), 람다(R), 파이(P)를 나타내거나 피네간의 경야의 여성등장인물인 아나 리비아 플루라벨의 이니셜인 "ALP"와 같은 여성적인 삼각형이다.

이 구축된 텍스트는 박물관(권위에 의해 가치를 부여받는 대상이 보존되고 건축의 전형으로 숭배되는 장소)과 [부화장HATCHERY](일종의 구축물, 그러나 건축적 전형은 아니고 생성적인 면에 있어서의 전형으로 형상화되는 개념)의 이중성을 보이면서 공유면으로서 소온의 [집HOUSE](피라네지의 전생에 걸친 작품들과 유사하지 않은 건축적인 파편들의 모음)과 같은 태도를 취한다. [동굴Crypt]은 비평적 접합점이다. 그것은 박물관에 속해있으나, 부화장의 단위이다. 땅굴을 판 지역이고, 구멍이 있는 공간, [용기VESSEL]이다. 부화장의 비명碑銘(암호화된)은 박물관의 [기초THE PROPER]를 판다.

피네간의 경야에서 보존과 전시의 장소인 박물관과 유동적인 장소인 박물관사이의 접합점은 조이스가 시신詩神에게 워털루 전쟁에 대한 영감을 빌어주는 말에서 나타나게 된다. 여기서 가장 프로이트적인 방식으로 "리폴레움"과 "월링돈"의 박물관은 소변과 배설물이 있는 장소로 미끌어져 들어간다. 이 텍스트적인 구축에서 조이스의 박물관과 소온의 공간 사이의 접합점은 모든 동음이의의 말장난Pun이 의도하는 물고기의 부레와 같은 끝이 뾰족한 타원형이다.

또 다른 접합점은 볼록렌즈의 중심점이다. 박물관은 소온의 계단에서 볼록하게 돌출되어 방향을 잃은 채로 볼록렌즈 거울로 들어가게 되고 피네간의 경야의 일부분인 "버섯Museyroom, 박물관Museum"을 마감하는 "중심점!, 게임!"이라고 외치면서 (조이스의 텍스트를 통해서) 나가게 된다. [거울MIRROR]인, 중심점과 조이스의 [글자LETTER]의 이상한 [검은부분POCHE]의 연결은 이 텍스트의 구조적인 체계를 구성한다. 우리는 이것을 일부분이라고 부른다.—비트루비우스적인 원근도의 개념으로부터 빗나간 개념이다(암호화 된 흐름이라기 보다는 오히려 시선의 도구로서 눈에 달려있는 것이다) 이 부분은 두 개의 전유물에 의해 근접될 수 있다. 하나는 유리 로트만Jurij Lotman[105]으로부터 나온 것이다. (다른 체계와의 충돌을 나타내는 체계속의 균열로 규정되는 교차, 기호학Semiology, 71) 다른 하나는 첫 번째 것과 깔끔하게 교차하는 것으로 마르셀 듀샹으로부터 나온 것이다. "최악의 별스러움을 수용할 수 있는 나머지 것들", 듀샹의 기록에서 인용, 152)

그러한 부분의 다른 예는 "이것은"과 "~속에"의 배치이다.

"이것은"이라는 것은 동요, "잭이 지은 집"(그것은 가이 데번포트가 우리에게 말한 것처럼 미로를 통해 조이스와 존 러스킨John Ruskin[106]을 연결시킨다. 상상의 지리학을 참조할 것)의 환유적인 형상이다. 조이스의 "뮤지엄museyroom" 부분을 반영하면서 여기에서는 동시에 텍스트적인 구축을 위한 구조체의 검은 점의 형태로 보여진다. "~속에"는 독자에 의해 들어와 참여할 수 있는 가능성을 의미한다. 그것은 또한 발터 벤야민의 거대한 알레고리적 구축인 아케이드론Passagen Werk("안에—IN"은 또한 벤야민의 구축의 검은 점poche를 제공하는 "N"이고, 여기에서 나타나는 몇몇 "IN"의 사용은 Passagen Werk의 "N"으로부터 나온 것이다)을 언급한다.

건축의 이야기체화되는 것을 거부하는 것은 알레고리에 대한 연결의 가능성을 보여주는데 그것은 사인과 심볼 사이 그리고 역사의 둘러쌈과 그것에 대한 부인, 반대의 이야기체적(反이야기체가 아니라)인 고안물사이에서 맴돌면서 형태와 기술을 보여주고 있다. 일시성과의 관계때문에 이야기체 그 자체는 독특하게도 문자적이다. 그럼에도 불구하고 폴 리쾨르가 지적한 것처럼 그것의 흔적은 플롯화의 개념 속에 남아 있다. 리쾨르에 의해 기술된 플롯은 건축

---

105 유리 로트만Jurij Lotman. 정보이론과 문화기호학을 접목하여 기호체계를 독창적으로 설명했다. 언어, 코드, 엔드로피, 소음. 문학 작품이 가지는 정보적인 차원에서의 의미에 주목, 반인간주의적 가상 공간을 예견했다.

106 John Ruskin(1819—1900) 영국의 작가 · 비평가 · 예술가. 건축과 장식예술 분야에서 고딕 복고운동을 전개했으며, 빅토리아 시대 영국에서 대중의 예술기호에 큰 영향을 미쳤다. 또한 자유방임주의 철학에 반대하는 사람들을 크게 고무시켰다.

구축적Architectonic인 경향이 있다. 그가 쓴 플롯은 건물은 아니더라도 건축과 마찬가지이다. 게다가 건축구축적Architectonic 구축물이 되는 것은 건축과 같이, 단일하면서도 단일하지 않은 패러다임에 순종적이면서 이미 설립된 모형으로부터 벗어난 것이기도 하고, 전통적인 패러다임을 거부하는 것이기도 하다.(시간과 이야기체를 참조할 것) 플롯화에 대한 이 개념-구조에 대한 관계에서-은 우리가 건축에서 생각의 배열없이 극단적으로 단순화한(은유적인) 이야기체의 개념을 거스르는 것을 허락할 것이다.

이야기체의 역사적인 구조체가 희미해지고 불명료한 문자적인 텍스트에서 독자는 텍스트의 조각들 사이로 통과하여 이야기를 구축해야만 한다. 이 작업(좋은 예로는 토마스 핀천의 V와 블라디미르 나보코프Vladimir Nabokov[107]의 희미한 불Pale Fire에서 의미는 명백한 이야기의 내용보다는 부분들과 구조-혹은 기구-의 관계속에 있다. 의미가 사물과 개념사이의 일대일의 관계속에 놓여있는 것이 아니라 여러 가지 스케일(글자, 단어, 문장, 구, 플롯)에서 가능한 많이 연결되는 구축적인 작용속에서 문학적인 작업은 건축과 관련되기 시작할 뿐만 아니라 건축(텍스트가 "읽을 수 없는" 것과 같은 유사한 방식으로 "읽을 수 없는")이 무엇이 되어야 할 것인가가 된다.

피네간의 경야에서 텍스트와 필연적으로 관련되는 작업-글쓰기와 읽기-은 어느 정도는 텍스트의 이야기체가(이야기, 설명) 거의 사라져 버리는 텍스트의 내용을 구성하는 것이다. 표면상의 객체-이야기체-는 얇게 배열되고 실질적이고 기념비적인 객체에 대해 생기기 쉬운 것이다. 본질적인 이야기체화를 구성하는 두 개의 거대한 둘러싸는 삽입구(해석과 [다시]글쓰기)이다. 이 텍스트를 읽는 것은 다시 글을 쓰는 것이거나 잘못 해석하는 것이 되어야만 한다. 왜냐하면 조이스는 어떠한 의미에서 표현에 관해서는 권위적인 면의 권리를 포기했기 때문이다. 모호함은 항상 맹렬하게 달리는 것만은 아니다. 그것은 하나의 법칙이다.

만족할 만한 크기와 무게, 괜찮은 표지가 되어있는 조이스의 [THE PROPER] 책과 같이, 피라네지의 그림은 다른 수집품사이에 쉽게 화랑이나 입구 홀 부분에 놓여질 수 있다. 그것들은 훌륭한 아름다움, 가치 등을 지니고 있는 채로 표구되어 고착된다. 그러나 내가 보여주려고 했던 것처럼, 이 표면을 분열시키는 작은 시초는 다수의 경로로 해독하고 다시 암호화할 수 있는 가능성에서부터 시작된다.

이들 작업들은 또 다른 책의 흔적들로 어지럽혀 진다. 비 이분법적인 논리, 순환하는 주제, 감추려는 암시, 시초나 끝의 부재, 쓰여진 것과 말하여지는 것 속에서 다른 것을 강화시키는 것, 그리고 다의성과 모호성의 계속적인 행위 등이다. "그리하여 바벨은 적자敵者 레밥과 함께 있지 않을지니? 그리하여 그는 전戰하도다." (피네간의 경야, 258.11−12)[미주7]

이 구조속에서 읽기와 글쓰기는 정체성에 접근한다. 암호화하면서 조이스와 피라네지는 암호를 풀고 있다. 그들의 텍스트를 구축하면서 피라네지와 조이스는 서구문화를 해체하고 있다. 이들 텍스트를 해독하거나 해체하면서 독자들은 필연적으로 그들 자신이 스스로 코드를 구축해야만 한다. 이 코드들은 기구나 기계의 형태를 취하는데 그것들 안에 건축의 유령을 포함하고 있다. "우리들이 관련된 영역에서 지식은 단지 순간에 찾아온다. 텍스트는 한참 후에 오게 되는 천둥번개이다"(벤야민, "N" Passagen-Werk, N1: 1)

---

107 나보코프 상트페테르부르크 출생. 1940년 미국으로 이주하여 1945년 미국에 귀화, 1958년 이후는 스위스에 거주하였다. 나비류 수집가로도 유명하다. 미국 이주 후로는 뛰어난 영어로 작품을 발표하였는데 미녀에 대한 중년의 성도착자性倒錯者의 집착을 묘사한 『롤리타**Lolita**』(1955)는 센세이션을 일으켰다.

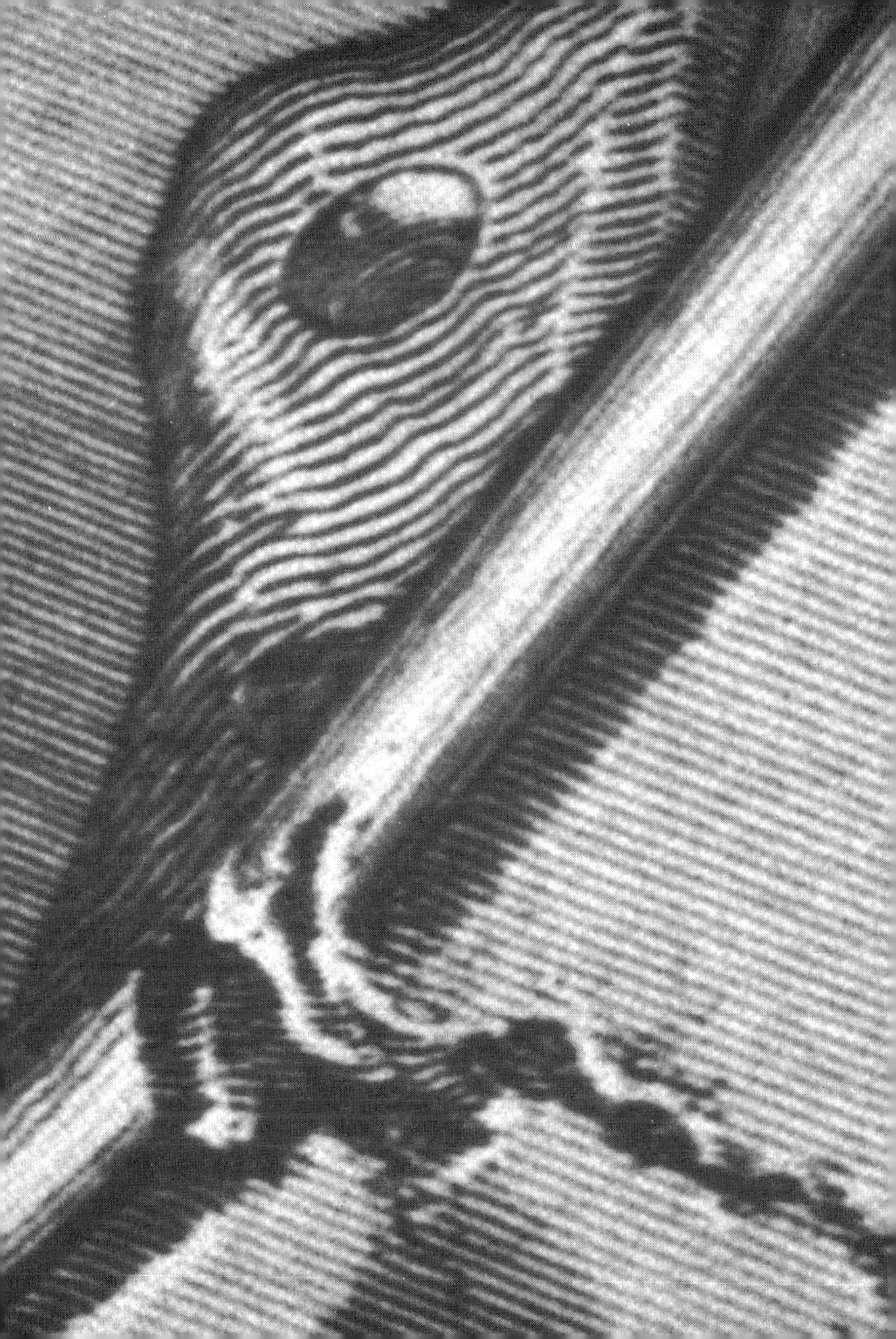

CHAPTER
3 +1

실렙시스

Syllapsies

선적인 글쓰기의 목적은 역시 그 책의 목적이다. 심지어 오늘날에도 그것은 새로운 글쓰기—문학적이거나 이론적인—가 좋아지던 나빠지던 간에, 책으로 묶이고 포장되는 책의 형식 속에 존재한다.

(자크 데리다, 그래마톨로지)

실렙시스Syllapsies : 전체적인 것이면서도 전체적인 것이 아닌 것, 한점으로 모이는 것과 갈리는 것, 조화와 불협화음, 전체로부터의 하나와 하나로부터의 전체.

(헤라클리투스. 파편)

이 부록은 이 책의 취사선택 가능한 해석에 있어서 "변환시키는 매커니즘"으로 작용한다. 이 글 다음에 생성력이 있기도 하고 연결시키기도 하는 22개의 주제가 있다. 그 주제들은 일괄적으로 대문자로 되어있는 제목의 텍스트에 등장한다. 그것들은 독자를 이 부분이나 다른 같은 단어에 의해 암호화되는 텍스트에 있는 다른 지역으로 이끄는 작용을 한다. 실렙시스는 추가적인 해석에 도움을 준다. 이 단어들과 그 주제들은 해석하는 "연결점"을 구성하는 "힌트"이다("프린트 상의 숨겨진 것과 힌트들과 잘못된 것")

바벨탑

모든 언어는 현재적이다. 왜냐하면 그것들은 아직 분리되지 않았기 때문이다. 그것은 바벨탑이다. **(피네간의 경야, 제임스 조이스)**

피네간의 경야는 바벨탑이다. 조잘거리는(Babble—바벨의 다른 표현)탑이고 언어의 여행(Tour—타워의 다른 표현)이다. 또한 수다의 굴레tour du babil이다

바벨(babble—조잘거림)은 일관되지 않은 말하기이다. 방언이고 혀로 말하기이고 신체의 언어이다. 울음이던지 쓰는 것이던지 그것은 부적절하다. 바벨탑은 건축과 언어사이의 접점이다. Antichita Romane의 시작에서부터 피라

네지는 우리에게 한 쌍의 나선형의 타워를 주었다. 평면에서 각각은 브랑쿠시의 1929년 조이스의 심볼적인 그림과 닮았다.

> 1979년 8월 13일. . . . 나는 피네간의 경야에 나오는 모든 바벨사람들의 지시를 따랐다. 그리고 어제 나는 취리히로 향하는 비행기를 타고 싶었다. 그리고 처음에서부터 그의 무릎에 앉아 큰소리로 읽고 싶었다. (바벨, 몰락 그리고 핀사람과 페니키아사람의 모티프, "몰락(baababada호)[미주1] [. . .][미주2] 벽아래로 떨어지는 위대한 몰락은 그렇게도 짧은 찰나에 이루어진다. [. . .] 떨어지게 된다면 반드시 부상하게 될 것이다. 그 통로로 매춘부의 언덕과 수다스런 시장이 끝을 향해 나타나고 그것들을 통과하면, 무익한 수다쟁이의 혀놀림. 그들은 서로 몰락할 것이다. 그것들을 통과하여 너는 다른 누구보다 잘 알게 될 것이다.(p. 164) 그것은 내가 갑자기 바벨탑을 알게 되는 것으로 이것은 아나 리비아 플루라벨의 전체적인 통로로 부분적으로 번역되지만 절대적으로 들어본 일이 없는 것이다. (데리다, 엽서, 240-241)

바벨과 조잘거림과 몰락사이의 연결은 누락되지 말아야 한다.

놀랍게도 조이스의(비코적인) 천둥과 같은 단어들이 유아인 나의 딸("말하기"가 아니라 조잘거리는 사람)의 입이 만든 소리와 너무나 닮았지 않은가! "바바바달그래프" . . .

"그녀가 내는 소리들은 그녀의 입에서 나온다. 그러나 그녀의 얼굴이 반응하는 몸짓은 다른 형태의 감정을 나타내는 것으로 그녀의 몸 속 깊숙히 있는 다양성에서 나오는 것이다.

> 인간의 기원에 대한 비코의 설명은 인간의 의식과 언어 그리고 현실이 유전학적으로 유아의 몸 내부로부터 펼쳐진다는 것을 이해함으로써 마침내 프로이트사고를 앞질러 나가게 된다. 비코는 유럽의 예의바른 문명화가 인간의 신체를 가치저하시킨다는 것을 알게 되었다. (비숍Bishop, 어두움의 책Book of the Dark, 193)

동 굴

동굴은 림프선이자 낭포이고, 신체[용기]이고, 숨기는 장소이며 구멍이 있는 공간이고, 굳어져[돌] 버리는 장소이고, 우울한 장소이다. 그 속은 어둡고 잉크같이 새까만 장소이다. 그것은 비밀과 은닉의 장소이다.

마크 위글리Mark Wigley는 "슬퍼하지 못하게 하는 것"의 정신분석적 현상에 대해 데리다와 니콜라스 에이브라함Nicholas Abraham과 마리아 토록Maria Torok의 견해를 해석하면서 간략하게 은닉된 장소로 접근한다.

> "안쪽으로 구역질하여 토하는 행위"는 말로는 표현할 수 없는 금지된 유희에 저항하는 고통스런 힘과 같이 기둥, 보, 샛기둥 그리고 내력벽의 내부 저항을 지지하는 반대방향으로의 저항과 리비도적(성적인)인 힘에 의해 구축된 "동굴"이라는 대상 안에 있는 비밀의 볼트구조를 나타낸다. [데리다]. . . . 동굴은 쉽게 생기는 공간도 아니며 깨질 때에 현재의 공간을 만들어내는 것이다. 이렇게 깨지는 현상은 그러나 새로운 것은 아니다. 그러한 장면이 절대로 일어나지 않은 듯한 환상을 만들고 자신을 만들면서 최초의 외상치료적 장면이래로 지형에서 존재해왔다. . . . . 동굴은 "정상적인 방법으로는 언어를 사용하는 것이 불가능했기 때문에 시장에서 사용되는 말을 교체하는 방법"으로 구축되었다. [데리다]는 그럼에도 불구하고 그 자체를 언어와는 다른 작용을 만들면서 다른 종류의 계약형태로 시장 안에 숨긴다. 심지어 그 비밀을 지키면서도, 동굴은 새고 있다. ("포스트모던 건축, 168-170)

우리집을 차지하고 있는 탐탁치 않은 피라네지 같은 것들의 하나는 에칭 고대로마에서 나온 '묘실의 수목과 파편들'이다. 그것은 무덤과 같은 평면과 몇몇의 파편들을 나타낸 것이다. 피라네지의 제목은 다음과 같이 읽혀진다.

---

108 앱스Apse 후진後陣이라고도 함. 세속건축이나 종교건축에서 성가대석, 챈슬(성단), 혹은 아일側廊의 끝에 있는 반원형 또는 다각형 공간. 그리스도교 이전 로마 건축에서 처음 나타났으며 흔히 신전에서 신상을 모시기 위해 벽감을 더 넓혀 마련한 곳이었다.

A : 이 사각형 형태의 평면은 네 개의 거대한 아치, 혹은 앱스[108]가 있는데 현재에는 거의 완전히 땅속에 묻혀 있는 것이고, 벽에 지지되는 것이다. 그것들[아치]은 다른 작은 앱스들 속에서 어떤 것은 사각형으로, 어떤 것은 반원으로, 잘게 나누어지고, 회반죽으로 칸막이로 마감된 교차된 형태의 볼트를 가지고 있다. 그 건물은 사각형 돌판 B와 안을 채우는 물질인 C와 D로 구축되었다. A층 위에 있는 유골안치소 E로부터 내려가는 계단들이다.

F : 사각형 니치 혹은 유골안치소로서 그것들의 각각은 평면 G로 두 개의 항아리를 포함하고 있다. H: 무늬가 새겨진 기둥으로 덮개는 독수리로 장식되었고 그 발톱이 쥬피터 신이 세 개의 낙뢰를 잡고 있는 형상이다.

I : 기둥의 측면으로 이것 속에, 다른 반대 면에서처럼 개구부가 보이고 그곳은 한때 납으로 봉인된 쇠로 된 링이 있던 것으로 재를 넣고 일년에 한번 있는 술잔치 때 개봉되는 것이다. K: 같은 품목의 교차된 부분— 재에 넣어진 구멍과 함께 있다. L: 테라코타로 된 석관 한쪽은 둥글고 다른 쪽은 평평한 것. 베개로 사용되는 같은 진흙더미이다. 깊지 않은 아마도 부패하지 않게 하는 향기로운 진통제를 포함하고 있다고 언급되었던 동일한 구멍으로 그것은 때때로 이 구멍들을 통해 외부와 의사소통한다.[미주3]

이 암호문은 피라네지가 암호화시키는 것에 매혹되었다는 것을 강조하는데 그 매혹 당했다는 것을 우리는 그의 전생에 걸친 작품들의 명백한 주제 속에서 읽을 수 있다. 파편들, 묻히지 않은 사멸된 것의 조각들, 부패하는 로마, [상형문자]가 새겨진 오벨리스크, 감옥 등이다. 이 암호화된 디테일들을 모아놓은 것은 한 점에서 틀을 통해 새어나오는 것으로 조이스의 효과적인 통로들 중의 하나와 대응되는 것이다.

지오반니, 바티스타 피라네지, Pianta e Frammenti della Camera sepolcrale esistente nella Vigna a Porta S. Sebastiano (ca. 1754)

> *그러나 그건 [집]과 온갖 가재점家財店이도다! 전시관展屍棺, 권시포卷屍布, 선매善買작별 관가포棺架布, 유골 단지, 고성高聲 구리제품, 코 담배갑, 밀주密酒 통, 눈물단지 모자상자,*
>
> *향수배香水盃, 구토기嘔吐器, 건강증진 훈제 소시지와 연육軟肉의 돼지 족발을 함유하는 식욕을 위한 소금부대, 그리하여 그 일에 대해서, 그래요 과연, 그의 유리 석묘石墓의 장식을 위한 별별 하종何種의 토장土葬 잡품雜品들, 만일 이러한 조건체條件?의 연쇄를 충족하건대, 당연하게 뒤따르나니, 아아, 정상적인 과정속에, 소요중인간逍遙重人間 저 세계 일주자一周者(HCE)가, 이러이러한 난경難境을 겪은뒤,* **(피네간의 경야, 77.28–34)**

동굴의 값지고 끔찍한 목록 – "매장 골동품" –은 이 알레고리적인 목록에서 암호화(손으로 쓰기)된다.

여기서 과거의 것은 회화적인 구성을 만들기 위해 장식적인 경향으로 배치된다. 제목은 파편 경작하기 "수목과 파편Pianta e Frammenti" 이다. 피라네지는 파편들로부터 평면을 분리했다. 그리고 그것에 우선권을 부여했다. 그럼에도 불구하고 동판화에서 평면은 마치 그것 자체로 조각이고 명백하게 깨진 석판에 새겨진 것처럼 나타나고 있다. 그래서 평면은 그림의 본질적인 부분 –필요하고 적당한 기초적인 본질–이기도 하고 장식조각들을 모아놓은 것이기도 하다. 그것들은 왕복한다. 더욱이 만약 우리가 그림에서 "필요치 않은" 세부장식을 제거한다면 우리는 판화 틀의 선밖에는 남는 것이 없게 되는데 그 선은 디테일 자체가 때때로 밀쳐지거나 떠밀려지는 것이다. 그것들은 주변으로 떠밀려 가는가 ? 테두리의 정치라는 것은 무엇인가 ? 바로 여기에 왕복하는 것이 있다.

동판화의 규모에 대한 요점은 테라코타로 된 육식 장면의 내부 벽을 따라서 새겨졌다. 규모와 그 용기는 원근법의 구도 안에 있다. 육식 장면의 배경으로 작용하는 거대한 평면은 직각모양이다. 구석에 있는 4개의 대상이 원근법으로 보여지지만 실제적으로 직각으로 나타나는 시각으로 여겨진다. 그 동판화는 원근법의 죽음을 예견한다.

평면을 포개는 네 구석의 구성은 그들을 사각형의 광장으로 제시하고 "적당하게Properly" 구석에 배치한다. 그러나 거대하고 불쑥 튀어나오는 남근숭배적인 석관은 글자를 박아 넣은 제목 부분을 방해하면서 낮은 오른쪽으로부터 다른 낮은 쪽으로 방향을 바꾼다. 방해한다는 단어는 esistenie, 즉 "존재한다는" 뜻이다. 이러한 대상이 발견되는 매장실은 포르타 S. 세바스치아노에 위치해있다. 배치에 대하여 육식장면을 투과하는 형태는 그 부분이 앰블럼적이라는 것을 보여준다. 역사적으로 수동적인 나약함으로 묘사된 것 속에서 성 세바스찬은 투과하는 남근적인 형태를 수수께끼로 내었다. 육체는 흘러서 질척거린다. 안팎으로 액체가 흐르는 돌의 구멍들과 통로들은 공예품 자신에게서 다시 쓰는 육체의 비명을 요구한다. 이들 육체의 기표는 균형과 비례, 그리고 심지어 건축에 육체의 고전적 연결자인 부속물의 숫자—[적당한 것 PROPER]들과도 관계가 없다.

게 임

플라톤은 피드러스Phaedrus[109]에서 "단지 글쓰기만이 (그 자체로) 되풀이 될 수 있다는 것과 '항상 같은 것을 의미semainei한다는 것이면서 '게임' paidia 이라고 말했다." (**데리다의 씨뿌리기**Dissemination에서 인용, 65)

게임을 하는 것은 이 작업의 중요한 기술이다. 그러나 명백하고 암암리에 등장하고 다시 등장하는 특정한 게임이 있다. 이것은 '거위게임jeu de loie'

---

109 플라톤의 정치철학 아카데미는 야외에 편히 앉아서 쉬면서 담소할 수 있는 공간을 갖춘 숲속에 있는 체육관을 의미한다. 플라톤은 기원전 368년에 두번째로 시실리를 방문하기 전까지, 아카데미의 조직 및 학문의 발전에 몰두하였는데 이 시기는 플라톤의 전성시기로서 플라톤의 역작들이 많이 완성되었다. 이 시기 대화편의 대표적인 것으로 국가, 향연, 시어티터스, 파르메니데스, 피도Phaedo, 피드러스Phaedrus 등을 손꼽을 수 있다.

이라고 부르는 낡고 오래된 게임이다. 사라(이제 네 살인 딸은 그것이 재미있고, 하기 쉽다고 말한다)와 게임을 하다가 나는 그 복잡함에 충격을 받았다. 기회의 요소들이 있으면서 한정된 구조를 갖고 있다. 연속된 선은 다른 점에서 다른 벡터로 옮겨지고, 그물망과 같은 구조를 만들면서 특별한 점에서 중단되기도 한다.

거위 게임의 게임판은 나선형의 [바벨]속에 그 자체를 싸 감는 63개 번호의 사각형의 연속이다. 한 사람이 주사위를 던지고 그녀의 거위를 나선형의 중심에 있는 63번째 목적지까지 움직인다. 길을 따라서 특정한 사각형이 있는데 게임하는 사람이 거기에 머물러야—또 다른 거위가 와서 구해줄 때까지 정지해 있고, 또 다른 사각형은 지나치고 어떤 것은 벌금을 내는—하고 특별한 자리로 움직여야 한다. 이 사각형들은 브리지(다리), 우물, 여관, 감옥, 미로, 거위광장, 죽은 거위 등으로 불린다. 거위와 죽은 거위는 최종 목적지나 시작점으로 향하는 연속되는 선적인 움직임이 필요하다. 건축적 앰블럼인 다리, 우물, 여관, 감옥, 그리고 미로와 같은 것들에 의해 형성된 이러한 구축물들은 끈적끈적한 그물망으로 게임하는 사람들이 잡힐 수도 있는 얽혀있는 직물이고 나선모양에 겹쳐있는 미로이다.(플롯화에 해당되는 씨뿌리기)

게임에 대한 나의 소개를 쓰고나서 바로 후에 나는 미셸 세르가 쓴 "언어와 공간: 오이디푸스로부터 졸라까지"라고 불리는 에세이와 우연히 마주치게 되었는데 거기서 그는 거위게임을 다른 것들 중에서 에밀 졸라에 의해 쓰여진 Rougon Macquart 소설의 잔여분을 형성하는 문화적인 패러다임으로 명명했다. 세르는 다섯 개의 앰블럼에서 나온 건축적 수하물을 제거하고 있으며, 그것들을 공간 조작자인 건축의 도구로 보고 있다. 다리는 연결되지 않는 곳을 연결하고, 균열된 곳을 가로지른다. 우물은 "공간 속의 구멍"이고 현지 공간의 다양함속에 있는 "갈라진 부분"으로 그것은 연결된 곳을 분리하면서 동시에, 연결되지 않은 곳을 연결한다. 여관은 문지방이고, 교차점이고, 접점이다. 감옥은 둘러싸인 공간이자 한계이다. 미로는 다른 네 개를 총체적으로 합친 것이다.

"연결과 끊어짐이 연속되는 미궁은 열려진 것만큼이나 닫혀져 있는 곳이고, 자리를 옮기는 것이 결국 그 자리에서 맴돌면서 끊임없이 여행을 하는 곳이다." (헤르메스, 42—43)

이 곳은 세르의 시각으로는 위상기하학의 기초적인 법칙이 지배하는 공간이다. 연결 통로이고, 열려지고, 닫히고, 찢겨지고, 연속적이고, 불연속적이고, 문지방이고, 한계이다. 여기에 또한 문화를 구축하는 재료들이 있다. 그는 다음과 같이 쓰고 있다.

> 사실 일반적으로 문화는 역사속에서 그리고 역사에 의해서, 매우 정확하고 특별한 연결마디인 공간적인 다양함 사이에서 근본적인 교차를 구축한다는 것이다. 이 구축은 내가 믿기로는 문화의 역사이다. 문화는 변동과 상태의 변화만큼이나 접합과 외형과 장소의 집합형태에 의해 구별된다. 그러나 그들이 공통적으로 가지고 있는 것과 그런 식으로 그들을 구성하고 있는 것은 접합과 연결의 작용이다. 무언가를 교차시켜 짜는 사람의 이미지는 이 지점에서 일어난다. [짜기] : 연결하고, 묶고, 다리와 통로, 우물을 열고 급격하게 다른 공간들 사이를 연결하는 것이다. (헤르메스, 45)

거위 게임은 대상을 만드는 사람들을 위한 지도이고, 구축[지도만들기 MAPPING]을 위한 패러다임이다.

부화장 HATCHERY

제임스 조이스는 특정한 구축을 명하였다.

그 상자들은 만일 내가 주제를 점잖게 해독할 수 있다면, 한 개 당 약 4 펜스의 값어치이지만 그러나 나는 내구적 및 내시적耐視的인, 한층 특허적 공정工程을 발명 중이거니와 (나는 저가간家間 자물통이라 할 쉐드록 홀즈 당사자에게 물어보고 싶은지라, 그가 무슨 주主께 나아가는 방식으로 우리들의 범죄고전급犯罪古典級의 지붕을 제거하려고 애쓰고 있나니, 만일 그가 우연히 스스로 활판 활판을 벗기지 않고도, 접촉에 의하여,

무엇이나 사실상 탐색할 것을 희망하는지를)그런 다음으로 그들 상자들은 심지어 마가린녀女들 중 최연소자에 의하여, 그녀가 자리를 택하고 착석하여 글쎄 미소라도 지으면, 그들의 진짜 각치殼値의 한 단편으로 환원될 수 있으리라.(피네간의 경야, 165.30-166.2)

달걀들과 집들, 글 쓴 것들, 그리고 소녀들을 뒤 섞어놓은 이 결정 불가능한 용기는 우리가 부화장이라고 부를 수 있는 허위구조를 보여준다. Margee는 그녀의 자리를 차지하여 앉아서 웃고 속이고 심볼적인 법칙에 의해 구성된 여자가 되면서 구석자리에 있는 것이다. horribile dictu와 동의어인 Movibile tectu("말하기 무서운", 말할 수 없는)은 버질Virgil이 만든 통로를 언급한다.—[암탉]의 [글자]가 피네간의 경야의 텍스트 전체에 흩어지는 것 만큼이나 아나이드Aeneid를 통해 반복된다.

그리고 movibile tectu는 또한 "움직이는 접촉"이다. 움직이는 손가락은 쓰려 하고 움직이는대로 쓰게 된다. 그러한 예들이 건축에 있다. 상자와, 오두막, 자물쇠(집 밖에서 잠겨있는 것처럼), 가정과 지붕, 일류작품(고전) 등이다.

부화장은 건축과 글쓰기와 육체의 기계이다. 부화장은 일종의 원형에 의해 표상되는 대형對型이다. 그것은 일종의 지어진 구축물을 나타낸다.(병아리집), 그러나 언급하고 있는 구조물은 건축가의 영역에 속하는 것은 아니다. 그것은 [집]이지만 건축은 아니다. 로지에의 원초적 오두막과의 관련성 여부는 극단적으로 가정하는 시점에서만 중재가 가능하다.[미주4] 이것은 첫째로, 부화장의 형태가 부적절하기 때문이다. 부화장은 이론에 속해있는 것은 아니라 그것은 이론을 넘어서는 도구이다. 부화장은 건축작업이 완료되었을 때 생기는 것이 아니다. 부화장은 진행상에 있는 것이다. 그것은 비평적이고 강제적이고 명료한 도구이다. 그것은 달걀에서 병아리 부화장과 생명의 물질들이 흐르고, 잡동사니들로 꽉차고, 더럽고(흙 묻은), 생명초기의 잔여물(달걀껍질, 분비물, 어지러이 있는 깃털들, 먹지 않은 음식 등)이 있는 장소로 언급된다. 이러한 관점에서 그것은 일종의 연금술적인 [용기]이고, 철학자의 [돌](un vaisseau de pierre)의 요소이다. 그 바닥 층은 병아리 발의 발자국으로 새겨져 있다.(해치선과 교차된 해치선들)

부화장은 쓰는 기계이다. 병아리와 어린 닭은 흙에서 휘갈기는 듯한 표시를 한다. 이들 [상형문자]는 역사적으로 중요한 문서와 [지도만들기MAPPING]와 움직임을 만든다. 이 해치선의 행동은 동판화와 그림과 글쓰기의 행위와 닮았다. 그것은 해칭선과 도면작성의 행위이다.

육체는 어떠한 점에서는 구성된 부화장을 증식시킨다. 그것은 유동적인 것들의 더러운 조합이다. —유기적이고 리비도적(성적)이고, 시냅스(신경)적이고, 심리적인 것이다. 목구멍에 대한 은유—주요입구—는 해치문 밑에 있는 것처럼 부화장이다. 우리는 각각의 관계에 있어서 우리의 육체와 우리의 구조를 묘사하는데 그 단어는 하나와 다른 것 사이의 통로로 작용하는 것이다. 통로와 부화장 모두를 쓰고 있다. 부화장은 신성한 것과 관능적인 것 사이와 물리적인 것과 기술적인 것 사이의 다리이다.

프랭크 바움의 오즈의 마법사에서 도로시의 집은 햇치문의 시점(바로 밑의 지하세계에 이르는 덫과 같은 문)에서 불연속적이게 되고 태풍의 중심에서 조용히 떠오른다. 집이 떨어질 때, 그것은 사악한 마녀를 깔아 죽이고, 도로시는 미개한 나라에서 마법사로 여겨지고 그래서 요술쟁이, 마녀, 마법사의 인기를 얻게 된다.

도로시도 떨어지고 앨리스도 추락한다. 그러나 마법의 나라, 이상한 나라로 떨어진다. 아담과 루시퍼, 험프티 덤프티와 이카루스도 바람직하지 못한 결과로 인해 추락한다. 이들 구조의 형상은 권력의 상승에 이르려는 남성적인 시도로 불리고 영광으로부터의 실패와 패배, 몰락을 보여주고 있다. 여성적인 것은 떨어져나가고, 해치문을 떨어뜨리고 비상구를 이용하고, 응결과 바꾸어놓기와 이상함 그리고 정신착란의 꿈의 세계를 찾게 된다. 떨어질 장소에서는 구멍의 가장자리와 덫과 같은 문의 끝부분에 자리를 잡고 떨어질 준비를 하고 있다. 다른 어딘가로 떨어지는 것이 아니라 그 안으로 떨어지는 것이다. 어딘가로 떨어져나가는 것이란 위계적이어서 당신은 자신을 해칠 수 있다. 안쪽으로 떨어지는 것이란 미로와 같은 것이고, 꿈과 같고, 어지러운 추락이며 정신착란증과 같은 추락이다.

부화장은 식수Cixous라는 요술장이의 세력범위이다. "그녀는 부분적인 사물들을 순환하게 만든다." 그녀는 "출구를 이용한다"(해치문) "그녀가 떠오르는 것은 발기가 아니다. 확산시키는 것이다. 기둥이 아니다. [배-용기]이다." (식수와 클레망, 새롭게 태어난 여자, 88) 부화장은 용기이자 발기이다. 그러나 공식적인 면에서 이러한 것 중 어느 것도 이러한 단어에 포함되지는 않는다. 그것의 형태는 불확실하게 남아있어야 한다.(정치적인 것을 미학화 시키는 발터 벤야민이 오래전에 우리에게 경고했던 존경할만한 솜씨의 손재주와 같은 힘이다.)[미주5] 우리는 그러나 그것을 이니셜 문자로 앰블럼화 할 수 있다. H자는 기둥이 한순간에 선박과 용기와 다리와 수로를 형성하면서 수평적으로 되는 것을 허락해왔던 I 자이다.

부화장은 어떤 범주로 분류될 수 있을지 모르지만 그럴 수 없다. 정치적이고, 독단적이고 창조되지 않은 채로, 그것은 이미지들이 아니라 행위와 관련이 있다. 일시적인 것이고, 움직임이다. 그러나 단순한 움직임이 아니다. 건축이라는 기구 가장자리에서 잘게 자르면서 모든 범주를 기꺼이 수용한다. 그것은 정치적이고, 집단적이고 움직이는 것이다.

따가비 조개들, 삼키는 것들, 밑을 파는 것들, 침입하는 것들. 그것들은 [비주류 건축]적이고, 집단적이고, 익명의, 저자불명의, 도시내에서 갈겨쓴, 태어난 것이 아니라 부화시켜 생긴 것이다.(그들은 사생아이다.-아버지 없는) 서자의 구축물들이다. (어떤 인간 사회에서는 그러한 합법적인 개념이 없다. 우리는 자신이 존재하고 있다는 미덕 때문에 합법성을 부여받게 된다. 어떠한 사람도 단 한명의 아버지만이 있는 것이 아니다. 많은 남성들은 모든 어린애들의 양육하는 아버지들이다. 아이들은 어머니로부터 태어난다. 그들은 내부에서 밖으로 나오는 통로를 가지고 있기 때문에 적법하다고 여겨진다.)

"*우리 한번 엿봐요, 봐요, 홈을. 자, 봐요*" (**피네간의 경야**, 6.31-32) 응시하고 있는 현 장소에서 나타난다. 우리는 엿본다. 우리는 P이고 작은 병아리이고, 짧은 순간 얼핏 보는 존재이다. 상징적 체계에 따른 문신이다. 그것들은 "*한편 훨씬 뒤로 물러서면 설수록 우리는 암탉이 보았던 만큼 많이 보기 위해 렌즈의 차용을 필요로 하느니라. 찰칵*".(112.1−2) 비주류(마이너) 건축과 같은 것이다.

소설 **심판**에서 틴톨렐리Tintorelli의 계단에 있는 작은 소녀가 있다. 28살의 작은 소녀는 피네간의 경야에서 무지개 소녀나 이사벨로 나온다. 문신들. T. T. T

"*문과 옆 기둥 전상*全上*에 걸친 이 [바벨탑]의 왁자지껄 두들기는 소리는*" (**피네간의 경야**, 64.9) : 부화장, 아기와 수다쟁이의 장소, 이들 모두는 [집HOUSE]으로 향하는 입구의 구조를 지지하고 내리누르고 있다.

[지도만들기 MAPPING]

암탉과 같은 건축: 한밤중이다. 아틀란타, 조지아, 그리고 1986년. 테크우드 가로를 따라 가는 것은 175에서 85번 도로에 평행한 주州사이의 접근로이고, 테드 터너의 집에 이르는 것이다. 오른 쪽: 농원 이미지, 풍류가 있는 치펜테일 풍의 틀이 있는 흰색의 사인이다.−"터너 방송 체계" 왼쪽에: 고속도로의 빛과 그 위로 보이는 도시의 불빛과는 반대로 윤곽으로 나타나는 나무의 시각 차이이다. 나무사이를 잠깐 보면, 작은 막대기와 같은 구축물들과 불빛이 침투하여 휘감아 놓은 막들이 보이는데 너무나 이상해서 당시에는 환각을 일으킬 수도 있을 것이다. 인지할 수 있는 어두움 속의 부조화스런 백열등으로 막혀있는 막과는 달리, 선들 사이의 순간으로 존재하면서 여기저기에 인간의 형상이 있다.

그러면 부화장은 건축물인가 ? − 필립 솔레르스의 H : "그러면 H는 책인가 ?" 에 대하여 줄리아 크리스테바가 흉내내면서 말한다.

> 마치 그것은 운율을 맞출 수 있는 독자를 찾을 수 있을 때 존재하는 텍스트와 같다.−그것은 문장과 같고, 생물학적이고, 육체적이고, 가족적인 것을 초월하는 운율이다. 역사적인 시간 속에 무한정으로 표시된 것이다 . . . . "저자의 머리속에 있는 사건 대신, 구성은 그 결과로 처형의

위험을 필요로 하여 밑으로 던져져서 사용을 방해하는 것을 포함하며, 객관적인 부와 함께 자연과 실제 공간속에서 벌어질 것이다." [솔레르스Sollers]. (언어의 욕망, 207)

부화장은 조합이다. 그것은 만드는 작업이 끝났을 때, 당신이 볼 수 없는 것이다. 그것은 은유가 아니다. 그것은 구체화되지 않는다. 들뢰즈와 가타리는 다음과 같이 말한다. "조합은 정열적이다. 그것들은 욕망의 구성이다. 욕망은 자연스런, 혹은 자발적인 결단력과는 관계가 없다. 욕망이 없는 채로 조합하고 있고, 조합된 욕망만이 있다. 조합의 이성, 능률은 조합하면서 생기는 정열과 그것을 구성하려는 욕망 없이는 존재하지 않는다.『천개의 고원Thousand Plateaus[110], 399)』

암 탉

피네간의 경야에서 암탉(암탉, 어머니, 아나리비아)은 [편지LETTER]를 쓴 대상이기도 하고 글자를 읽는 대상－침입자(조개무지 더미에서 소화되고 배설된 글자들을 모두 긁어모은 암탉이다.)이기도 하다. 침입과 동시에 다시 글쓰기는 쓰레기장에서 긁어모으는 것으로 만들어진다.

"구성의 법칙과 게임의 법칙에서 얼핏 보면, 텍스트는 그것이 첫 번째 구석에서 숨지 않으면, 텍스트가 아니다."(씨뿌리기, 63) 데리다의 "플라톤의 조제술"의 첫 번째 문장은 kolahos에 대한 사전적 의미에 대한 표제인데 그것은 충격coup(데리다의 그 이전 챕터의 마지막 단어이다)의 Littre의 정의에 대한 마지막 단어이다. 이 표제는 데리다의 구축과 나의 구축 사이의 접합점이다. coup라는 단어로부터 나와서 문자적으로는 "눈에 때리는 강타"를 의미하며 새들의 소리－비둘기 꾸꾸소리)[미주6] 콜라포스kolaphos의 개념도 데리다의 텍스트를 나타내는데 그것은 숨겨진 또 다른 텍스트이다. 새들이 쪼아먹는 가운데 말굽으로 땅을 내리치는 것이다.(트로이얀들의 [게임 GAME])이다. 그것은 새기는 것이고, 판화술이고, 긁어파는 것이고 상형문자를 만드는 것이다. 우리는 암호화 한 텍스트인 피네간의 경야를 해석할 수 있다.

"플라톤의 조제술"에서의 각주는 그 요점에 해당한다. 그것은 텍스트가 글쓰기의 신이자, 태양신의 아들인 아몬 라(발음했을 때 그것의 이름이 이집트 단어로 "숨는다"는 뜻과 비슷한)인 테오도르Th' other[111]와의 관계사이로 미끌어져 들어가는 곳에서 발생한다. 아몬 라(태양신) 그 자신; 세계; 달걀; 그리고 아몬 라가 등장하는 형태의 새. 그 구절은 라(글쓰기의 "다른 것")의 상형문자(새)의 숨겨진 내용을 포함하기도 하고 말하기의 힘(좀더 명확한)을 나타내는 애매한 용기의 범위를 한정한다. 기록은 숨겨진 달걀 이란 단어와 근접하는 텍스트 속에 삽입되었다.(87−88) 그리고 그것은 모호한 상태로 "독자가 재 빨리 인식할 수 있을 만큼, 피네간의 경야를 읽는 것에 지나지 않는 에세이 전체"를 포함한다.[미주7]

상형문자

런던에 있는 대영박물관과 도서관에 어느 날, 각각 수백 피트 길이의 로제타 석판[돌STONE]에 많은 종류의 연필과 여러 색의 잉크와 켜(레이어)로 휘갈겨 쓰여지고 여러 개의 공문서 상자 속에 적절한 글쓰기 종이로부터 카페메뉴에 이르기까지 많은 다른 종류와 크기의 종이 수백 장이 놓여있는데 그것은 조이스의 피네간의 경야를 위한 원고로 구성되어 있는 것이다.

사실상, 기하학과 패턴의 증거(건축의 시초)를 위해 조이스의 병아리들이 갈겨 쓴 것들을 통해 연구했던 끈질긴 조사는 (내가 상상하기로는) 토마스

---

110 질 들뢰즈와 펠릭스 가타리가 1980년 함께 쓴 이 책은 두 사람이 70년대 발표,당시 현대 서구 철학계를 요동시켰던 『안티-오이디푸스』(1972)의 속편이다. 책의 원제목은 '안티…'가 '자본주의와 분열증1' 이고 이번 책이 '자본주의와 분열증2' 로 현대 사회가 강요하는 각종 도그마의 속성과 형성 과정에 대해 고찰한 책이다. 초월적인 얼굴을 해체하고 '다른 것−되기(생성)', 파시즘의 생성을 가로막는 전쟁기계, 척도가 되는 모델을 가로지르는 수수과학, 국가의 포획장치를 벗어나 새로운 삶을 생산하는 유목민들의 이동 등 분자적 흐름들은 이때 비로소 실질적인 것이 될 수 있다. 네그리가 『천 개의 고원』에 대하여 "우리 시대에 적합한 유물론의 부활" 이며, "마르크스의 『프랑스에서의 계급투쟁』에 필적한다" 고 말한 것은 결코 과장된 찬사가 아니다.

111 타자the others와도 동음이다.

영Thomas Young[112]과 장 프랑소아 샹폴레옹Jean François Champollion[113]의 엄청난 노동과 별 차이가 없는 것으로 그는 연속적으로 1799년 로제타에서 발견된 검은 석판에 쓰여진 글을 해독해 냈다.

그런데 그것은 피라네지의 동판화에서 형상으로 새겨진 여러 개의 불규칙한 모양의 돌 판과 매우 흡사한 것이고, 이러한 한 아름의 현무암에서 명확하게 세 가지 언어로 세 부분의 텍스트가 새겨졌다. 하나는 그리스문자이다. 또 다른 것은 이집트문자이다. 하나는 흘림글자체이고 다른 것은 그림 글자이다. 이 그림들은 상형문자로 "신성하게 새긴 것" 이다.

로제타 석판이 발견되기 전에, 상형문자로 쓴 글은 이 지구상에서 그 누구도 읽을 수 없었다. 그것은 읽혀질 수 없고 이해할 수 없었다. 그것이 무엇을 의미하는지, 그리고 어떻게 의미를 만들어내는지에 대한 많은 이론이 있었다. "다른 말로 하면 사람들은 그것이 무언가를 나타내는 도구라고 이해했다. 그러나 그것들은 상형문자와 무엇을 나타는지에 대한 관계를 이해할 수 없었다. 그러나 로제타 석판의 상형문자 텍스트에서는 텍스트를 통틀어 6번 반복되는 카르투시(이집트 석판—역주)가 있다. 이전에 토마스 영은 프톨레미(이집트의 왕)의 이름에 둥그런 원의 형상을 통해, 이 카르투시를 알아챘다. 이러한 최초의 단서로부터 그는 해석에 착수했다. 그리고 그 다음에는 샹폴레옹이 시작했는데 그는 16살 때부터 8개의 고대 언어를 숙지했고 수백 년 동안 하나도 해석할 수 없었던, 그럼에도 불구하고 아주 중요한 것이었던, 새겨진 공간의 수집물(상형문자)들을 해독한 젊은이였다. 단어에 집착하지 않고서는 상형문자는 여전히 언외言外의 의미를 보이고 있는 것이다.

해독할 수 없었던 상형문자가 전달하려 하는 또 다른 형태의 읽을 수 없는 텍스트인 건축이 전달하려 하는 결정할 수 없는 의미는 롤랑 바르트에 의해 연구되었다.

> 이제 기의의 제국인 이 나라(일본)는 말하기가 너무나 광대하고 과도해서 사인의 교환이 언어의 불투명함에도 불구하고 때로는 불투명의 결과로 나타나는 매혹적인 풍부함과 이동성, 예민함으로 남아있다고 가정해

보자. 이것에 대한 이유는 일본에서 신체가 히스테리와 나르시즘(자기도취)없이 존재하고, 작용하고, 그 자체로 보여주지만 순수한—미묘하게 불연속적이라 하더라도—성적사랑과 관련된다. 그것은 의사소통하는 음성(그것으로 우리는 개인의 "권리"를 알게 된다)이 아니다 . . . . ., 그러나 당신은 코드의 완벽한 지배가 모든 퇴보하는 어린애와 같은 성격을 제거하는 일종의 수다쟁이로 지탱하고 있는 전체적인 육체(눈, 웃음, 머리카락, 몸짓, 옷)이다. 시간을 만드는 것. . . . 은 시간이 들지도 모른다. 그러나 그 시간 동안에 . . . . 알려지고, 기미가 보이고, 받고, 그 자신의 이야기구조와 텍스트를 보여주는 다른 사람의 전체적인 육체이다.(**사인의 제국**Empire of Signs, 9—10)

집

언어는 동굴에서 시작한다.(비코) 예술은 동굴에서 시작한다.(바타이유) 그러나 건축은 원초적 오두막에서 시작한다.(로지에)

에덴동산에는 건축이 없었다. 건축에 대한 필요성은 더러운 신체에 대한 원죄와 부끄러움을 알게 한 신의 결정으로 생기게 되었다. 무화과나무 잎사귀는 여느 때와 같이 그 그로테스크한 열매를 그늘지게 하는 건축을 향한 첫 번

---

112 Thomas Young(1773—1829) 영국 의학자 · 물리학자 · 고고학자. 서머싯주 밀버턴 출생. 눈의 해부학적 · 생리학적 연구를 비롯하여 빛의 간섭실험과 빛의 파동설을 제창하였고, 탄성역학에서 영률**Young' s modulus**의 도출, 나아가서는 고대 이집트문자의 해독과 여러 분야에 걸친 연구를 하였다. 만년에는 로제타돌石 해독에 전념하고 죽기 직전에 고대 이집트문자의 사전 편집을 마무리하였다.

113 Jean Franois Champollion(1790—1832) 프랑스 이집트학 학자. 로주州 피자크시市 출생. 로제타돌을 이용하여 히에로글리프(이집트 상형문자)를 해독한 것으로 알려졌다. 그르노블에서 헤브라이어를, 이어서 아랍어 · 시리아어 · 콥트어를 배웠다. 나폴레옹의 이집트 원정으로 인해서 이집트에 관심을 가지고, 16세기 이집트에 관한 저술에 착수하였으며, 뒤에 파리로 가서 이집트연구를 계속했다. 1821년에 파리로 가서 히에로글리프의 연구를 계속하고, 로제타돌에 의해서 그 해독에 성공하였으며, 22년 9월에 『다시에씨氏에게 보내는 서간』이란 제목으로 파리학사원에 보고했다. 그 뒤 이집트와 누비아를 여행하고, 고대 이집트어의 문법을 썼으나, 병약하여 42세로 요절했다.

째 자연스런 충동이었다. 원초적 오두막을 짓기 위해 잘게 잘라진 것이 무화과 나무였을까?

서양 건축은 그 본질적으로 견고함, 쾌적함, 아름다움을 담고 있고, 질서를 구성하고, 나타내는 남성중심적인 담론이다. 오더와 엔타블레이쳐와 아키트레이브를 구성하면서; 기단과 기둥, 그리고 기둥머리; 네이브와 앱스; 아버지와 아들, 그리고 영혼, 끝이 없는 세계. 아멘.

원초적 오두막과 발생하는 모든 것은 견고하고, 쾌적하고, 아름답게 세워져서 많은 저택과 같은 집을 구성한다. 이것은 나의 아버지의 집이다. 그러나 이 집에는 강제적으로 침입하는 존재의 시초가 있다.

"주인의 도구가 주인의 집을 파괴할 수 없다" 라고 말한 오드르 로드 Audre Lorde[114]의 인용문과 의견을 달리하기는 어렵다. 그러나 사람들은 은유속에서 사는 것이 아니라 집에서 살아야만 한다. 물론 당신이 만약 그것이 유일하게 손댈 수 있는 것이라면 주인의 도구를 사용한다. 아마도 당신이 그것들에 할 수 있는 것은 우리 모두를 위한 방이 있는 더 좋은 것을 짓는 그 조각 몇몇을 사용하면서 그 오래된 대 저택을 분리하는 것이다.[미주8]

히스테리적 문서

> 문제는 당신의 직업을 행하면서 사생활에 대해 이야기를 할 수 없다는 것이다. 당신은 인식론이나, 쓰려고 하는 어떤 것이라도 당신의 생활과는 관계없다는 점을 확신시키고, 더욱 중요한 것처럼 행세하게 해야만 한다.

왜냐하면 그것은(추측컨대) 단순히 개인적인 것을 초월하기 때문이다. 나는 나의 창문 밖이나 나의 마음속에서 일어난 것에 대해서는 숙고하지 못한 채, 인식론이나 제임스 조이스에 대한 담론을 계속하는 관습에 싫증이 난다.

공적–사적인 것의 이분법 즉 공적, 사적 위계는 여성의 억압에 대한 상황이다. 직업적인 문맥에서 개인적으로 이야기하려 하는 자신의 시도에서 나를 당혹스럽게 만드는 이유는 내가 그러한 상황으로 느끼게끔 되어왔다는 것이다. 모든 이유가 거기에 있다.(톰킨스Tompkins, "나와 나의 그늘", 122−123)

거주자	관계
사라 엘리자베스	1979년 4월 8일부터 1980년 1월 15일까지
이름 짓지 않은 아이	1984년 2월 2일에서 3월 4일
이름 짓지 않은 아이	1990년 3월에서 5월 13일
로라 바레트	1990년 7월 15일에서 1991년 4월 8일

간 격

"히스테리적인 것 . . . .은 가족의 벽 사이에 있는데 그것은 그녀가 떠나지 않는 것이고, 새로운 탄생jeune naissance이며 아직 성취되지 않은 I−n 발생기이다."(식수Cixous와 클레망, **새롭게 태어난 여자**, 55)

> 1 a: 비슷한 조건이나 상태가 재발될 수 있는 시간과 공간. . . . 2 a: 사물들 사이의 공간. . . . 3.: 똑같이 일련의 표면을 파괴하거나 방해하는 것 . . . 4. 주로 뉴 잉글[랜드]: 밑바닥[특히 강 쪽에 있는 낮게 깔린 땅] (웹스터 인터내셔널 사전)

간격은 연결이고, 중재이고, 벽 속의 구멍이고, 절개된 부분의 공간이고 충적沖積된 토양의 장소이다. 그것은 벽과 접합된 공간사이의 공간이다.

> 이 갈라진 틈은 다른 것 사이의 한 공간은 아니다. 그것은 틈이다. 간격의 필요성, 간격을 띠우는 거친 법칙이다. 그것은 그 태생으로부터, 그리고 그 본질로부터 새겨진 것을 제외하고는 위험하게 노래 부를 수는 없다. 간격 띠우기는 노래로 일어난 사건이 아니다 . . . . 사전에서 간격은 노래에 대하여 정의한 일부분이다. 그것은 말하자면, 일반적인 부속물이고 본질적인 사건이다 글쓰기와 같이.(데리다, 그래마톨로지, 200)

---

114 미국 흑인 여성작가. 페미니즘과 흑인 여성의 자아정체성에 대한 글을 썼다.

글 자

편지! 파지破紙!(The letter! The litter!) 그리고 위급危急하면 더욱 신호辛好나니! 눈썹필화筆畵의, 입술 점화필點筆畵에 의한. **(피네간의 경야, 93.25–26)**

조개무지더미 속에서 쪼아먹고 배설한 그곳은 (재)구축하기 위해서 우리는 수없이 많은 조각들을 찾기 위해 흙을 파헤쳐야만 하는 곳으로 [암탉]이 쓴 글자는 저항과 말할 수 없는 것을 쓰는 것과 숨기는 행위이고, 글쓰기와 동의어이다. 글자는 또한 정신분석과 특별한 연결을 가지고 있다. 이 점에서 암탉의 글자와 에드가 알란 포우Poe의 "훔쳐진 글자"는 그 이후에 수반하는 원문과 함께 교차한다.[미주9] 14개의 선 안에서 조이스는 훔친 글자의 정신분석적인 영역을 미끄러져 나간다. "*나는 바로 방금* ***관여關與***된 *절취 메모지의 호신론護神論으로부터 그대의 서술에 동조하거니와. . . . 그것은 소량의 낙서요, 카비스주병酒餠의 값어치도 없나니. 과음인지라!*" **(피네간의 경야, 419.30–33)**. "허튼소리라고 나는 그걸 부르고 싶나니. . . . 그런데 그것을 어머니와 불가구술자不可口述者가(오 그의 꼭같은 일을 육성育成하지 말기를!)나의 검댕필명을 사용해 신문의 뉴스감으로 삼는 일없이 원고原稿로 옮겼던 것이로다." **(피네간의 경야, 420.1–7)**

이제는 "숨겨진 글자"로서 가장 무도회와 같이 되어버린 암탉의 글자는 과잉되어 그려진(해치선으로 새겨지고 내용이 제거된 둘 다를 나타낸다) 푸딩("무언가 가난하고 쓰레기 같고 가치없고. . . 척박하고 현혹시키는 언어)과 같은 조각이다. 그것은 어머니와 마부에 의해 만들어진 것으로 "말할 수 없는 것"이다. 엿봄으로써 애인으로 삼는 "마부"는 지그문트 프로이트이다. 그가 주장했던 과장스런 논리를 상기하면 "*J' applle un chat un chat*" (나는 암캐–여성의 성기–를 암캐로 부른다.)"는 그가 "말할 수 없는 것"으로 부르려고 고집했던 것으로 여성 환자 주위에서 적절한 이름으로 불리었다. 이후, 프로이드와 같은 많은 사람들은 그 자신 속으로 미끌어짐을 느낀다. 아이러니하게도 vulva라는 단어를 전달하기기 위해서 프랑스 속어–주위의 텍스트는 독일어이다.–를 사용한다. 이것은 이중적 관점에서는 고전적인 "숨겨진 글자"이다. 첫째로, 그의 문학작품은 모두가 볼 수 있도록 열려있다. 두 번째로, 숨겨진 글자는 그것에 관한 한 후기 라캉적인 담론을 이끌어낸다. — 여자가 부족한 것, 이러한 것의 발견에 대한 사이트와 거세와 같은 부족의 음모, 진실만큼의 거세되는 것의 부족, 진실만큼의 거세의 부족 등등으로 라캉과 그의 추종자들을 통해 그 이야기가 발생되었다.

이러한 모든 책략 속에 "숨겨진 글자" 그 자체는 숨겨진 글자인 라캉이 되고 그것은 이야기 바깥뿐만 아니라 이야기속의 배우들에서 나레이터를 포함하여 이야기 안의 효과를 만드는 것이 가능하다.

우리에게, 그리고 그 저자에게 그것이 무엇을 의미하는지에 대하여 걱정하는 것을 방해할 사람은 없다.("세미나", 57) 숨겨진 글자의 힘은 그것이 무엇을 의미하느냐에 달린 것이 아니라, 그것이 어떻게 작용하는가에 달려있다. 바바라 존슨은 다음과 같이 첨가시켜 이야기 한다. " '숨겨진 글자' 는 그래서 라캉에게 일종의 기의의 알레고리가 된다." ("참조의 틀", 464) 제프리 멜만의 번역(우편배달부와 같은 이름인 데리다가 이미 카르테 포스탈의 마지막 페이제에서 이미 만들어왔던)에서 라캉은 다음과 같이 더 심도있게 설명을 한다.

> 숨겨진 글자가 그랬던 것처럼, 거대한 여성의 신체는 더핀이 들어왔을 때 장관의 집무실까지 확장된다. 그러나 그가 이미 그것을 찾기로 예상했던 것처럼. . . . 그리고 그것이 단지 프로이트 교수의 방문 전에 들을 필요없이, 그는 그 지점으로 똑바로 갈 것이다. (세미나 "Seminar", 66—67)

거대하고 빨갛고 O 모양의 티베르강에 면해있는 요새의 폐허인 하드리안 대제의 묘는 피라네지의 동판화에 종종 등장한다.[미주10] 아마도 그가 설계한 것 중 가장 잘 알려진 고안물은 벽난로를 위한 디자인이다. 감옥연작Carecri과 피라네지의 다른 고안물처럼 그것들은 "과장된 것" 으로 보여질 수도 있다.

다른 글자들

우리들—여자들이다 남자들에게는 이것이 적용되지 않을 것이다—이 지원서 양식을 적어낼 때 M이 아닌 F란에 체크해 보도록 하자. 우리에게 M에 체크하는 것은 거의 일어날 수 없는 일이다. 속이려고 하는 것이거나, 아니면 더 나쁘게는 존재하지 않는 세상에서 우리자신을 지우는 것과 같다.(남자가 F란에 체크하는 것, 그렇게 하고 싶어 한다고 해도 그것은 또 다시 완전히 다른 것을 암시하는 것일 것이다.) 우리가 양식의 옆에 있는 작은 네모상자에 체크하는 바로 그 순간부터 우리는 공식적으로 여자로 성의 구별이 지어지게 된다. 다시 말하자면, 다른 사람들이 우리를 여성으로 생각할 뿐만 아니라, 그 순간부터 우리는 우리자신을 여자로 나타내게 되는 것이다.

이제, 다음과 같이 질문 할 것인데 우리가 양식에 채워넣는 작은 란 옆의 F란이 우리에게 젖은 실크 드레스처럼 착 달라붙는 것을 의미하는 바와 마찬가지로 그것은 같은 것이 아닌가 ? 혹은 양식에 F를 체크하는 것을 생각하고 있는 동안 사실 F 그 자체가 우리에게 체크하고 있는 것은 아닐까? (드 로레티스de Lauretis, 性의 테크놀로지, 11—12)

글자는 또한 누군가에게 무언가를 시키는 존재이다. 가자, 날자, 자유롭게 하자. 그리고 그것은 이러한 임대의 형식이다. —그 글자는 글쓰기가 법칙으로부터 자유로와지고 절제에 의해서 방해받지 않는 것으로 남근숭배적인 권위를 초과하는 곳에 있는 "개인적인" 것이고, 그 효과를 새기는 주관적인 것이 [성에 관계없이] 여성적인 것이 되는 곳이다." (식수, 식수와 클레망, 새롭게 태어난 여성, 86)

1987년 8월 9일

나가사키

친애하는 제니퍼

진짜 당신은 소온이 JJ를 사용했다는 사실을 발견했습니까? 확실할 것입니다. 그리고 당신의 글은 훌륭하고 매우 흥미롭습니다. 존 골든의 "피네간의 경야 :**플롯에 관한 요약**"을 알고 있습니까? 그 전체의 책은 채플리조드Chapelizod[115]에 있는 방에서 일어난 것입니다. 박물관 개실(Museyroom—버섯도 됨)은 방에 대한 고안물로서, 당신이 잘 아는 방 속에 있는 모든 대상들을 자세히 말함으로써 당신의 기억을 날카롭게 하는 기억을 돕는 도구에서 나온 것입니다. 지난 여름,

저는 쉐리단 라파누Sheridan Lefanu[116]의 "교회마당 옆의 집"을 세심하게 읽은 후에야 비로소 경야에 대한 모든 것을 이해할 수 있었습니다. 심지어는 아나 리비아에 관한 것도 말이죠. 플롯은 미로지만 중요한 것은 충격으로 의식불명이 된 남자에게는 죽기 전에는 그가 원상태로 되돌려질 수 있다는 희망의 말로 속여야만 한다는 것입니다. 그의 재탄생은 피할 수 없이 그가 죽어야 가능한 것이죠.). . . .

잠시 쓸 데 없는 말을 하자면 나는 지금 막 당신의 집 주소를 알게 되었습니다. 시도 할 건가요? 이후 연구논문 말이예요. 무엇에 대한 연구 논문인가요? 나는 그가 이미 나에게 상당량(프리에Fourier[117]에 관하여)을 이야기한 것을 알아채고 나서, 이제 막 토니 비들러Tony Vidler의 새 책을 읽기 시작했습니다.

신의 은총이 있기를. . . .

가이Guy[미주11]

그리고 엽서

1988년 7월 5일

케임브리지

피터 선생에게

당신은 나의 관심의 한계를 보게 될 것입니다.

제니퍼로부터

P.S 나의 우산을 찾았나요?[미주12]

---

115 더블린 서쪽 3마일 지점에 있는 교외. 트리스탄Tristan과 이졸데Isolde의 전설과 관련이 있는 곳이다.

116 Joseph Sheridan Le Fanu(1814–1873) 단편과 미스테리 소설을 주로 쓴 아일랜드 작가. 그의 유령시리즈들은 모던 형태의 공포소설의 전형을 보여주고 있다.

117 푸리에Jean Baptiste Joseph Fourier(1768–1830) 제단사의 아들인 그는 여덟 살 때 고아가 되었고, 베네딕트회사가 운영하는 군사학 교에서 교육을 받았는데 후에 여기에서 수학 강사를 하였다. 그는 프랑스 혁명을 촉진 시키는 데 일조를 하였으며 이 공로 로 에콜 폴리테크니크의 교수가 되었다. 가장 인용이 많이 되는 푸이에의 말은 (열의 수학적 이론에 관한 그의 초기의 논문에 나오는) "자연을 깊이 연구하는 것이 수학적 발견의 가장 풍요로운 원천이다." 일 것이다.

"그래서 기의로서 글자는 사물이 아니거나 사물이 존재하지 않는 것을 의미하는 것이 아니고, 또한 단어나 단어의 부재가 아니다. 기관器官이 아니거나 기관의 부재가 아니고 단어와 사물 그리고 기관들이 한정될 수 있게 떨어져 있지도 않고, 양립적으로 결합되어있지도 않은 곳의 구조 속에 존재하는 매듭이다." (존슨, "***참조의 틀***", 498)

지도만들기

경치는 이동하고 있는 선에 의해 패턴화될 수 있다. 호주의 Arunta지역의 경우에 전체 지역은 고립된 토템적인 "시골"이나 씨족 소유지와 함께 연결되어 있거나 그 사이에 있는 쓸모없는 영역을 떠나면서 신화적인 통로의 연결망에 의해 마술적으로 조직화된다. 정상적으로 토템적인 사물을 포함하고 있는 단 하나의 정확하고 신성한 창고가 있는 [올리브] 핑크는 신성한 장소에 정확하게 접근하기 위해서 그의 안내자중 한 명이 만든 긴 우회도로에 대해 말하고 있다.

[삐에르Pierre] 자카르Jaccard는 사하라 사막의 유명한 아랍계 안내자에 대해 말하는데 그 안내자는 아주 희미한 흔적을 따라가고 전체 사막은 통로의 망상으로 된 것이었다. 일견 그는 애를 써서 간신히 표시된 길의 연속적으로 꼬인 선들을 따라갔다. 심지어 열린 사막에서 그의 목적지가 정확하게 그에게 보일 동안에도 선들을 따라갔다. 이러한 신뢰는 폭풍우와 신기루들이 종종 먼 곳의 경치를 못 믿게 만들기 때문에 나타나는 습관적인 것이었다. 또 다른 작가는 교차된 지점에 돌기둥으로 표시가 되어 있는 물구멍에서부터 물구멍(오아시스)까지,

수백 킬로의 빈 땅을 가로질러 가는 낙타들에 의해 닳아빠진 대륙 횡단 통로인 사하라 Medjbed에 대해서 쓰고 있다. 그 길을 잃어버린다는 것은 죽음을 의미할 수도 있다. 그는 강한 개성에 대해 이야기 할 수도 있다. 이 흔적을 습득하는 것은 신성한 개성이다. 꽤 뚫을 수 없는 아프리

카 숲과는 완전히 또 다른 경치에서 얽혀 있는 것은 코끼리 통로에 의해 교차되는데 그것은 우리가 도시의 거리를 읽고 가로지르는 것과 마찬가지로 원주민들이 읽고 가로지르는 것이다. (케빈 린치Kevin Lynch[118], 도시의 이미지Image of the City, 130)

피라네지의 "장소의 개념에 대한 체계적 비평"과 조이스의 역사의 개념에 대한 체계적인 비평은 이러한 모든 것들을 깨뜨리고, 비틀고, 증가시키고, 혼란시킴으로써 이루어진다. (타푸리, 구와 미로, 27) 그것들은 "장소"와 "역사" 속에 구체화 되어 초월하는 것과 직접적인 것과 권위를 거부하는 해석에 대하여 다시쓰는 것이고 아마도 지도만들기로 가장 잘 묘사될 수 있는 과정에 의해 수행되는 것이다.

피라네지의 꼴레지오 에칭을 위에 기술된 풍경과 비교해보라. 각각의 경우에서 "이성적인" 해석이 있다. 사막에서 여기에서 저기 사이로 가는 [적당한 PROPER] 길—우리는 그것을 볼 수 있다—은 직선이다. 그림에서 우리는 중심의 개념을 안정시키는 바로크적인 평면을 보게 된다. 그러나 이들 둘의 경우에서 또 다른 수색자에게 이 세부사항들은 더욱 많은 것을 나타내는 사인Sign이고 선의 권위를 소멸시키는 볼록렌즈 중심과 같이 중심에 대한 개념을 나타내는 비평이다. 아름답게 구성되고 명확하게 포함된 기숙사 계획은

사실상 이론적으로는 무한하게 확장 가능한 구축물이다. 부분들의 독립성과 그것들의 몽타쥬는 순수한 연속(접근)외에는 아무런 법칙도 따르고 있지 않다. 꼴레지오는 이후, 일종의 거대한 물음표를 건축 구성의 의미에 부여한다. 면적 선택의 "명쾌함"은 상호 대화 속에서 여러 가지 부분에 관련된 과정으로 미묘하게 침식된다. 단일 공간은 비밀스럽게

118 MIT공과대학의 케빈린치Kevin Lynch 교수는 도시이미지를 형성하는 요소로서 도로paths, 접합점nodes, 지역사회districts, 변두리edges, 탑, 건물landmarks 등을 지적하고 있는데 이들 요소의 유니크unique한 형태들의 총합으로 인한 다양의 통일은 그 지역의 이미지를 형성한다고 할 수 있다.

그 자체에 지배를 받게 하는 법을 수행한다.(타푸리, 구와 미로, 31) 만약에 우리가 세부사항과 우회로에 주의를 기울인다면, 우리는 더 많이 나아갈 수 있을 것이다.

—내 자신은 또 다른 곳에 있어야만 한다고 생각한다. 그리고 모든 사람들은 어떤 곳에 가기 위하여 루트와 사인과 "지도"가 있어야 한다. —탐험과 여행을 위해서.

—거기에 책의 존재이유가 있다. 모든 사람들은 경제적으로 정치적으로 모든 비열함과 타협에 빚을 지고 있는 장소가 존재한다는 것을 알고 있다. 시스템을 다시 만들지 않을 수 없다. 만약 지옥과 같이 되풀이되는 장소에서 벗어날 수 있는 또 다른 곳이 있다면, 그곳은 그 자체로 글을 쓰고 꿈을 꾸고, 새로운 세계를 창조하는 곳이다. (식수, 식수와 클레망, 새롭게 태어난 여자, 72)

P.S. 데카르트의 집Un chateau des cartes 또한 지도로 된 집이다.

비주류(마이너) 건축

비주류(마이너)건축의 개념은 만프레도 타푸리의 "주류(메이저) 건축"의 개념으로부터 적절하게 추론되었고 질 들뢰즈와 펠릭스 가따리의 비주류(마이너) 문학에 대한 개념으로 사용될 수 있다. 비주류 문학은 내부로부터 그것을 전복시키기 위하여 일류 언어의 관습을 떠맡은 글쓰기이다. 들뢰즈와 가따리는 20세기 초에 프라하에서 독일 치하에 글을 썼던 유태계인 프란츠 카프카의 작업을 연구하였다. 비주류 문학은 세 가지 주요한 특성을 가지고 있다.

· 비주류가 그 언어를 비영토화하는 일류 언어 안에 구성한다는 점이다. 들뢰즈와 가따리는 독일 치하의 프라하를 흑인 미국영어와 비교했다.

· 그것은 강렬하게도 정치적이다. "경련을 일으키는 그 공간" 은 각각의 개인적인 음모를 즉시 정치에 연결시키게끔 한다. 개인적인 관심은

그래서 모든 다른 이야기가 그 안에서 진동하고 있기 때문에 더욱 필요하고 필수 불가결하게 확대된다. 달리 말하면, 비주류 문학에서는 개인적인 것과 정치적인 것 사이의 구별이 용해된다.

· 그것은 집단적인 조합이다. 그 안의 모든 것은 집단적인 가치를 떠맡고 있다.

들뢰즈와 가따리는 비영역화에 대한 두 개의 통로를 기술하고 있다. 하나는 "인공적으로 [언어]를 풍부하게 하여 상징성과 꿈꾸는 듯한 것과 비밀과 숨겨진 기표의 자료로 끌어올리는 것이다." 이것은 조이스적인 접근이다. 다른 하나는 언어의 빈곤함에서 더 넓은 "절제의 순간"까지 끌어올리는 것이다. (카프카, 19) 이것은 카프카의 방법이다. 들뢰즈와 가따리는 조이스적인 것을 사람과의 단절을 가져온 은밀한 재영역화라고 하여 거부했고, 그들은 계속해서 카프카의 방법론을 사용했다.

그러한 개념을 건축으로 옮기면서 이미 물질적으로는 더욱 강렬하게 독단적인 사람들과 더욱 복잡한 연결을 하고, 나는 그들 사이에서 왕복하고 있는 둘 다의 가능성에 탐구하는 것이 필요하다고 믿고 있다. 이것은 건축적 대상들과 건축구축적 텍스트를 쓰는 것 사이에서 격투의 선을 묘사하고자 할지도 모른다. 비주류 건축은 이 조건을 따르는 실제의 연출가능한 것들을 기꺼이 받아들여야만 한다. 비주류 건축의 임무중 하나는 시각적인 것—이미지—의 주도권에 대하여 건축을 감지하고 이해하는 방법에 비평적으로 작동하는 것이다. 그래서 비주류 건축의 작업이 어떻게 보이는 가는 "~같이 보이는" 건축의 조건과는 관계없는 것이다. 그래서 양식이나 건축어휘를 제안하는 것이 아니라 혁명적인 건축 비평, 즉 안쪽으로 깊이 들어가는 권력의 매커니즘과 건축이 공모결탁하는 관습적인 것으로 들어가 "내부로부터 나온 비평"을 제시하는 것이다.(이것은 아마도 모든 건축적 전통을 포함할 수도 있다.)

존 헤이덕은 10년 전에 이러한 종류의 모든 실험을 수행했다. "Bye, House"(오역한 것) 단순히 집과 그 소유자를 암시하는 것이 아니라 전통적인 것으로 구성되었기 때문에 혼란하게 됨으로써 대상에게 안녕을 고하는 것을 의미한다. 벽안에 있는 [동굴]이 폭파된 것과 마찬가지로 안과 밖이 뒤집혀버린 [집]은 튀어나오고, 스며 나오고, 안쪽에서 새어나온 것이 된다. 그리고 피부 속에는 없는 이미지 하우스라고 명명된 것이 시들게 되었고, 과밀하게 밀집되었고, 부분적인 대상들이 의도된 것에 반하여 튀어나오는 유클리드적인 수평면이다. 여기에서 헤이덕은 르 꼬르뷔제와 콜린 로우(그의 아버지)를 한입에 삼켜 소화시키고 Bye House라는 이름붙인 건축적 조합으로 그것들을 배설(배변하여 장을 비웠다.)했다

1988년에 헤이덕이 설계한 '자살의 집' 과 '자살한 어머니의 집' 은 조지아 공대에 있는 건물로 구축되어 표현되었고, 수년 동안 불완전한 상태로 남아서 불구와 같은 건물이 되어버렸다. 이 불완전한 조건의 건물은 집을 자물쇠로 채우고 열쇠를 삼켜버리는 건축지능을 보여주었다. 이 불완전한 대상은 계속해서 사회의 진보주류로부터 처지게 되었다. 그것들은 먹히긴 했으나 소화되지는 않은 채, 시스템을 자극하면서 모이주머니에 달라붙은 채 남아있었다. 침묵하고 벌거벗은 채로 그리고 명백히 위협적으로 굳어진 메두사의 공포스런 머리다발과 같이 그들은 아마도 완전히 마감되고 아름답게 세부장식된 것보다 더욱 가시투성이고 위협적인 것이다.

거기에 그와 같은 건물들이 계속해서 건설되었다. 그러나 1992년에 시스템적으로 짜증나는 취향은 여전히 남아 있게 되었다.

불완전한 계획은 권위를 무시한다. 내 아버지의 집은 유효한(반복적이고 포함되고, 완벽한) 계획이다. 불완전한 집은 허약하고, 시스템 속에 병든 신체이고, 위협하는 것을 삼키는 시스템 내에서 방해물이 된다.

거 울

경이로 가득 차고 그것 자체가 은유적인, 진실되게 표현하는 거울에 대하여 어떻게 이야기 할 수 있을 것인가. 세상은 널리 퍼지지 않은 표면에 지탱하여 살고 있다. 가상의 현실성, 실제적 이미지이다. 거울에 나타나는 이미지는 정말로 전혀 거기에 없는 것이다. 신기루이다. 파타 모르가나(이탈리아 남단 메시나 해협에 나타나는 신기루—역주)이다. 로라 바레트는 거울속의 아이를 보고 흔들고 웃고 "바바, 바바!"라고 소리치며 손을 뻗친다. 12살의 사라는 거울 앞에서 생각하고/알고/희망하고/공포스런 ? 여자를 찾으면서 거울 앞에 꼼짝 않고 서 있다. 앞으로 그렇게 될 것이다. 마흔 살인 나는 거울 앞에 서면, 나에게서 퇴보하고 있는 여자를 본다. 조금씩 조금씩 나는 그녀에 의해 규정된다. 나는 그녀를 놓아주려고 한다. "진실된 표현"을 보는 것일까? 만약에 진짜 같은 것이 정말로 작용하지 않는다면 왜 은유는 그러하지 않은가?

"나는 당신에게 내가 제공한 것을 거부하라고 요청할 것이다. 왜냐하면 그것은 그것이 아니기 때문이다"(자크 라캉, ***재연***, 114)

패치워크 PATCHWORK

바느질하기sewing/"하수도 설비하기" sewering/씨뿌리기, 집합성, 삯일, 여성적인 것, 누더기 넝마조각rag의(분노가 나는 rage), [짜기]에 관련된 것 (시적인 것), 점 흔적/피와 피흘림, "잠자는 숲속의 미녀"[로케트]에서 왕복의 점, 안대eye-patch, 일부구멍, 정원수선, 작은 조각 같은 것으로 작업하기.

패치워크는 어느 정도, 자수놓기에 가까운 주제와 좌우대칭으로 나타날 수도 있다. 그러나 사실은 그 공간이 전혀 같은 방법으로 구성되어 있지 않다는 점이다. 중심이 없다. 그것의 기초 주제("블록")는 단일의 요소로 구성되어 있다. 이 요소의 재현은 특별히 자수놓기(특히, "미친" 패치워크에서 그러한데 그것은 여러 가지 다양한 크기와 모양, 색깔의 조각을 함께 맞게끔 맞춘다.)의 조화와는 뚜렷하게 다른 리듬있는 가치로부터 자유롭게 한다.(들뢰즈와 가따리, 천개의 고원, 476)

패치워크 퀼트이불은 희소성과 물자부족 때문에 생긴 미국 공예품이다. 그 제작방법을 알려주는 지식은 전통적으로는 대화와 구술로 어머니에서 딸에게 일대일로 전수되었다. 퀼트 이불은 기능적으로 우수하기도 하고(온도의 안전함과 세탁성에 있어서) 만족감과 중요한 패턴을 만들기 위해 선택된 다른 재료들로부터 나온 오려낸 것들과 조각에 의해 구성된다. 벽과 같이, 퀼트이불은 여러 가지 재료의 켜(레이어)로 조합된 것으로 각각은 고유의 기능과 함께 같이 고정된다. 켜(레이어)를 조합하는 것—퀼트화 시키는 것—은 대부분 집단적인 작업이다. 그것은 개개인들이 계획의 완성에 공헌하는 많은 개인들의 집합이다. 시간과 노력의 선물이다. 종종 퀼트 이불은 항상 새 신부나 새로 태어난 아기를 위한 선물로 만들어지고, 때때로 살아있는 사람들을 위해서 우리가 죽은 자를 기억할 수 있도록 AIDS 퀼트로 구축되기도 한다. 공동체 안에 퀼트 이불의 모음에 관하여 선물 교환 [지도만들기]을 통해 얽힌 망의 느낌으로 만들 수도 있다. 퀼트 이불은 같이 일하면서 인간에 의해 제작된다.—만들면서 말하고 만지고 하면서. 새기기와 구축 둘 다를 보여주는 퀼트이불은 때문에 즉시성을 초월하는 공간성을 포함하고 있다.

패치워크의 전통은 강하다. 엄지손가락을 사용하는 고대로부터 내려온 법칙들을 통해, 패턴과 꿰매는 방법에 대한 독점적 지식과 길이에 대한 유형학이 있다. 그것은 "줄무늬"를 포함하고 있다. 할머니나 어머니[PROPER]의 독재에 의해 강요되는 거대한 균일성을 형성하는 그 "적당하고" 작은 한 바늘의 바늘뜸 간격이다. 미친 퀼트이불은 결핍한 조건하에서 나온 고안물로 더할 나위없이 훌륭한 모형이다. 그것은 이미 존재하는(나머지의) 모양사이의 접합점들을 합쳐서 만드는 것과 관련되어 있다.[미주13] 여기에서 권위적인 지식은 실용성과 고안물의 장악으로 희미해진다. 실용주의의 정신을 따라 나는 그러한 것들을 재료와 기능으로 표현할 뿐만 아니라 사용하는데 있어서 중요한 것으로 간주하는데 그것은 기억의 구축, 역사적으로 중요한 계획으로서 퀼트의 역할을 포함하고 있다. 여기, 지난해 부활절 예복이 있는데 이것은 할머니의 커텐조각(그것은 또한 그것들로 만들어진 인형 드레스를 생각나게 한다)에서 나온 것이다. 또한 우리가 뒷뜰에 있는 사과나무 아래에서 이불을 깔고 위에서 낮잠을 자곤 했던 것이고, 거기에 오래된 일상의 식탁보조각이 있다. 가족역사의 일부분인, 기워 작업한 퀼드 이불은 주도적인 것 안에 놓어있는 타자성의 창백하고 엷은 켜(레이어)를 의미하는 구축물이다.

"리만적Riemannian[119](비 유클리드적, 조이스적, 피라네지적)인 공간에서 근접하는 것은 그래서 유클리드적인 공간의 파편과 같지만 하나의 근접함과 다른 것 사이의 연결은 규정되지 않았고 무한정한 수의 방법으로 영향 받을 수 있다. 가장 일반적인 부분에 있어 리만적인 공간은 그래서 그 자신은 병치되지만 각각에 부착되지는 않는 무정형 조각들의 집합으로 나타난다 . . . . 짧게 이야기 해서 만약 우리가 로트만의 훌륭한 기술[막 인용된]을 따른다면 리만 공간은 순수한 패치워크이다." (들뢰즈와 가따리, 천개의 고원, 485)

파마콘 PHARMAKON

플라톤은(피드러스Phaedrus에서) 글쓰기가 좋은 것인지 나쁜 것인지를 질문을 받았을 때, 파마콘—독이기도 하고 치료약이기도 한 약이나 독약 1회분—으로는 처음으로 글쓰기에 대한 문제로 우리를 이끈다. 꼬리표에 "진실"이라고 되어있지만 모순된 오염물질이 새어나가게 하고 있는 글쓰기와 말하기에 대한 충실한 반영이거나 악마적인 [용기]인지 어떤지에 대한 문제는 이후로 계속해서 활자체가 되어 나타났다. 20세기에 이 문제 [상형문자]에 대한 담론이 두드러지게 나타난다. 이름들과 작업이 이 구축 속, 특히 발터 벤야민, 피터와

---

119 리만幾何學 Riemannian geometry 리만계량이 주어진 미분가능다양체(리만다양체)의 미분기하학. 미분가능다양체의 각 점에서 접공간에 내적을 대응시키는 미분가능사상을 리만계량이라 한다. 내적이 주어진 벡터공간(즉 유클리드공간)은 가장 간단한 리만다양체이므로 리만기하학은 유클리드기하학을 일반화한 것이다. 미분가능다양체 위에 리만계량이 주어지면 곡선의 길이를 측정할 수 있기 때문에 두 점을 연결하는 최단선을 생각할 수가 있다. 이것을 측지선이라 하며, 유클리드기하학에 있어서 직선을 일반화한 것이다. 정곡률공간은 대칭공간이며, 대칭공간에는 등장변환군이 추이적으로 작용하고 있기 때문에 등질공간이다. 하나의 방향을 포함해 서로 직교하는 모든 단면에 관한 단면곡률의 평균을 리치곡률이라 하며, 리치곡률이 일정한 것과 같은 리만다양체를 아인슈타인공간이라 한다.

잭들에서 나타나는 모든 부분들은 글쓰기와 그림사이의 이 장소와 주위에 작용하고 있다.

"해외"에 부쳐진 "잭 데리빠"에게 보내는 편지에서 마이클 필립슨은 13페이지에 걸쳐 여자점쟁이에게 접근하는 것에 대하여 쓰고 있는데 여기에서는 출판업자로부터의 글쓰기에 대하여 허락 없이는 재생산할 수 있는 부분이 하나도 없다. 그 문제는 글쓰기(짐과 잭 둘 다는 본보기나 죄인으로 낙인찍힐 수 있다.)가 이중화되고 이중적인 본성을 포함하고, 주도적인, 혹은 누군가를 어딘가에 이끄는 관점에서 그러나 또한 건축가에 의해 종이에 검은 표시와 관련이 있는 단어의 다른 가능성에 대한 관점으로 이끌고 싶어하는 무언가를 이끄는 글쓰기에 대한 욕망을 나타낸다. 기묘하고도 거짓말과 같이 여자점쟁이는 아이들의 육아방으로부터 나온 선으로 구성된 꼴라쥬로 된 긴 문장의 시속에서 질문에 답을 한다.(현대성의 경야를 참조할 것, 142−157) "정액, 물, 잉크, 페인트, 향료로 된 염료: 파마콘은 항상 액체와 같이 투과한다. 그것은 흡수되고 빠지고 내부로 유입되는데 그것은 처음에는 양식의 견고함을 나타내고 곧 그것을 침범하여 약과 양조와 술, 한잔의 독약과 독으로 범람하게 한다." (데리다, 씨뿌리기, 152)

검은 점 POCHE

poche라는 단어는 "검게하다"라는 뜻의 불어 pocher의 과거분사이다. (그것은 또한 달걀에서와 같이 "침입하다"라는 뜻을 가지고 있다. 거친 스케치나 에세이에서처럼 "힘차게 하는 것"이다 ; 바지에서 "무릎 부분을 불룩하게 만드는 것"이다.) 그것은 "주머니"나 "주름" 혹은 "구멍"[용기]들이 모두 poche의 관계사關係詞이다.

Une pochette는 핸드백이고 une pochetee는 "주머니가득" 이거나 혹은 멍청한 사람이라는 의미를 가지고 있다. 건축 도면(단면과 평면)에서 poche는 잘려진−예로 벽과 기둥들과 보둥의−솔리드한 재료를 나타내는 것이다. 그 표현에서 단면으로 잘려진 요소들의 윤관선 안의 공간은 검게 채워진다. 때때로 "실제" 건물에서 솔리드 하게 나타날 수 있는 요소는 실제상으로는 그 안에 주머니(공간)을 포함하고 있다. 때때로 [간격]인 이 poche는 건물 도면의 공간 안에 있는 하얀 허공으로 표현되고, 숨겨지고, 비밀스런 방을 구성한다.

유년시절의 반 정도를 나는 버지니아 남서쪽에 있는 석탄채굴 광산마을에 살았다. 가장 뚜렷하게 기억하는 것의 하나는 땅의 거대한 구멍으로부터 나오는 검은 것들로 온몸이 덮힌 광부들의 모습이었다. 그들의 얼굴, 여위고 피곤한 모습에, 기름기와 숯검댕이 하나가 되어 얼룩진 채, 나를 바라보던 그들의 푸른 눈(고지에 살던 유전인자를 가지고 있던 스코틀랜드–아일랜드계 이민자들의 세대라는 것을 드러내보이면서)은 거의 인간이 아닌 듯한 모습이었다. 석탄 먼지는 어느 곳에든 있었다. 매일 저녁 어머니들은 아이들의 코를 하얀 천으로 쑤셔 닦았다. 코를 닦은 천은 그 위에 검은 원의 점이 생겼다.

이제 당시에 그곳에서 살고 있었던 소년에 대하여 심각하게 다루어 보도록 하자. 내가 가장 친했던 친구들은 가족과 같은 지붕에 살았던 쌍둥이 소년들이었다. 그들은 새로 지은 벽돌집에 살았다. 침실 중 하나에 있는 벽장의 뒤에 있는 구멍을 통해 접근 가능한 윗층에는 "비밀스런" 작은 방이 있는데 아마도 넓이 4×6피트, 높이 4피트의 크기였을 것이다. 그곳으로 우리는 후레쉬와 많은 책을 가지고 갔다. 그곳에서 쉠과 쇼온과 나는 비가 쏟아지는 오후에 다른 세계에 대한 욕망을 만족시켰다. 그곳은 스릴 넘치는 장소였다. 아이비리그 대학에서 계속 공부를 하고 뛰어난 경력을 가지고 있던 쉠은 그 자신 안에 비밀을 숨기는데 시간을 보냈으며 최근에 알려지지 않은 바이러스로 사망했다.

최근에 나는 가족을 사랑한다고 생각하는 남자로부터 탈출한 여자들과 그들의 아이들을 숨기고 보호할 수 있는 시스템 구성을 위해서, 몇 개의 건축작업을 선보였다. 나의 작업에서 이 "피난처shelter"는 푸릇푸릇하고 어두운 플로리다 잎으로 얽혀있는 것을 비운 주머니 속에 자리잡은 채, 비밀스런 장소 속에 위치해 있다. 그 디자인에 관하여 생각하기 시작한 동안에, 나는 피난처 문제로 관심이 있었던 여자(가정문제로 도움을 청하는)들과 미팅에 매주, 정기적으로 나갔는데 그들은 모두 가정에서 뛰쳐나올 계획을 가지고 있었다. 순진한 마음으로 이 일을 시작했던 나는 이 여자들이 어떤 환경 속에 있는가를 알고 나서는 대경실색하고 말았다. 그들은 모든 부류의 사람들을 포함하고 있었다. 보여주지 않으려고 하는 넙적다리 위쪽에 칼로 상처 난 흉터가 있는 한 여인, 남편은 그녀가 마구간과 같은 집에서 잠시 나오는 것도 싫어했으며, 그녀의 아이들을 사립학교로 데려다주려고 나가는 것조차 싫어했다.

어법이 잘 맞지 않고 어울리지 않는 옷을 입고 항상 화가 나있는 듯한 뚱뚱한 여자가 있었다. 말씨가 부드러운, 겁먹은 여인들이 있었다. 흑인 여자들이다. 백인 여자들, 라틴계, 학생들, 고용되지 않은 여인들, 직업여성들, 한 여인은 경찰서장과 결혼했고 또 다른 사람은 장관과 결혼했다. 검은 눈동자와 거무스름한 멍과 검은 점poche으로 쓰여진 텍스트가 타고있는 담배로 만든 조그맣고 동그란 흉터로 모든 것을 파악할 수 있었으며, 은유로서 작용하는 이것들은 그러나 단순한 은유는 아니다. 그것들은 실제 상황이었던 것이었다. 어느날 밤, 아마도 14살 된 소녀가 벽장 뒤의 구멍을 통해 갈 수 있는 숨는 장소에 대해서 말했다. 그곳은 그녀의 아버지로부터 안전하다고 생각했던 곳이고 아버지는 종종 성적 욕망을 만족시키기 위해 그녀를 강간했다.

전통적인 건축도면에서 검은 점은 종이[부화장, 암탉]를 가로지르며 그림을 그리는 도구로 만들어지는 것으로 병아리들이 긁어서 만드는 해치선 표시에 의해 제작된다. 검은 점Poche은 적당하게 질서화된 세계인 [PROPER]에서 검은 것으로 채워지고 불분명함과 어두운 검은 점을 나타내고 있는데 그곳은 안전하고 안락한 장소이고 공공연하게 음성을 내는 것이 두려워서 숨길 수 있는 장소이다. 그늘의 장소이다.

THE PROPER

"그 조화롭지 않은 세부항목들의 이름을 네가 지었니?" 이 사람은 "저절로 올라가는 주사기"와 쌍둥이 여물통에 대해 말하고 있는 조이스이다. *그대 알지라, 우군愚君이여, 그대의 예술 중의 예술에서 나와 마찬가지 그대의 쓰라린 경험으로(그걸 감추려고 하지 말지라) 형벌의 운명을 지금 나는 참견하고 있노*

니. . . (피네간의 경야, 188.26-32)

단어proper와 재산property과 적당함propriety은 라틴어proprius에서 온 것이고 "어떠한 사람의 소유의", "특별한", "특정한"을 의미한다. 부사proprie는 "누군가의 자신을 위해 배타적으로"라는 의미를 가지고 있다. 적당한proper이란 이름은 적당한 것의 기초를 세우는 상태이다. 노예의 혹은 부인의 적당한 이름을 제거하는 것과 또는 다른 이름의 대체 혹은 어떤 이의 경우 이름을 어떤 이의 아이에게 부여하는 것은 그 사람을 그 자신으로 혹은 어떤 이 자신을 위해 배타적으로 표시하는 행위이다.

The proper은 우리(그리고 다른 사람들의) 문화의 앰블럼적인 주문呪文이다. 철자 바꾸기 게임을 통해서, 우리는 proper에 무엇이 숨겨져 있는지를 밝힐 수 있다. 팝적 요소pop, 교황pope, 버팀목rope, prop, 그리고 ero("나는 무엇을 할 것이다") 등의 의미가 그것이다. 또한 거기에는 작은 구멍이 있다.

구축에 있어서는 구조적인 실패라고 쓰면서 그녀는 에세이에서 다음과 같이 적고 있다. 섹스피어의 연극, 리어왕에 나오는 "제멋대로 지껄이는 왕"을 적절히 보호하는 데 실패한 것에 대한 비유적 용법 때문에 비유적 용법의 방향을 바꾸어, 캐서린 인그래함Catherine Ingraham은 실수의, 균열의 시작인, 이 구멍을 가리키고 있다.

> proper와의 관계에 있어서, 리어왕의 성격을 드러내는 것-자기 정체성의 위기를 드러내는 것을 데리다적으로 보았을 때-은 . . . "악천후에 대비할 수 있는" 피난처의 위험한 환상을 주지만 . . . . 새로운 영역을 드러내 보인다. 이 비가 새는 지붕 아래에 . . . . 우리가 왕국, 도시, 가정 혹은 더욱 철학적으로 proper의 구조, proper의 이름, 그 자신에게 편안해 하는 자아라고 부르는 신화적인 구조가 구축되어 있다. 피난처shelter를 파괴하는 단층선이 드러났을 때. . . . 예외적인 작은 균열이 아니라. . . 집과 가정에 대한 일반적이고 일상적인 진부함으로, 다음에는 일반적으로 말해서 모든 지옥이 황폐하게 파괴될 때, 어떤 이는 건축이 proper 구조가 불안정해지는 그 자신의 순간으로 회귀된다고 말 할 수

도 있을 것이다. 왜냐하면 그것은 실제 대지가 파괴되고 형태가 주어지는 순간이기 때문이다. (**"*건축의 실수*", 12**)

로케트

로케트는 모호한 앰블럼이다. 표면적으로 보자면, 그것은 과도한 식민지화의 경쟁에서 나온 산물이며, 군비개발에 대한 남성숭배의 도구이다. 그것에서는 "빨간 섬광"이 스며나온다. 그러나 로케트라는 어원 자체는 우리에게 항상 정지하고 있는 상태에서 앞뒤로 왕복운동하고 있는 직물제조 도구인 rochetto로부터 나온 것을 알고 있다. Rochetto는 "물레질 하는 실패"인 rocca의 지소적 접미사이다. 영어로 실을 잣는데 사용되는 한쪽 끝에 구멍이 있는 막대기인 실패는 여자에 대한 환유이다. 가계혈통에서 우리는 어머니적인 이미지를 "실톳대(실패) 측면"으로 말하곤 한다. (아버지적인 분류는 "창이라는 측면"으로 알려져 있다.)

여자는 무언가 과도하고 궤도를 벗어난 존재이다.(궤도 바깥쪽으로—로케트의 위성, 눈의) 건축가로서 여자는 여성성을 초월한 존재이다. 다이달러스가 만든 구조를 상기해보라. 손으로 작동시키면서 동시에 용기인 [VESSEL용기]의 임신기간은 논리적으로 우리들의 조상의 기억을 공유하고 있다. 그녀는 벽들 사이[POCHE]의 비밀스런 장소, 궤도를 벋어난 공간으로 들어간다. 그녀는 그대로의 상태의 궤도에서 벋어나 있지만 궤도선을 따라 다시 끌어들인다. 그녀는 대부분의 여자들과 유색인종, 게이들, 레즈비언들과 혐오를 받고 그래서 억압받는 다른 사람들과 같이 [집HOUSE]과 그 안의 숨겨진 장소들 사이에서 앞뒤로 왕복한다. 왕복은 중재(챕터 1을 참조할 것)하는 행위와 양극단의 것들을 용해시키기 위한 준비를 한다. 그것은 결국 비영역화시킨다.

그러나 여기서 나는 내 자신의 발뒤꿈치를 잡아 빼내었다. 어떻게 여자가 중심의 위치에 있다고 할 수 있는 향수를 뿌린 백인의, 부르주아이며, 학구적인 여자인 내가 가장자리에 있는 사람들과 동일시 될 수 있다고 가정할 수 있을까. 그 문제의 다른 측면에 대한 대답을 과연 내가 할 수 있는 존재나 되는 것일까? 하는 것이다.

가야트리 스피박은 이 문제에 대하여 다음과 같이 접근한다.

> 이론에 의한다면, 중심은 가장자리를 더 잘 배제하기 위해서 가장자리의 선택적인 거주자들을 환영한다. 그리고 공식적인 설명을 제공하는 중심이 된다. 혹은 중심이 일단 규정되면, 그것이 표현될 수 있다는 설명에 의해 계속해서 재생산된다 . . . . 페미니스트는 가장자리에 집중함으로써, 나는 우리자신의 중심을 획득하려고 시도했었던 것이 아니라 모든 설명 속에 있는 가장자리에 감소될 수 없음에 주목하려고 해왔다. 그것은 단순히 가장자리와 중심사이에 반대로 하려고 하는 것이 아니라 구별을 대체하려고 하는 것이다. 그러나 사실상 그러한 순수한 순결함(모든 죄를 가장자리로 밀어버리는 것)은 가능하지 않고 역설적으로 가장자리를 대체시킬 수도 감소시킬 수도 없다는 바로 그 점을 나는 문제삼고 있는 것이다. 중심 그 자체가 가장자리인지를 증명할 수 있는 유일한 방법은 가장자리 바깥에 남아서 비난받는 손가락을 중심에 가르키는 것으로 나타낼 수 있는 것이 아니다. 나는 그것을 오히려 중심 속에 있는 내 자신을 암시함으로써 그리고 정치적인 것을 가장자리에 위치시키는 방법으로 할 것이다. 해체주의자는 그 자신(어떤 이가 자신의 임의로 할 수 있다는 가정을 하면)을 중심(내부)과 가장자리(외부)사이에서 왕복하는 것으로 사용할 수 있고 그래서 대체성을 담론화 할 수도 있다.(다른 세계들, 107)

벨의 갈고리들은 인종적인 주도권을 존속시키고 있는 학교 안에 편안히 고착화하여 앉아 있으면서 인종주의를 뿌리 뽑겠다는 공언된 목적으로 변화의 담론을 형성하는 백인 학구파의 손가락을 상징한다. 그녀의 관습은 또 다른 형태의 왕복이다. 진짜 훌륭하게 될 수 있는 방향으로 변화하는 것은 인종담론을 형성시키는 것이다. 흑인에게 어떻게 흰 색화 되어가는가를 알게 하기 위해 흑색화를 취하게 하는 백인계층에게 있어서, 그것은 매우 흥미로운 것이다. (열망, 54)

그렇게 왕복하는 행위는 한계와 새로운 것과 오래된 것을 규정하는 것을 줄어들게 한다. 그것은 그들을 순환하게 만든다.—적절하게.

돌

건축의 전통은 돌을 쌓아 올리는 것이다. 건축은 오랫동안 돌 위에 돌을 쌓는 행위로 지어졌다. 각각의 재료들은 미리 결정되고 올바른 [PROPER]를 만들기 위해 적절하게 잘리고 맞춰진다. 이 구축물의 부재인 돌은 3차원적인 모자이크—돌의 구축(단어: 니체의 은유를 상기할 것)과 건축적으로 플롯화된 아마추어의 한 켜(레이어)를 제공하는 돌처럼 단단한 주제의 영역을 나타내는 것이다.

돌의 구축에 대한 지도un vaisseau de pierre는 여행기**[지도만들기]**의 다음과 같은 연결망을 포함할 것이다.

돌 위에 지도를 만든 캄포마르지오

돌에 새겨진 계율 로제타 스톤

시대의 돌 로케트rochetta 오시리스(이집트 신중의 하나 Isis의 남편)의 돌로 된 음경

상형문자가 있는 돌로 된 오벨리스크 라캉의 돌 남근상

피닉스 파크 돌(HCE의 음경) 가족의 보석

피에르 피에트라 피터 외눈의 바지 뱀

메두사의 사악한 눈 시클로프스 스클로프스적인 석공

돌과 같은 침전물 강의 돌 쓰레기 적치장

모자이크 셔발의 궁전 핀천의 사악한 성직자

롤링 스톤 시지프스 방황하는 유태인들

바다에서 나오는 니체의 암석

돌을 굴려 보내는 것

쉠과 쇼온(줄기stem와 돌stone)

벤야민의 돌과같이 굳어진 풍경

돌의 기초
이론　초석　돌의 판
돌을 던짐　돌의 무게　계산법
Go 게임 (들뢰즈와 가따리의 매끄러운 공간)

탐탁치 않은 짐승

짐승은 "인간을 제외한 어떤 동물"로 정의할 수 있다. 이러한 인간이라는 단어의 사용에서 용어는 성性과 모든 인종 둘 다를 언급하는 것이다. 그럼에도 불구하고 우리가 예술과 문학 그리고 서구문화의 속어를 들여다본다면 우리는 그 정의가 덜 포괄적이라는 것을 발견할 수 있을 것이다. 우리들의 문화에서 여자들과 흑인들, 그리고 다른 인종들은 모두 야수들로 간주되었다. 뱀, 벌레, 암소, 고양이, 새끼고양이, 개와 암캐, 암닭과 병아리, 토끼(토끼 옷을 입은 호스테스)등과 그 외의 다른 것들로. . .

짐승들은 생산과 재생산을 위한 것이지 이성理性을 위한 것은 아니다. 야수성은 proper가 아니고, 어떠한 [PROPER]도 가지고 있지도 않다. 야수들은 이 문서 전체로 기어가고 살금살금 걷고 배회한다. 거기에는 거미와 닭과 두더지, 거위, 말, 이, 암소와 그 이상의 것들이 존재한다.

짜기

내소유의 베틀은 이런 저런 박사과제논문들이 시작된 이후로는 가끔 애정을 가지고 먼지를 터는 것을 제외한다면, 실제로는 그대로 놓여있었다. 이제는 오래되고 비뚤어진 것들을 상징하게 되었다. 내가 수년전에 그것을 밀어보았을 때는 탄탄했고, 심지어 자궁에 임신 8개월 정도와 비슷한 탄력성이 있었다. "쓰레기"(긴장력과 넓이를 조정하기 위해 베틀을 처음으로 조각을 넣는 쓰레기와 같은 물질)들이 내 첫 글이 발행된 타블로이드판 신문(단어, 피라네지, 조이스, 그리고 건축이 면실사이에서 황색저널리즘의 부서지기 쉬운 신문프린트를 꿈틀거리게 하면서 부분적이지만 이해할 수 있게 등장한다.)의 여러 개의 가느다란 조각들과 같이, 날실 사이에서 짜여진 것이다. 그리고 이후에 몇몇의 십여 개의 것들이 검은 양에서 나온 감각적이고, 라놀린(정제 양모지)을 많이 가진 회색 양모와 함께 왕복하며 던져진다. 그것은 마치 이 시작이 오랫동안 나와 함께 있어왔다는 것을, 그래서 의미있고 아름다운 재료를 쓰레기로 사용했다는 것을 알고 있는 것 같다. 그것을 만드는 섬유는 이상하기도 하고 친숙하기도 한 것으로 가정생활(식사, 친구, 싸움, 춤, 자라나는 아이들) 즉, 수도 없이 많은 직업적 생활(강의, 학생, 비행기, 비평, 계속되는 논쟁)이 씨뿌려져 왔던 것에 대한 플롯화가 연속되는 점으로 된 사진을 불러 모아놓은 기억의 기구이다. 이 섬유(텍스트와 건축의 -tecture로서 같은 뿌리로부터 나온 단어이다.)의 조직구조는 거슬리지만 친숙한 것들이다.

Hist-혹은 histo[F. fr. Gk histos, 돛, 베틀의 보, 베틀, 거미줄, fr.서게끔 하는 histanai. . .] : 섬유 (웹스터 인터내셔날 사전)

섬유는 텍스트화된 짜기의 산물이다. 은유들은 일반적으로 그것 안에 명칭된 기관이나 대상들에 대해 생각나게 한다. 역사 논리적 분석에서 섬유들은 아주 얇게 썰어낸 것(그것들은 잘려진 [POCHE]이다)에 속한다. 그리고 잔여적인 부분에서 우리는 다른 방향으로 나가는 실들을 섞어 짠 치명적인 구조의 흔적을 볼 수 있고 그들을 다른 실들로 묶을 수 있다.

"우리는 이 섬유의 범위내에서 (비밀을) 간직할 것이다. histos의 은유와 은유의 histos의 문제 사이에서이다." (데리다, 씨뿌리기, 65)

건축 생산의 주도적인 관습 중 하나는 건축적 대상이나 요소를 은유로 가정해왔다는 것이다. 건축 혹은 차연(규정될 수 없는 말들[데리다], 그러나 그것은 histos와 짜기에 의해 접근된다)으로서, 주요 서양철학 전통에서 구조화하는 은유이다. 이러한 방식으로 건축을 계획하는 것은 데리다와 조이스가 제공하는 교훈을 피하는 것만큼이나 전통의 범주 안에 잘 남아있는 것이다. 해석의 단계에서 카네기 멜론 리서치 연구소에서 건축적 검은 점으로 된 솔리드 부분과 보이드 부분의 전통적 관계에서 보았을 때, 개념적으로 뒤틀어져 있는 피터 아이젠만의 "현존적 부재不在/부재하는 현존"은 그러나 은유로서 건축의 전통(쌓아올리는 것)과 함께 솔리드적으로 남아있다. 그가 흔적이라고 이름 짓는 것이 사실은 재료로 만들어지고, 데리다의 흔적을 사소화(은유가 그러는 것처럼 은유를 통해서)한다. 건축의 역사논리적 가능성은 건축 그 자체("항상 이미" 짜기)를 구성하는 재료적 구축안에서 건축이 시공時空적(그 재료적인 현존을 넘어서서)으로 흘러나오는 것과 같이 놓여있어야만 한다. 그리고 이제, 우리는 아이젠만 건물의 또 다른 해석의 가능성을 열었다. 이 재료적 "흔적들"은 잘 숨겨진 힌트들(왜냐하면 그들—글자의 모음 [글자]—은 수평면의 시야에서 평범화된다)으로 작용하는 표시하는 것(문학적 흔적, 흔적의 은유가 아닌)으로 읽혀질 수 있다. 비밀이 상자에서 새어나오는 장소이다.[미주14] 이제 다른 해석에서 "우리는 그 자체를 항상 다른 것과 묶으려고 하는 것처럼 또 다시 다른 방향으로 나가는 다른 실과 의미—혹은 힘의—의 다른 선들을 포함해서 짜맞추기하는 은유와 환유의 짜기이다."(데리다, 가장자리, 3)

용기 VESSEL

귀납적인 언어를 위해 연역적 기초를 퍼뜨리는 니체의 잡화점에서 이것은 어떠한 감각으로도 언어가 아니다. 누군가 이전에 생명을 교묘하게 지켜낸 전쟁의 전리품이 항아리와 같은 것이었는지 어떤지 검증하는데 실패했던 것처럼. . . **(피네간의 경야, 83.10—15)**[미주15]

플로리다에서 우리는 가장 특별한 경치가 보이는 곳에 위치해 있다.

우리는 바위 위에 놓여있는 바위가 아니라 둘러싸고 있는 검은 점[POCHE]의 표면을 깨뜨리지 못하는 매우 견고한 땅위에 서있다. 더욱이, 우리의 발아래의 땅은 돌 위에 쌓인 [돌]이 견고한 건축이 아닌, 적당하게 압축적인 경향으로 우리가 밟고 있는 땅이 그런 것처럼 믿음직스럽지 않다. 그것은 사실상 액체로 채우고 비우는 구멍과 [동굴]의 건축으로 그것은 비논리적으로 보이는 단어로 고정시키는 복합성과 계속적으로 변하는 형상 속에서 솔리드, 흐름과 발기와 분비물로 묘사되었다. 그것은 단어에 의해 명명되었다. 장소의 이전

거주자들이 선택했던 단어이다.[미주16] Alachua: "용기나 항아리"를 가리키는 세미놀족Seminole 언어이다. Alachua, 채움과 비움, 구멍과 동굴, "질서"를 겹치면서 괴상한 장소가 되는 땅이다. 전체의 건물이 뒤에 결국 액체로 채워질 천연두 자국을 남기면서 땅의 표면 안쪽으로 삼켜지고 없어져 버린다. 그러한 건축은 세속적인 것을 스며들게 하는 것도 아니고, 장소의 이미지를 투사하는 것도 아니다. 그것이 어떻게 작용하는가에 관한 것이다. 그것이 무엇을 의미하는지 혹은 무엇같이 보이는지가 아니라, 그것이 무엇을 하는지에 관련된 것이다. 다음의 구조는 이 영토의 [지도만들기MAPPING]이다. 그것은 중요한 허공의 영역의 포우Poe의 경치—예를 들어, 아서 고든 핌의 이야기—이다.

이 구조는 세 가지 텍스트들이 충돌하는 것으로 구성되어 있다. 마틴 하이데거가 쓴 "사물"이라고 제목 붙여진 논설이다. 안젤라 카터의 서커스에서의 밤에서 나온 등장인물로 4개의 엉덩이, 눈, 유두가 있는 가슴에 눈을 집중시켜 희롱하는 인물이다. 그리고 그것은 건축의 텍스트로 엄청나게 많은 책 속에 있는 검은 점들[POCHE]을 생각나게 하는 부비트랩과 같이 얽혀 있는 것이다. 네 번째로는 계속적으로 흔들리면서 다소 무례하게 강요하는 텍스트가 있다.

내가 현재 논평하는 것보다 더 신랄하게 이 텍스트는 1988년 MOMA에서 해체주의 전시회의 "젖을 짜내는 해체주의, 아니면 젖소는 쇼였던가?"라는 제목을 붙인 캐서린 인그래함의 비평의 결론과 교차하고 있다. 여기서 인그래함은 해체주의의 현재 건축적 현상이 건축이라는 거대한 젖통을 유지하기 위해 새롭게 호르몬이 주입된 수퍼 밀크를 주입시킨 암소들의 구조가 잘 반응하게끔 할 "필요성"에 알레고리화되는 상황을 구축한다.

사물로서 암소라는 생각—암소—사물[항아리]과 같이 우리는 우유로 채우고 저녁식사 테이블을 차린다—은 뼈마디 구조와 함께 조잡한 만지작거림을 가능하게 만든다. . . .

> 동등하게 지어질 수 있는 사물로서 해체주의의 사고는 결국 조잡한 수술이 야기시키는 결과와 마찬가지의 것들을 가져온다. 재료적인 면에서 극도로 건축의 표면을 가장 실제적으로 손상시킬 건축구조—그것의

비물질화—에 대한 사고로부터 나올 수 있다. 그것들은 해체주의라고 불리는 무언가에 대해 형태로부터 초월한 그다지 많지 않은 단지와 주전자들이다 (65)

항아리 단지와 사물들은 하이데거의 평론의 주제이다. 할 수만 있다면, 나는 어떠한 언외의 의미에 대해 고민하는 이 거대하고, 얽혀있는 용기[VESSEL]에 대하여 다시 논설을 쓰고자 한다. 모던세계의 시,공간의 종결에도 불구하고, 흡사한 면이 없다. 우리는 사물들이 우리에게 가까이 있다는 것을 감지한다. "그러나 무엇이 사물인가 ?" "단지가 사물이다. 무엇이 단지인가?" "우리는 다음과 같이 말한다. 무언가 다른 것이 그 안에 들어있는 새로운 종류의 것, [용기 VESSEL]." 우리가 그것을 즉물성과 표현을 통해 우리의 인식의 범위로 가져오면 그것은 하나의 대상이 됨에도 불구하고 용기로 남게 된다. 무언가를 담고 있는 사물로서의 단지이다. 그것은 직접 제작해야 하는 용기이다. 우리가 그것을 구축된 용기로 이해할 때, 우리는 그것을 사물로서 이해하는 것이지 대상으로 이해하는 것은 아니다. 우리는 절대로 단지가 외견상 어떻게 보여지는지에 대해서 알 수 없다. "용기의 사물화는 그것을 구성하는 재료적인 것에 달려있는 것이 아니라 그것을 담는 빈 공간 속에 달려있다." "단지 용기만이 그 자체를 비울 수 있다." "어떻게 단지의 빈공간이 무언가를 담을 수 있는가? 그것은 쏟아부은 것을 취함으로써 집어넣는다. 그것은 취한 것을 지키고 소유하려는 이유로 집어넣는다. 빈 공간은 두 가지 방식으로 무언가를 담는다. 담고 보존하는 것이다. "담는다" 라는 단어는 그래서 모호하다." "단지로부터 쏟아내는 것은 주는 것이다." "그러나 쏟아 붇는 행위의 선물이 단지를 비로소 단지로 만드는 것이다." 그 사물은 "자리 잡고, 유순하고, 굽히기 쉽고, 유약하다." 사물은 "얌전하고, 고분고분하다." "눈에 띄지 않게 고분고분한 것이 바로 사물이다." ("사물", 166—182, 에서 인용)

단지를 보는 두 가지 방법

미학적 : "그것들을 좀 더 튀어나오게 하자. 그렇지. 배쪽을 그런 식으로 계속 잡아당기고, 그렇지. 그쪽으로 내보내." 벽으로부터 들어올려지고 분리된 채로 그 사물은 실제 크기의 두 배로 만들어지고 마치 터질 것 같이 둥글고 꽉 찬 형태로 형태를 잡는다. "그래, 바로 그거야. 이제 정말로 그것을 들어올리고 숨을 참은 후, 턱을 내려. 나를 한번 쳐다봐 자기, 그걸 나에게 줘, 그래, 그래, 훌륭해!" 딸깍

과학적 : "이제 접시의 형태를 잡기 위해 주물이 올라 갈거야,

약간 차갑게 느껴질 수도 있어. 그러나 한 순간에 끝날 거야. 유리접시는 하강해서 압축되고, 압축시켜서 사물을 무섭고 인식할 수 없는 상태로 누른다. 얇고 납작하고 넓고, 충격적인 푸른색 선으로 교차된 무시무시한 견고성. "그래, 바로 그거야. 이제 숨을 잠시 멈추고. 좋아!" "딸깍!"

"자 이제 다 됐어. 이제 그것이 끝나서 기뻐" (엘리엇, ***불모지***, I.252)

견고하고 곧추서고 튀어나온 사물이 담게 되는 비밀은 무엇인가? 사용되지 않은 상태의 장소, 미개척지로서 그곳은 어떤 사람도 이전에 가지 않았던 곳이다. 이 이미지의 힘과 이 대상 아래 놓여 있는 비밀은 무엇인가? 첫 번째나 가장 큰 것이 되고자 하는 욕망 뒤에 감쳐진 가장 바라면서도 가장 두려워하는 사물은 무엇인가? 어머니(다른 사람)가 부족한 것이 무엇인가 ?

"상자에서 스며나오는" 비밀은 무엇인가 ? 들뢰즈와 가따리는 다음과 같이 말하고 있다. 비밀은 살금살금 들어와 삽입되어야 하고 그 자신을 공적인 형태의 투기장으로 만들어야 한다. 그것들과 행동하고 있는 주제로 실행하고 막대를 압축해야만 한다. . . . 무언가가 상자로부터 새어 나와야 하고 무언가가 상자나 반쯤 열린 상자를 통해 감지되어야 한다. (천개의 고원, 287) 집합건축은 억제된 것이 확실하게 회귀하는 것이다.

463페이지 전체가 여자, 아마도 주인공의 어머니로 보이지만 단지 V의 흔적과 힌트로만 존재하는 한 형상을 찾는데 할애된 토마스 핀천의 소설 V가 있다. 그녀 자신은 소설 그 자체의 맹목적인 숭배의 구조를 형성하면서 무한정

으로 많은 변장으로 보이는 것에 의해 숨겨져 있다. 거기 있는 텍스트를 통해 사악한 성직자로 알려진 한 형상이 등장한다. 어떤 교차점까지 걸어 들어오면, 그는 대상의 기계적 조합으로서 그녀의 육체를 벗기는 아이들과 화자의 상상에 의해, 그 자신이 차례로 밝혀지는 아름다운 젊은 여성임을 밝히면서 주저앉고 찢겨진다. 반짝이는 돌들과 귀한 금속, 시계, 풍선 그리고 좋은 실크. 사악한 성직자는 소설을 반영하는 맹목적 숭배 구조이다. 앨리스 쟈다인Alice Jardine[120]이 지적했듯이 그것은 여태까지의 "이야기 구조를 같이 모으는 죽은 대상의 조합이다." (기원Origin, 251) 사악한 성직자와 V는 욕구로 가득 차있고 가장 두려워하는 구조인, 욕망의 대상이 재구성되게 된다. 그것들은 미학의 강한 충동에 대해 다시 글쓰기를 한 것이다.(당신은 많은 여자들의 가장 욕망적인 부분들을 잘라내고 한 여성의 것으로 그것들을 모음으로써 미학들이 가장 아름답고 가장 완벽한—그리고 유순한, 겸손하게 고분고분한— 여자의 조합과 함께 시작된다는 것을 상기할 것이다.) 그의 상자가 아닌 항아리나 단지인 판도라와 같다.

사악한 성직자가 몰락할 때, 아이들이 "그 사람은 여자예요"라고 외친다. 그리고 나서 "그녀가 분리되요" (V., 320—321) "부서진 이미지들의 더미" 속으로 (불모지, I.23)

그 사람은 여자이다. 맹목적 숭배의 구조물인, 자유의 여신상을 생각해보자. 그구조물은 받침대 위에 놓여있다. — "찬양받고 주목받고, 전시되기 위해. 그 구조물은 아주 볼 만한 광경이 된다. 그녀는 루스 이리그레이의 황금판(이 경우에는 동으로 덮힌)으로 제작된 여인상을 과도할 정도로 구체화시킨 것이다. 일용품(화장, 패션, 돈, 황금)으로 덮힌 여자의 신체이다. "화장품, 여자들이 그들 자신을 덮는 모든 종류의 변장들은 기만하고, 실제 보이는 것보다 더 가치있게 하기 위한 것이다. . . . 그녀의 신체는 자기 색욕적이고 당시증[121]이며, 소유의 본능을 만족시키기 위해 황금으로 변형되있다." (금속경Speculum, 114)

---

120 앨리스 쟈다인 하바드 대학 교수, 여성과 성에 대하여 연구

121 타인의 나체, 특히 성기를 보고 쾌감을 느끼는 것

이 "만민의 자유"라는 이미지는 그것이 거기 쉽게 보이는 곳에 있고 "자유"와 "모두"의 개념에 의문을 가져오게 하는 비밀이기 때문에 비밀과 담백하게 숨겨진 [글자]를 담고 있다. 이 여자의 피부 표면 바로 아래에는 이미지 위로 주입하는 이식조직 아래로 "은밀하게 들어오는 재난"[이리그레이]과 많은 게와 왕바랭이(식물)와 뿌리줄기가 침투되고 있다.

자유 여신상은 욕망과 공포의 알레고리이다. 그것은 무언가를 담는 용기로 "무언가가 일어날 것 같은 장소"이다.[미주17] 그것은 구조이자 외피이고 이미지이자 기계이다. 선물이고, 여성이다.

그리고 분리된다.

1987년 여름에 프랑스 건축학회(L' Institut Francais d' Architecture를 포함하여)의 콘소시움이 프랑스 혁명 200주년을 기념하기 위해 문화 공예품을 디자인 하는 국제현상공모전의 공동 스폰서가 되었다. 공모전이 있은 이후로 심사의원들의 다양성에 따라 각 전문분야의 개념들이 중요시되게 되었다. 심사위원들은 철학자 장 보드리야르로부터 소설가들과 음악인, 시각예술과 사업가들을 포함하여 구조 기술자인 피터 라이스Peter Rice에 이르기까지 각 분야가 망라되어 있었다. 기념물을 제작하는 지침은 작가의 재량에 따라 장소와 이벤트를 기념하는 것과 미디어까지, 해석의 여지를 남기는 애매한 것들이었다. 불확정성에 끌려서, 두 친구들(전에 학생이었던 더럼 크룻과 로버트 세그레스트)과 나는 참가하기로 결정했다.

우리의 프로젝트는 교환계획에서부터 시작하였다. 프랑스 혁명에 대한 기념물을 구축하는 미국시민으로서, 우리는 미국 혁명을 기념하기 위해 프랑스인에게 받은 선물(자유의 여신상)에 대하여 감사한 마음을 되돌려 준다는 간단한 아이디어로부터 계획에 착수했다. 이 선물—자유의 여신상—로부터 즉각적으로 나온 일련의 선물이라는 이미지로부터 착상되어 다른 개념들과 반응되는 것들이 나오게 되었다.

선물로 제공된(자유에 대한 알레고리적인 형상과 여자의 관점에서 놀라운 광경으로 응시하게 만드는 대상)된 대상이 된 여인상이며, 지폐(교환의 매개체라는 관점이기도 하고 통제되어야 하는 흐름의 관점이기도 하며, 상상을 부여하는 맹목적 숭배의 구조물이 되는 여인)에 나오는 여인이다. 우리는 이 여자—사물에서 동시에 일어나는 여러 힘의 구성 방법에 충격을 받았다. 전쟁과 미학, 기념비적인 것, 여성적인 것의 구체화, 역사, 상징적인 것이다. 우리는 프랑스 혁명의 이벤트를 기념하기 위해, 마릴린 프렌치Marilyn French[122]가 "권력을 넘어서" 에서 기술했던 이벤트인, 구조의 구성에 해당하는 가능한 조화를 선택했다. "1789년 10월 5일 시장여인들이 파리에 빵이 없다는 것을 알게 되고 그들 중 6000명이 개인적으로 왕에게 항의하기 위해 베르사유에 이르는 12마일의 거리를 행진해 나가게 된다. 왕은 그들을 돕겠다고 약속했지만 그들은 왕의 가족들을 밧줄에 묶고, 승리감에 도취된 채 파리로 다시 행진했다." (191)

이러한 과정이 그 프로젝트를 이해하는 데에 도움을 줄 것이다. 우리가 고려했던 가상의 선물의 선을 따라 계속 나아가면, 우리는 전통적으로 욕망의 대상(부분적인)으로서 단서를 잡은 자유의 여신상의 신체의 9군데의 부분을 선택하게 된다. 눈과 입술, 가슴, 외음부, 기타 등등. 이 9개의 부분들은 시각선들과 초점과 렌즈(객관화 시키는 시각의 "기계적인" 기구와 마찬가지로 유리모양의 기구)를 포함하는 작업을 통해, 파리시의 집중되는 9개의 혁명지점에 대응되도록 디자인을 하였다. 다음과정으로 9개 사이트의 각각을 9개의 단면도면인[POCHE]를 잘라내어, 자유의 신체에 대해서 9개의 상징을 새겨넣는 것을 계획했다. 공포영화와 포르노영화와 닮은꼴인 우리 작업의 아이러니는 우리가 잃어버린 것이 아니었다. 다변적인 살해된 여인들의 "아우라aura" 에 속박되는 현재 건축가들의 최근 작업에 대한 우리의 비평적 작업은 현재까지도 잊혀지지 않는다. 9개의 부분이 9개의 대상으로 만들어지고, 수없이 많은 부분적인 대상으로 형성되는데 그것은 그 조합 내에서 프랑스인에게 어떤 "선물"을 형성할 것이다.

---

122 마릴린 프렌치, 미국작가. 페미니즘 소설로 유명함. 소설에서 그녀는 여성의 억압이 남성중심의 세계 문화로부터 파생된 것이라고 강조한다.

잘 짜여진 평면과 같이, 눈의 시점으로 단면을 보는 피곤하지만 강력한 방식으로 베르사이유 궁전의 사이트를 바라보면서 우리는 처음 의도를 변경하여 베르사이유 궁전으로 행진하는 6000여명의 시장 여인들의 시점으로 계획하기로 하고 디자인을 변경하였다. 그 여성들의 시점은 결국 바라봄으로써 회귀하게 되는 잠재적인 것을 낳게 된다; 단순히 성적 담론에 있어서, 전통적인 여성의 순종이란 관점뿐 만이 아니라, 남성적 시각의 권력에 의해 억압된 것을 등장시킴으로써, 여성적 시각을 터무니없이 과장된 것 쪽으로 편향시키려는 것이다. 그 프로젝트는 이후, fascinus과 매력적인 여자[로케트]의 사악한 눈을 물리쳐 버리기 위한 남근 숭배적 형태의 부적과 같은 느낌으로 전환된다. 사악한 눈과 그것이 누구의 것인가는 각자의 질문으로 남겨둔다.

신체에서 보여지지 않는 것이 여기에서는 비평적으로 다가온다. 동상의 단면을 가르는 것은 잘라내는 것과 해방의 행위이다. 잘라내는 것은 신체의 이미지가 신체의 가능성에 양보하는 일시적이고 기하학적인 점을 나타낸다. 그것은 트로이 목마와 같이 그 안에 숨겨져서 보이지 않으면서 감시하는 사람이 내부에 존재하는 또 다른 종류의 교활한 선물이 된다. 이 구멍이 파인 용기, 기념비, 국가에 준 이 선물은 그 안에 국가를 수행하는 잠재적인 것을 담고 있다. 트로이 목마에서 신체는 정치적 신체를 숨기고 있다. 트로이 목마는 바이러스적인 건축이다. 침투하는 내용물[비주류 건축]을 가진 반들반들한 단백질 외피이다.

다음 세대의 시작을 알리는 분열은 무언가를 새기는 비명으로 반복된다. 300미터 길이와 1미터 길이에서 단면을 잘라내는 평면을 궁전의 앞마당에 계획했다. 이러한 반복적 평면은 동시에 궁전 다른 쪽 땅에 이미 존재하고 있던 깊이 패인 상처를 동시에 좌우대칭[거울MIRROR]시킨 것이다. 다른 종류의 반복)이다. 동상의 축과 대 수로Grand Canal이다. 일단 거대한 축을 없애는 것이 우리 계획의 시작이었다. 그리고 다시, 이 정체성을 반영함에 있어서 계획은 끝이 없이 미러mirror시키면서 반대가 되게 만든다. 구덩이의 서쪽 끝은 또 다른 상像의 받침대臺에 이르르면서 갑자기 정지된다. 말 위에 올라탄(아마도 이제는 의심스러운) 루이스 쿼토르제의 것이다. 새롭게 잘라낸 계획상의 수로는 옛 것(대수로)을 미러시키는 것이다. 나의 급진적인 계획은 이전의 국가의 대 프로젝트를 모방하고 있다. 너욱이, 그것은 현존하는 지형에 이성적으로 대응하도록 계획하였다. 우리의 참호는 대수로Grand Canal를 거울의 방 서쪽 벽(미러 된)을 수직으로 자른 평면으로 대수로를 잘라낸 부분을 좌우대칭시키면서[123] 물리적으로 계획한 것이다. 다른 말로 하자면, 우리는 거울을 통해서 볼 수 있다면 보게 될 이미지를 취하고, 거울 속의 "실제"와 "이미지"의 관습적인 관계를 뒤집으면서 거울 앞의 세계로 다시 반사하는 계획을 세운 것이다. 웅장한 용기vessel—궁전 안에 있는 이 "상상의 지형학"에서 거울이 완전히 포함하고 있는 사고는 무시해도 좋고, 동시에 중요하기도 하다.

그 반영은 또한 또 다른 면에서 작용하고 있다.

만약 어떤이가 선물cadeau(불어)이란 남성 단어를 프랑스-이태리어적인 혼성어인 ca' d' eau로 묘사한다면, 그것은 물 같은 것과 흐름, 대 수로를 풍자하는 것이다. ca' d' eau는 통화通貨의 집이다. 수로는 공공장소에 대중에게 개방되어 있는 기념비적인 공중변소의 기능을 한다. 그러나 여기에 소변을 보는 것은 지나친 몸짓이 될 것이다. 구덩이의 평면에 자리잡는 것(겸손하고 고분고분하게)은 배와 같은 모양과 동으로 된 외피를 가진 6000개의 용기이다. 각각은 거울 주석판과 유리로 선이 가 있고 각각은 육체의 용액으로 가득 차 있다. 그것들의 육체적인 비밀은 그들을 비웃게 하거나 혹은 배설되는 억압을 써버리게끔 한다. 이 재생산되는 작은 방들(용기, 액체로 채워진 자궁)은 역사와 권력의 표면 아래에서 진행되고 있는 무언가 재앙과 같은 것을 의미하고 있다. 그것은 "아이들을 양육시키는 것"과 같이 혁명적인 것을 주입시키는 것이다. 권력(그것을 넘어서는)보다 "더욱 강력한" 그 이상의 것을 주입시키는 것이다.

---

123 건축도면이나 CAD에서 도면을 Mirror 명령어를 통해 쉽게 거울을 보듯 대칭되게 배치하면서 증식시킬 수 있다.

달moon과 달month과 육체의 용액[상형문자]를 의미하는 연금술사적인 문자로 새겨지고 그 주위의 표면적인 긴장감을 거의 파괴하지 않는 정도에서 철선과 구덩이와 빈 공간을 잘라낸 것[POCHE]의 봉합선을 교차시킴으로써 나타내는 경계는 그 비밀을 포기하고 있다. —X와 함께 종종 숨겨진 것으로 있어야 하는 사물로 표시되는 비밀이다. X는 하이데거의 앰블럼으로 "네 개의 각각은 다른 이들의 현존을 그 자신의 방식으로 반영한다." ("사물", 179) X는 사물에 대한 일반적인 대용물이다. 그 사물은 "자리 잡고, 두들겨 펼 수 있고, 휠 수 있고, 유순하고 재빠른 것이다." 하이데거는 고리모양 (O)을 제시한다. 그러나 여기에 숨겨지고, 알려지지 않은 비밀인 X가 있다. 하이데거의 사물은 힌지를 따라 네 겹으로 겹치고 있는데 그가 제시하는 것이 반영된 것이다. X자로 경첩된 것이 비밀이 펼쳐지기도 하고 해방되는 교차점에서 두 개의 V자가 겹쳐진 것임을 상기해 보라. X는 거울 속에서 교차하는 두 개의 수로에 대한 이중화된 시점이다. 그것은 소멸하는 점이다. X를 한다는 것은 마치 일련의 X들과 같이 "취소하거나 말소하는 것이다. "약속하다" —죽기로 다짐하고 눈앞에서 손가락을 거는 것이다. X는 만화에서 전통적으로 "눈꺼풀 없는 눈"을 나타낼 때 쓰는 표현이다.(불모지, I. 138) 머리에서 느끼는 놀람과 충격에 의해 앞이 보이지 않을 때 쓰는 표현이다. 캐서린 인그래함이 지적했듯이, 두꺼운 속눈썹은 "보이지 않는 눈" —보이는 것을 초월하여서는 보지 않는 눈—을 나타낸다. X는 비 정체성의 표시이다. 남편의 이름에 의해 대체되는(반사하여) 그녀의 아버지의 이름에 의해 정체가 파악되는 사람과 같이 정체성이 없는 서명이다. 그럼에도 불구하고 X는 연금술적인 여성적 남자—"눈 멀고, 두 생명사이에서 심장고동치는—를 나타내는 염색체의 교차이다." **미주18**

X는 보호하기도 하고 양육하는 몸짓인 입맞춤과 같다. 솔리드와 액체, 가스와 같이 유동적인 건축을 오그라들게 하고, 물결치게 하고, 빨아들이는 것이다.

반대편의 매혹녀fascinus는 궁전에 둘러싸여 있는 권력의 시클로프적인 눈인, 조이스의 "외눈 바지 뱀"의 눈에 의해 나타나는 사악한 눈을 물리치는 것으로 그 계획은 맹목적 숭배에 반대하는 움직임이고, (남성의) 신체를 구하는 것이고 남성의 신체를 억압하고 부패시키는 남성숭배 권력구조를 거부하는 것이다. 불명료하고 어두운 것과 이미지적인 것, 그리고 생산적인 것—항아리단지는 사물이 아니라 마술적인 기계이다—의 제시를 통하여 여성신체의 억압된 것의 심오한 회귀를 나타내는 것이고 텍스트인 기구의 짜여진 체계이다.

> "그러면 슈렉은 다음과 같이 말할 것이다. '그를 봐, 패니Fanny(여성의 성기)'. 그러면 그녀는 눈가리개 천을 벗겨버리고 그에게 빛나는 웃음을 보일 거야."
>
> "그러면 마담 슈렉이 다음과 같이 말하겠지. '나는 그를 보라고 얘기 했어요, 패니.' 그러면 거기서 그녀는 끌어당겨 다가가지요."
>
> "왜냐하면, 그녀가 유두를 가지고 있어야만 했던 곳에, 눈을 가졌기 때문이지요."
>
> "그러면 마담 슈렉은 다음과 같이 말할 거예요 : '적절하게Properly' 그를 봐, 패니. 그러면 그녀의 또 다른 두 눈이 눈을 뜰 거야."
>
> "그녀의 눈은 얼굴에 있는 눈과 같이 목자의 푸르름을 간직하고 있어. 크지는 않지만 초롱초롱해."
>
> "나는 그녀에게 그 젖꼭지 같은 눈으로 무엇을 보았는가를 한번 물어본 적이 있어. 그녀는 다음과 같이 말했지. '글쎄, 위에 있는 눈과 아래쪽에서 보는 것이 같지 않을까?'"라고. (카터Carter, 서커스에서의 밤, 69)

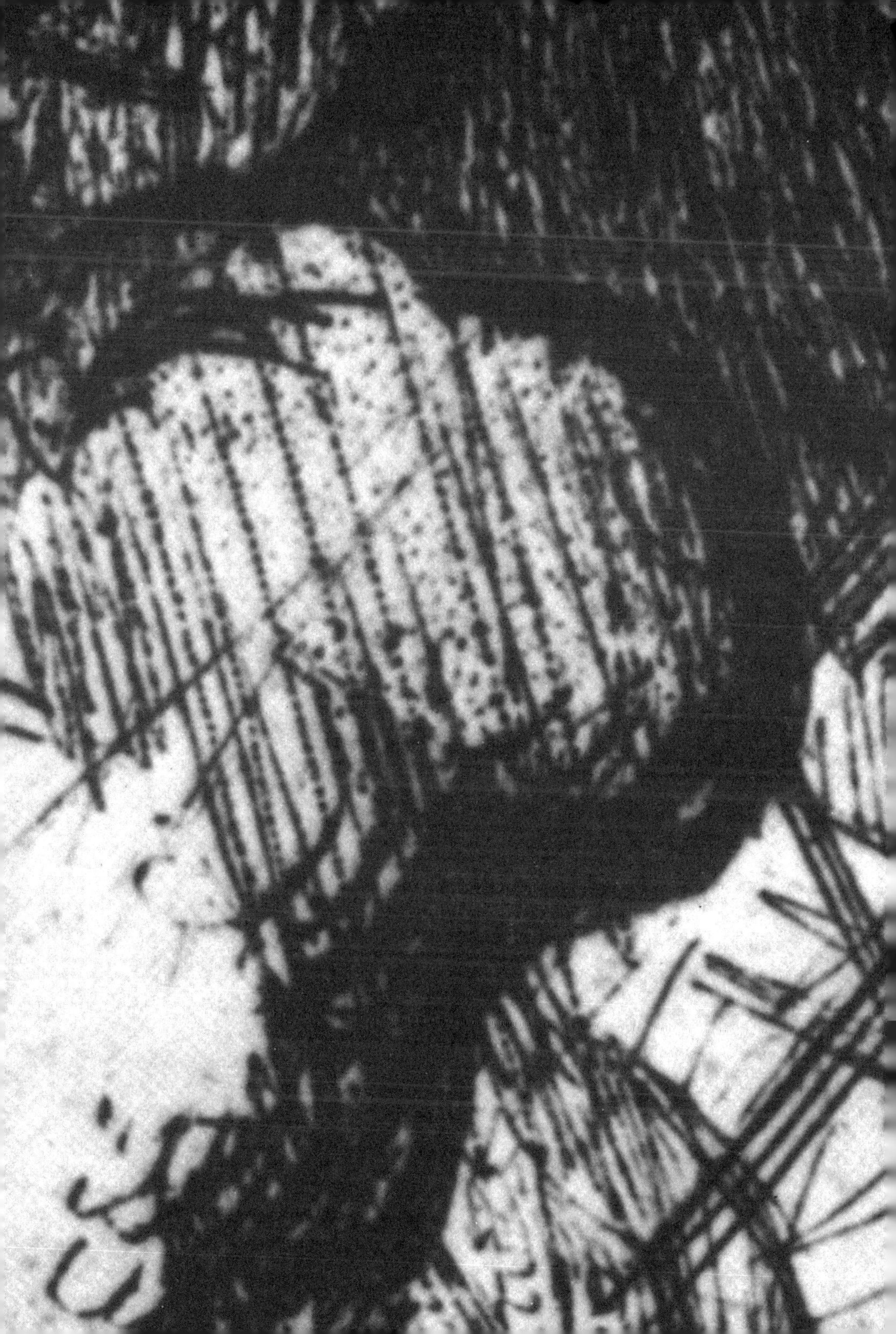

미주
색인

梶註

索引

註 Note
기폭제

책 전체에 걸쳐, 피네간의 경야로 이끄는 인용에 대한 표기는 피네간의 경야에서 언급된 텍스트의 페이지와 선을 인용한 조이스 학문의 전통을 반영하는 것이다. 텍스트 안의 모든 참조자료들은 1939년 펭귄社 판에 나온 것을 사용한 것이다; 조지와 루시아 조이스의 1967년판. 바이킹 펭귄사로부터 판권에 대한 허락을 받음.

1. 이 비평적 전략의 간명한 소개를 위하여, 빈센트 라이치, 해체주의적 비평을 참조할 것.
2. 이 목록은 무한정하게 확장될 수 있을 것이다. 여기에 제시된 특정한 쌍들은 이 구조에 의해 표시된 특정한 이분법적인 영역을 묘사하기 때문에 등장한다.
3. 데리다가 사고해야할 것으로 여기는 "믿을만 하지 않은 다리들" 중의 하나는 내가 고통스럽게 깨닫게 된 전통적인 글쓰기의 문제점인, 은유이다. 이 "지도"(이 책)의 은유적인 양상은 단지 이 구조의 한 부분이다. −ie, 그것은 본질적으로는 은유적인 것이 아니다.
4. 동류어同類語적인 연결은 구조와 건축이라는 쌍과 구축의 "편협한" 관점과 어떤 억압을 나타내는 또 다른 관점을 모두 감싸는 것 사이에서 만들어질 수 있다. 이 연결은 이 텍스트에서 뛰어나게 형상화 될 것이다.
5. 비극Ursprung은 1924에서 1925년에 쓰여진 것이고 1928년에 출판되었다. 1931년까지, 그것은 1977년 영어번역판의 소개에서 조지 스타이너가 지적했듯이, "문자그대로. . . .사멸한 것이다."(7), 독일계 유태인이 쓴 글에 대한 나찌의 숙청때문이었다. 몇몇의 사본이 친구들의 손과 피난인들의 귀중한 도서목록 속에서 살아남았다. 피네간의 경야는 1922년과 1939년 사이에 쓰여지고, 1939년에 출판되었다. 현대 유럽 문화를 완성시킨 소비자이고 프랑스, 이탈리아, 스위스에 있는

카페와 커피숍으로 전화한 외국인, 조이스는 심지어 그 텍스트 자체를 읽지 않았더라도 비극과 그 구조에 대해, 잘 알고 있었을 수도 있다.

6. glyph(상형문자)의 기원적인 의미는 "새기는 것" 이고 "찢는다" 혹은 "휘갈기다" 라는 옛 영어 단어의 의미로부터 나온 것이다.
7. 우리는 이 시점에서 유용하게 만프레도 타푸리의 피라네지와 "아방가르드의 변증법" 에서의 "몽타쥬의 거장", 세르게이 에이젠슈타인의 연결을 빛나가게 할 수 있는데, 그 글은 에이젠슈타인의 비평의 번역인, "피라네지, 혹은 형태의 유동성" 에 의해 따라온 것이다.
8. 마르코 프라스카리가 나에게 상기시킨 것과 같이, 페르디낭 소쉬르(일반 언어학에서의 과정)가 언어의 신태그마적인 구조를 기술하곤 했던 모델.
9. 발터 벤야민의 "기술 재생산 시대의 예술작업" (계몽에서)으로의 궤도는 예술과 정치학에 대한 강력한 명제와 함께 이것을 지지한다.
10. 세 가지 질문들이 반-오이디푸스를 쓴 들뢰즈와 가따리로부터 나온다. "무의식적인 것 어떤 의미의 문제, 즉 단순히 사용에 대한 문제도 제기하지 않는다. 욕망에 의해 제기되는 문제는 '그것이 무엇을 의미하는가' 가 아니라 '그것이 어떻게 작용하나?' 이다. . . . 욕망은 '그것이 무엇을 의미하지?' 라는 일반적인 문제가 붕괴되면서 들어오기 시작한다.
11. 이 이야기는 이 구조의 주요한 주제이다. 포우Poe의 이야기 편지와 조이스 텍스트의 이야기 사이의 연결은 매우 중요하다.
12. 이것으로 인하여 나는 피네간의 경야의 이해(해석, 언어와 구축 단위의 해체)가 읽으면서 동시적으로 이해하는 것이 중요하다는 것을 의미한다. 이것은 언어적인 면이다. 건축에 있어서 혹은 오히려 아키텍토닉적인 것에 있어서 똑같은 개념이 적용된다: 구조와 기하학과 기타 등등은 항상 서로를 미끌어져 들어가서 한 개의 구조 이상

이 항상 감지될 수 있고, 그것들은 확실히 분리될 수 없다. 보로미니의 산 카를리노나 소온의 12—13 링컨 인스 법정은 아키텍토닉적인 것에 있어서 매우 유사한 것(비교적 건축적인 복잡성에도 불구하고)으로 작용할 수 있을 것이다.

13. 파악된grasped 뜻의 단어는 중요한 단어이다. 그리스 단어인 실렙시스Syllapsies는 "파악하는 것"이라는 의미이고 조합을 나타낸다. 그것은 한때는 "개념화"의 내포나 "함축성"을 의미했다. 동시성을 파악하는 것은 공간과 시간이 무너진다는 것을 나타내는 것이고 이 작업(조이스의 작업 역시)의 해석에 이르는 열쇠를 제공하게 된다.
14. 건축적으로 유명한 역사와 건축의 역사의 관계와 차이점은 마르코 프라스카리에 의해 마침내 탐구되었다.

Chapter I : 알레고리와 건축의 가능성

이 챕터는 1988년 잉글랜드 캠브리지 근처의 소 방목장이 내려다보이는 방에서 집필되었다. 그 부분은 1988년 9월에 시카고 건축 도시학회에서 있었던 건축이론에 대한 부분에서 발표되었다. "마이너 건축의 가능성"으로 게재되었고, 그 분과에서 "건축적 사고의 전략"으로 발표되었다.

1. 독자는 처음으로 이 프로젝트가 역사적인 것이라는 지적에 직면하게 된다. 만프레도 타푸리의 지구와 미로라는 책의 "역사적 프로젝트" 부분을 참조할 것.
2. 나는 1988년 MOMA에서 열린 "해체주의 건축"이라는 전시를 언급했다. 그것은 필립존슨과 마크 위글리에 의해 큐레이터로 일을 했다. 그리고 그 전시회에서는 피터 아이젠만과 프랭크 게리, 자하 하디드, 쿱 힘멜브라우, 렘 쿨하스, 다니엘 리베스킨트, 그리고 버나드 츄미의 작품이 포함되어 있었다.
4. 다음 패러그래프는 로버트 세그레스트가 쓴 "미드웨이에서의 프랭크 로이드 라이트"에 대해 완곡한 논평을 하고 있다.

6. 여기에서의 감옥은 (피라네지가 카르체리 동판화에서 폭발하듯 그려내었던)타입과 프레드릭 제임슨의 언어의 감옥에 적용된 언어의 은유도 언급된다. 미크 테일러는 이러한 감옥과 다른 것들을 "데드라인: 접근하는 건축" 에서 연결하고 있다.

5. −ballein 즉 emballein의 "던지다"는 또한 어원학적인 것으로서 Symbol의 −bol은 "같이 던지다" 이다.

6. Symballein은 diaballein의 반대어로서, "너머로 던지다" 인데 이것은 악마와 마귀가 오는 것이다. 여기에 제기된 알레고리적인 것은 상징적인 것과 악마적인 것의 양상을 포함한다.

7. 미셸 푸코: "[헤테로토피아는] 많은 수의 질서들의 파편들이 번쩍이며 나뉘어지는 것이다. 헤테로토피아는 교란시킨다. 아마도 비밀스럽게 언어를 파고들어가기 때문일 것이다. 왜냐하면 그것들은 이것을 명명하는 것을 불가능하게 하기 때문이고, 또한 그것들은 '문법체계'를 파괴한다.

8. 나는 여기서 데리다의 엽서 에서 "숨겨진 글자" 동음이의同音異義의 익살pun을 구축해 올렸다. 데리다는 자크 라캉의 "세미나" 의 주제였기 때문에 포우Poe의 이야기를 그의 주제로 가져온다. "숨겨진 글자" 가 우울한 시인인 챨스 보들레르가 쓴 프랑스 이야기 "La Lettre volee" 와 악의 꽃, 그리고 발터 벤야민의 분석의 주제로 번역되었는데, 이것은 여기서 중요할 수도 아닐 수도 있다.

9. 크랙 오웬스Craig Owens("알레고리적 충동")를 통하여 로버트 스미슨("마음의 침강:지구 프로젝트)으로 에드가 알란 포우(아서 고든 핌의 이야기) 그리고 누군가 덧붙일 수도 있는 들뢰즈 가따리의 천의 고원으로의 여행은 여기서 일종의 여러가지 것의 지하 통로를 그려 보여주고 있다.

10. 제임슨의 맹점(실재로서의 "제 삼의 세계" 와 백인, 이성애異性愛의 남성으로서의 "첫 번째 세계" 로 해석할 수 있다.)은 Aijaz Ahmad에 의

해 "제임슨의 타자他者의 수사학"에서 잘 묘사되었다. 그래서 나는 여기서 그것들에 대해서 그렇게 길게 서술하고 있지는 않다.

11. 이 지도의 선로는 헤라클리투스의 파편 LXXX를 통하여 나 있는 도랑을 따라간다.("숨겨진 이야기의 조율은 명확한 것보다 더 낫다.")
12. 문제의 작업을 했던 제작자(피라네지와 조이스)의 성별의 증거는 풍부하고 명확해야만 한다. "여성적인 것"의 사용은 성별에 단순히 연결하고 있지 않다. 그러나 "여성적인 것에 대하여 글을 쓰려고" 하는 경향(갇혀있는 분노와, 갇혀있는 욕망)이 아마도 존재자체가 억압의 형태에 의해 지배되어 왔고 그러한 상황에서 어떠한 혜택도 누리지 못한 인간들의 상태를 해방하기 위해 존재한다는 것이 나의 믿음이다. 여성들과 유색인종들, 레즈비언들과 게이들 극빈자들과 노매드적인 사람들(홈리스를 포함해서)이 이러한 범주에 포함될 것이다. 또한 이 지구의 인간존재의 대다수는 대부분 이러한 범주로 몰락한다. 여성적인 것에 대한 글쓰기는 두더지가 하는 작업과 마찬가지이며 벽에 글 쓰는 행위와 같다.
13. 눈 없이 하는 관음증觀淫症은 터무니없는 것이다.
14. 엘렌 식수Helene Cixous를 참조할 것, 조이스의 망명(741–745)에서 "독이 되기도 하고 해독제가 되기도 하는 글쓰기" 참조할 것.
15. 여기서 부가적인 실수는 텍스트적인 관계의 사슬 때문에 흥미로운데, 그것은 제임슨이 웨스틴 보네벤쳐Bonaventure를 잘못 명명한 것으로 그는 계속해서 보내벤츄라Bonaventura라고 부르고 있다. 제임슨의 실수를 정정하기 위해 노력했다. 그 중에는 N. 캐서린 헤일스를 포함하는데, 그녀는 캐오스 바운드, 와 에드워드 W. 소야의 이름을 바꿈으로써 실수하였다. 포스트모던 지형학에서 설득력있게 더 많은 것을 정정하였다.
16. 이 책이 출판되었을 때 사라는 12살이었고, "작은 동물을 전문으로 하는"의 수의사가 되길 바라고 있다.

17. 마크 테일러: "시간과 공간이 서로 짜여지는 되돌릴 수 없는 간격으로서 차연은 "모든 현존과 부재"의 '모태'이다.

18. 어느정도 강화된 상태이고, 내가 이 책을 집필하기 시작할 때에는 사실상 생각할 수 없었던 사건으로 어느 정도는 벽의 제거로 인해 도전 받는 상태였다.

19.

나는 이러한 작업에 피터 아이젠만과 같은 사람이 존재한다는 어려움을 표명하고 싶다. 아이젠만의 이전 20여 년간의 작업은 대부분 나의 건축에 대한 사고의 성장에 이루어져 왔던 영양분을 구성하고 있다. 그리고 확실히 그것들은 나의 것만은 아니다. 나는 많은 형제자매들이 있다. 아마도 나의 형제들은 만족을 위해서 아버지를 살해했고, 더 이상 인풀루엔자로 고통받지 않는다.

딸의 문제는 다를 수 있다.

나에게 있어서 그것은 배제된 중간에 위치한 문제로 아버지를 죽이는 것이 아니라 그의 그림자가 안보이게 살지 않게 하는 것이다. 그것은 아마도 그림자에서 실감나게 접촉할 수 있는 임무일 것이다. 반면 피터 아이젠만은 여기서 더욱 거명되고 그 자체의 구축은 그 자신의 작업의 비평을 함축하고 있는데, 그 비평은 그 대상과 그 계통(그것은 타푸리와 벤야민을 역시 포함한다.)사이에서 반영하는 것이다. 나의 계획은 숭배하거나 살해하는 것이 아니라 아버지와 딸의 관계에 있어서 좀더 복잡한 관계로 얽히는 것으로 인식하는 것이다. 레슬링과 삽입은 어쨌거나 결국은 서로 유사한 관계이다. (나는 이것을 나의 다른 아버지인 제임스 조이스로부터 배웠다.)

그러나 아마도 그 모든 것은 뛰어난 증류수를 함축하듯이 빼어나게 요약하는 제프리 키프니스의 능력 때문일 것이다. 뉴욕에 있는 그의 아파트를 방문하면서 나는 무언가를 적어두기 위해 가방에서 만년필을 꺼내들었다. 제프는 그의 방식으로 노트를 했고 무표정한 표정으로 대단한 발견을 한 듯이 다음과 같이 말했다. "아시겠지만 당신과 피터 아이젠만은 같은 펜을 쓰고 있네요."

Chapter 2 : 세 가지 구조

이러한 구조는 1984년 봄, 아틀란타 미드타운의 오래되고 아름답고 물이 새는 아파트의 바닥에서 조합되었다. 그것은 엔젤 메디나 선생이 가르치는 철학수업의 학기말 과제로 제출된 것으로 그의 도움과 격려는 나의 첫 결혼의 파경으로 어려웠던 동안에 삶을 풍요롭게 만들어주었고 나의 지도교수가 내 관심분야에 대해 회의적이었던 태도를 바꾸는 계기가 되었다. 그것은 1984년 여름 예술학회지에 "피라네지의 캄포마르지오에서 오역된 부분" 으로 게재됨으로써 이 책의 초기의 형태로 나타나게 된다.

레이첼 블라우 듀플레시의 반향적이지만 실제적이고 협력적인 구조를 알게 된 이후에, "에트루리안을 위하여"(핑크 기타 를 참조할 것)은 나에게 상당히 만족감을 주었다. 그녀의/그들의 꼴라쥬적인 에세이는 내가 여기서 명백하게 찾고자 했던 것을 더 많이 보여주고 있다. 중요한 우회로의 만든 사람으로 나는 시작하는 인용을 다음과 같이 덧붙인다.

1. 이 콜렉션은 캄포 마르지오에서 피라네지 자신의 전략을 반영하는 것으로 일상생활과 초기의 재료들과 피라네지 자신의 상상에서 반만 인식가능한 이미지로 그린 꼴라쥬의 조합이다. 차용된 이미지의 어떠한 것도 정확하게 인식되지는 않는다.
2. 이렇게 좋은 용어는 가이 데번포트의 에세이 모음집 "상상의 지형학" 에서 언급되고 있다.
3. 이것은 물론 "트로이 게임" 의 기원에 대한 묘사이고 땅속에 미로를 만드는 도시계획적 의식이다.
4. 이 점에서는 앤 버그렌의 작업에 빚을 지고 있는데, 이것은 고전적인 것과 건축, 그리고 여성적인 것들의 세계에서 사용되는 것들로 짜여져 있고 놀랍고 반짝이는 덮개로 덮혀 있다. 메티스와 페넬로프에 관한 것 이상으로 알고자 하면, 건축적 사고의 전략 이라는 책에서 화이트맨, 키프니스, 버데와 "뮤시언" 의 이름을 가진 그녀가 쓴 "건축과 성의 철학" 부분을 참조할 것.

5. "레이스 달린 치마"에서는 지방질이 있는 피부조직의 해부학에 대하여 언급하고 있는데, 이것은 여러 가지의 두께의 미끄러운 노란색의 섬유망으로 되어있는 것으로 여기서 생성적인 앰블럼을 만들고 있다. 이것은 또 다시 이러한 구축을 통해 명백하면서도 암시적으로 등장한다.

6. 통로로서의 여성적 강의 다원자가와 벤야민의 아케이드론Passagen-Werk라는 제목에서의 모호한 관계가 주의를 끌지 못하는 것은 아니다.

7. 이 섹션은 1985년의 여름과 가을에 구축되었다. 그것은 여름방학기간 동안 사용되지 않고 있던 한 교실에서 칠판에 낙서하는 가운데 V점이 만나면서 만들어졌다. 실과 선이 모든 곳으로 뻗어나가 레이스 달린 치마로 그려지고 붙어버린다. 그것은 Perspecta지에서 "정점과 소용돌이모양: 단면의 텍토닉"등의 초기의 형태로 등장했다. 그리고 이후에 변화된 형태로 앤드리아 칸에 의해 편집된 채로 도면과/건축/텍스트에서 등장한다. 여기에서는 다른 양상으로 다루어졌다.

8. 이것은 두개골의 신경의 반응 순서를 리스트하는 기억을 돕는 창치이다. 보여지는 것은 애매한 하위 신경을 위한 기억장치이다.

9. 나는 여기에서 제공된 진실에 대한 참을 수 없는 가벼움이 벌어지고 있는 것을 지적하지 않을 수 없다. 나는 명확한 것의 부재에 매료되었다. 그것은 여자들이 원하는 것을 밝혀내는 사람의 성별이다.

10. C 홉킨스 카페, 절대 선, 자연적으로 깨끗한 것은 원형질을 구성을 위한 기억장치이다: 탄소, 수소, 산소, 인燐, 칼륨K, 요오드, 질소, 황, 칼슘, 철Fe, 마그네슘, 나트륨Na, 그리고 염소

11. 스텐실은 허버트 스텐실로서, 이 사람은 V의 선도사이고, 그의 이름은 프랑스어로 Pochoir로 번역된다.

12. 웹스터 New International Dictionary에서는 다음과 같이 다르게 의미를 규정하고 있다. "n. 1: 지구를 돌고있는 프톨레마이오스에 의해 규

정된 바깥궤도의 상상의 순환궤도. 천체 혹은 주전원周轉圓의 중심은 움직인다고 가정하는 것이다. adj. 2: 수행하는; 경의를 표하는

13. 이것을 조이스의 "고통스런 요약"과 비교할 것, 이것은 오 쉐O' Shea의 집/오 쉐임O' Shame의 집의 목차의 일부분이다.
14. 선행하는 패러그래프는 "간격"에서 나온 것으로 토론의 텍스트는 내가 예일에서 주었으며, 1985년 6월/8월 예술 학회지에 게재되었다.
15, 챨스 칸은 처음 단어Syllapsies는 다른사람들에 의해 "연결"과 "조합"으로 해석되고, 또는 아리스토텔레스에게는 그 단어가 "개념화" 혹은 "내포" 등을 의미할 수도 있음을 지적한다.
16. 두더지La taupe는 새롭게 태어난 여자la jeune nee에서 엘렌 식수와 캐서린 클레망에 의해 소개된 무언가를 파는 사람이다.
17. 새롭게 태어난 여자la jeune nee를 번역한 베스티 윙은 "En voila du propre!"(한글로 번역하면 "얼마나 혼란스러운 광경인가!"라는 말과 같다는 것을 지적하는데, "적당한" 것이 요구되는 곳에 텍스트로 사용된다.
18. "어두운 뇌"는 '피라네지와 어두운 뇌와 다른 에세이'라는 책에서 Marguerite Yourcenar의 에세이 "피라네지의 어두운 뇌"의 제목으로 읽혀지는 것을 상기시켜야만 한다.
19. 타란텔라라는 춤은 기원이 거미에 의해 씹혀 먹혀지는 개체의 조병躁病의 행위로서, 새롭게 태어난 여자la jeune nee에 중요한 모티프가 된다.

"Magna Graecia 식민지가 한 때 세워졌던 남부 이탈리아 Mezzogiorno 지역에서 타란토 지방의 독거미에 물렸다고 전해지는 여자가 있었다. 이 거미에 일단 물리면—이 독거미는 잘 무는 성향이 있다—절망감과 경련과 현기증을 일으키며, 아프게 만든다고 한다. 그러나 이 독거미는 이 지역에서 존재하지 않기 때문에 우리는

이것들이 심리적인 증상이라고 결론지어야만 할 것이다." (19). 그녀는 이후에 에르네스토 디 마르티노가 쓴 여러 문장을 인용하는데, 이 사람은 타란텔라 독거미와 히스테리 증상에 사이의 연결에 대하여 증명을 한 사람이다. 한 문장에서 마르티노는 다음과 같이 묘사한다. "위기. . . . 특히 결혼 전. . . . 여러 금지된 방식으로 에로스에 의해 풀려지게 된다. 클레멘트Clement는 다음과 같이 계속 기술한다. " 위기의 순간 동안에 그들은 거미, 소, 도마뱀, 염소가 된다. " (21)

20. "영혼의 집" 이라는 문구는 식수와 클레망으로부터 나왔다. 조이스의 문장의 해석은 여기서 적절하다. 전신강직증Cataleptic(신체 부분부분이 그들이 놓여 있는 상태에서의 마비상태)와 촉매적인 것 Catalytic(반응 비율을 높이기 위해 화학적 반응에 사용되는 물질. 재료 그 자체는 변하지 않은 채로 남겨져 있다.) misce-phallic/mis-cephalic/ 남근숭배의 신화myth of phallic(Mithraic 포함—고대의 남자 신비주의 신앙—그리고 면독성—정기적으로 적은 양의 독을 마셔 독[파마콘 PHARMAKON]에 내성이 생길 수 있도록 했던 고대의 왕. 이것은 바로 Totem Fulcrum Est(가족의 앰블럼은 침대/막대/남근, 이고 토템은 결국은 막대이다.)

21. 여기에서 문제의 첫째 아버지는 "정신착란증의 구축" 이라는 구의 주조자인, 만프레도 타푸리라는 것을 명확하게 해야 한다. (구와 미로, 11) 영어로 동등한 뜻은"Fare il passo piu lungo della gamba," 는 "어떤 이가 씹을 수 있는 것보다 더 씹어버린다." 이다. "Avere la tarantola" 는 "독거미를 갖는다" 라는 뜻이며 "어떤 이의 팬티 속에 개미를 집어 넣는다" 와 같은 뜻이다.

22. 조이스 적인 것은 많은 사람들에 의해 제작되어 왔으나 나에게 가장 의미있는 것은 딸인 사라가 네 살에 만든 것이었으며, 그녀는 우리 새로운 아파트의 한 방이 좋다고 선언함으로써 이루어졌다. "엄마 이것은 더욱 조이스적이야."

23. 이 구성은 1987년에 쓰여졌다. 그리고 심포지움의 첫 번째 "회의의 형태와 (불)가능성"이 1987년 5월 미네소타 대학에서 있었다. 그것이 출판되고 "Tip Tap Type Tope"와 같이 약간 수정되었다. 그리고 그것은 여기서 세 번째로 석판에 새겨 넣고 있다.

24. 컨퍼런스가 1985년 9월에 있었다. 엘먼교수와 데리다가 나에게 매우 친절하게 대해주었지만 저녁이 올 때마다 나는 내 목뒤의 머리카락이 곧게 서는 것을 아직까지도 기억하고 있다. 설상가상으로 가야트리 스피박은 - 나의 여성영웅 - 은 청중 속에 있었다. 나는 그녀의 인정해주기를 갈망했으나 그렇지 못했다.

25. 중요하게도 "레스트리고니언Lestrygonian"에서 조이스는 어떻게 인간의 신체(배고픈 위장, 아픈 복부)가 비밀스럽게 이성에 영향을 미치는 지에 대해서 제시를 한다. 욕망은 참투할 수 있고 이성적인 생각을 파고 들 수 있다.

26. 비코와 조이스의 정신에서 나는 여기서 창조적인 어원학을 구축했다.

건축가Architect의 전통적인 인도-유러피안 어근은 archkein로서 이는 "지배하다"라는 뜻이며 arch-에서 나온 것이고 archangel(천사), arch-villain(악마)를 동시에 나타내며, teks는 "무언가를 짜는 것"이다. 나는 arch를 더욱 온화하고 건축적인 arch로 만들어왔는데, 그것은 인도-유럽 어근은 arkw로서 "활과 화살"을 의미한다. 그래서 내가 의미하는 건축가는 마스터 빌더라는 측면에서는 의미가 감소되고 커브, 수직 등의 아치들의 구축물을 짜는 사람을 의미한다.

27. 콤파스의 연결부와 걸어다니는 Daidalon의 골반의 연결부는 Marco Frascari에 의해 제공되었다. 반면에 나의 애매함Vague를 "애매하게" 사용한 것(다른 학회논문에서)에 대하여 꾸짖었는데, 그 단어는 라틴 동사인 vago에서 나온 것으로 "나는 걷는다 혹은 방랑한다."라는 뜻을 가지고 있다. Vago는 또한 vagaty(엉뚱한 행동)을 낳는 것이며,

미주迷走 신경, 즉 구축의 신경을 나타내기도 한다. 건축적 도구화에서 제자리에 있는 콤파스의 움직임(씨뿌리기의 도구와 비슷하면서도 무언가 계획을 세우는 도구)는 놀라울 것이 없다. 그것은 단순히 일어나서 걷는다.

28. 조이스의 어두움의 "어두움의 lingerous longerous 책"(피네간의 경야, 251.24)그 자신의 책을 이집트 사자死者의 책으로 언급하였다. 그러나 그 구는 또한 존 주교의 조이스의 어두움의 책이라는 제목을 나타낸다.

29. 나는 유명한 문화 속에 있는 명확한 출처로부터 이 물음을 이끌어낸다. 그러나 더욱 즉각적으로 모든 연결을 더욱 의도적으로 로버트 세그레스트로부터 "주변의 계획"으로 나타난다.

30. 이 특별한 에칭은 1743년 출판된 Opere varie di Architettura,의 일부분이다. 그래서 동시대적이고, 그러나 Invenzioni Caprice di Carceri 즉 감옥은 1745년에 출판된 것으로 추정된다. 비록 피라네지가 후에 그 석판이 1742년에 제작되었다고 적어놓기 했지만 말이다. 소위 두 번째 판의 카르체리 혹은 Carceri d' invenzione di G. B. Piranesi은 16개의 판으로 구성되어 있으며 1761년에 출판되었다.

31. 구성의 기간(1922－1933) 동안에 피네간의 경야는 진행중인 작업으로 알려졌다.

32. Dor라는 어원은 통로 혹은 해치 혹은 선물(그리스 어원에서는)을 낸다. 피네간의 경야 그 자체는 "모호한 목적의" 선물이고, 트로이 목마(파시패의 암소 용기와 같이)입속에서 지켜보고 문이 있는 선물로 제공된 말이다.

Chapter 3 : 세 가지 구조+1

이 챕터는 1987년 봄 캔사스주 로렌스에서 열렸던 "포스트 모더니즘"에 대한 철학과 문학 컨퍼런스를 위한 국제 연합의 프리젠테이션용으로 쓰이기 위해 짧은 버전으로 집필되었다. 이 논문은 처음으로 "In the Museyroom" 이라는 제목으로 마이클 헤이가 편집하고 MIT Press에서 발행한 Assemblage 5에 게재되었으며 후에 Pholosophical Street에 게재되었다.

1. 에칭은 Differentes vues de quelques restes de trois grands edifices qui subsistent encore dans le milieu de l' ancienne ville de Pesto, 1778년에 발행되었다.
2. 리피강Liffey은 피네간의 경야라는 풍경 속을 관통하여 여러 갈래로 흘러들어간다. 대부분 아나 리비아 프루라벨로 알려진 곳으로 흘러간다. (ALP:아나 Anna는 게일어(語)로 "강"을 의미하고 텍스트에서 "LIF" 혹은 "LIV"로 암호화된다. 숫자 11과 32
3. 존 서머슨 경을 참조할 것, 존 소온 경의 박물관에 대한 새로운 기술
4. 피네간의 경야(죽은자의 이집트 책)의 주요 개념 구조의 하나에 암시가 되는 것 이외에 "귀머거리 벌레"은 또한 집게벌레earwig이거나 혹은 귀-가지earwicker이다. "Oldsire가 죽었을 때에도 선한 Horuscuop를 끌어들이는 방법"(105.28-29), 104-107페이지에 열거된 피네간의 경야라는 이름 외에 수십 가지 다른 제목의 조이스가 중요하다는 것을 증명하면서 죽은 자의 책에 대한 여러 가지 암시의 만들어내면서 그러한 이름 중 하나는 Horus와 Osiris를 불러들인다. 죽은 자의 책은 그 "소유자"를 위해 항상 다시 쓰여지는데 그것은 일종의 가이드북이라는 것을 상기시킬 가치가 있다.
5. 여기서 나는 "가장 잘 속여버렸다." 잭은 가이 데이번포트로부터 부상하여 등장하는데, 그것은 상상의 지형학에서 "잭이 지은 집"이다. "피네간의 경야"는 잭 조이스가 지은 집이지만 구약을 읽는 것이고 야곱이 지은 것은 신약을 읽는 것이며 목수인 잭 크라이스트가 지은 집이다. 잭 러스킨이 지은 집과 같은 의미로 뒤얽힌 세계이다. 여기서 러스킨은 쇼온에서 찰스 더슨의 쉠이 된다.
6. 이 책을 편집하면서 수잔 레티는 "인증받지 못한 인용"의 의미에 대

해서 물어보았는데, 그것은 이 에세이의 이전 출판된 버전에서는 포함되지 않은 것이었다. "페미니스트 건축은 전혀 건축이 아니다."라는 것은 한 때 내가 패널로 토론에 참여했을 때 말이다. 그 때에 페미니스트 건축은 어떠하여야 할 것인가에 대한 질문을 받았다. (나는 '페미니스트 건축' 이라는 구 자체는 모순어법이라고 믿는다.) 몇 달 후에 이러한 단언은 로버트 세그레스트의 논문("미드웨이에서의 프랭크 로이드 라이트")에 어떠한 물음표나 인용 없이 등장한다. 그리고 여기서 나는 내 자신의 생각들을 남편에게 빼앗겨버렸는데 그가 그것을 사용했을 때에는 인증받지 못한 인용을 한 것이고, 아마도 이제는 거의 두번이나 인증을 받지 않은 것이 되어버렸다. 아마도 커뮤니티 재산법에 따라 날카로운 눈을 가지고 있는 수잔은 잠재적인 법적 위협으로부터 우리를 지켜주려 했다.

7. 자크 데리다의 책 후기구조주의자 조이스라는 책에서 "조이스의 두 대본" 을 참조할 것.

Chapter 3+1 실렙시스Syllapsies

1. 이것은 피네간의 경야 전체를 통틀어 씨가 뿌려진 "천둥과 같은 대본" 에 있는 수백 개의 단어중의 조각들이다. 이 대본들은 어떠한 신호로서 작용한다. (cf. Heraclitean의 파편 "천둥번개가 모든 것을 조종한다")

   그것들이 용어 풀이적으로 보여지더라도, 그것들은 사실상 짐을 잔뜩 실은 여행가방으로 여러가지 언어로 천둥을 언급하는 단어 조각들로 싸여진 것이다.

2. 이 특별한 텍스트에서 첫음절을 제외한 모든 보음 탈락은 기로로 묶든 그렇지 않던 그것은 데리다의 것이다.

3. 이 번역은 내가 처음 시작한 것이고 예일대학의 파올로 발레시오 교수의 도움으로 마칠 수 있었다. 그에게 감사를 전한다.

4. 나는 로지에의 1753년 "야만인"의 이야기에 대하여 언급하였는데, 그는 견디기 힘든 동굴속의 어두움과 오염된 공기를 발견하여 "그를 묻어버리지 않는" 나뭇가지로 주거를 만들었다. 4개의 나뭇가지로 만든 기둥과 4개의 보, 그리고 박공으로 이루어진 지붕을 가지고 있다. "우리가 보아 왔던 건축의 모든 화려한 것들은 내가 기술해왔던 시골의 오두막으로부터 기원된 것이었다."
5. 나는 Ilumination이라는 책의 "기계 재생산 시대의 예술작품" 말미에 여기에 대하여 언급하였다.
6. 이 글은 데이비드 프레일리가 쓴 아직 출판되지 않은 시들중 하나인 "비둘기 쿠테타"로부터 나왔는데, 이 사람은 아틀란타에서 그림도 그리고, 글도 쓰고 페인트칠도 하는 건축가이다.
7. 이 줄의 번역은 식수Cixous의 "제임스 조이스의 망명" p744에서 나온 것이다. 식수는 "플라톤의 조제술La Pharmacie de Platon"에서 나왔던 데로 인용했다고 적고 있다. 그리고 Purcell의 번역은 내가 의존하고 있던 모호함을 허락한다. 이 모호함은 단어 cet에서 나오는 것으로 이것은 "이것"과 "저것"이라는 것 둘 다를 의미한다. 그것을 "저것"(씨뿌리기Dissemination라는 책의 영문번역자 바바라 존슨이 했던 것처럼)으로 해석하기보다는 "이것"(Purcell이 그렇게 한 것처럼)으로 번역함으로써, 논증적인 대명사의 대상물은 "바타이유의 텍스트"(세미콜론 전에 있는 문장에서 나타난다.)와 데리다의 텍스트사이에서 진동한다." 여기에서 끝나려 하는 그 패러그래프는 이 플라톤의 조제술은 또한 바타이유의 텍스트를 끌어들이려한다는 사실을 나타내고 있다. 이것은 그안의 이야기(태양의 저주받은 부분인 달걀)속에 있다. [이것/저것]의 에세이 전체는 재빨리 명확하게 될 것으로 피네간의 경야를 읽는 것과 별반 차이가 없다. 이 번역은 내가 이것/저것을 변환시키는 매커니즘을 삽입시킨 것과 마찬가지로 존슨의 번역이다.
8. 로빈슨은 오드리 로드의 논문 "마스터의 도구는 마스터의 집을 해체

시킬 수 없다" 에서 언급하였다. 여기서 작업중인 건축적 은유—집과 다리—빠져서는 안된다.

9. 나는 "'숨겨진 글자' 에 대한 자크 라캉의 세미나" 로부터 영감을 받아 쓴 논문과 연관시켜서 언급한다. 이것들은 자크 데리다가 La Carte Postale에서 쓴 "La Facteur[요인, 우편배달부]와 또한 (약간은 다른 형태인) de la verite," 와 Purveyor of Truth를 포함한다. 라캉을 분석하면서 바바라 존슨과 제인 갤럽은 각각 "레퍼런스의 구조" 와 "미국적 타자" 를 썼다.
10. 내 남편과 가장 큰 싸움을 벌였던 것 중의 하나는 햇빛이 쨍쨍 내리쬐던 여름 어느날 Castello San' Angelo 주위에서 일어났다. 나는 그 싸움이 어떻게 일어난지(의미)에 대하여 기억하지 못한다. 다만 그 효과만을 기억할 뿐이다.
11. 이것들은 내가 거의 눈길을 주지 않았던 가이 데번포트에게서 온 편지의 조각들이다. 그러나 그와 나는 수년동안 이 책을 만들기 위해 계속해서 서신을 교환하기를 즐겼다. 그리고 이 작업이 거의 끝나가는 지금 내가 생각했던 것 이상으로 그에게 많은 빚을 지고 있다는 것을 깨닿게 된다. 편지는 그의 허락을 받고 여기에 게재한다.
12. 이것은 1988년 여름동안에 걸쳐 피터 아이젠만에게 보낸 여러 장의 엽서중 하나의 텍스트를 재생산한 것이다. 나의 생각은 내가 글을 써서 보내고 그가 그것들을 모아서 기괴한 소인을 찍은 후 그것들을 모아서 나에게 다시 보내주고, 그러면 나는 그것들을 기워 맞추어 재생산하는 것이었다. 나는 논문을 쓴 것이 아니고 피터 아이젠만은 엽서를 보내지 않았다. 그러나 매번 그가 나의 엽서들을 여전히 가지고 있다고 말한다는 것을 알고 있다.(이 식은 편지들은 여러 가지로 부족하고, 데카르트의 집과 같은 것이 되고 말았다.)
13. 무언가 결핍한 상태가 삶의 방식을 나아지게끔 무언가를 고안하게끔 했던 곳인 동 테네시와 남서 버지니아의 시골에서 자랐기 때문에

나는 흑인 여성 노예가 처음으로 미친 듯한 퀼트천을 만든 사람이고 노예소유주의 부인들을 위한 예술품이었다는 벨 후크의 제안을 전적으로 믿게 되었다. 그녀의 퀼트에 대한 논문인 "미학적 유산: 역사는 손에 의해 이루어졌다"은 "여기저기서 발견된 정보의 편린들과 파편들"의 강력한 조합의 구축물이고, 그것들은 그녀의 할머니 사라 후크 올드험("바바")에 의해 영감을 받은 것이었다."

14. 아이젠만이 이 프로젝트에 대하여 강연하였을 때, 그는 그것들의 형태에 대한 참조로써 이것들을 "현존하는 부재" 혹은 "바나나"라고 불렀다. 그러나 또한 "'[계약자들]은 큐브상자에 대해서 바나나할 것이다.' 라고 아이젠만은 말한다. '그것들은 정말로 그것으로부터 떨어져 나갈 것이다.'" (테일러 "Mr In-Between", 52)
15. 원래 "항아리"라고 제목 붙여진 이 섹션은 심포지움을 위해 쓰여진 것으로 "신체/공간/기계"가 1989년 3월 플로리다 대학에서 열렸다. 확장된 형태이나 약간은 다른 형태로 그것은 여기에서 나타나게 되었고 "항아리들"은 히스테리적인 남성: 새로운 페미니스트 이론 이라는 책에서 "큰 항아리"라는 제목의 글로 출판되게 되었다.
16. 플로리다에 있는 나의 집은 플로리다주 Alachua 지역의 여러 개의 악의 소굴과 엎어지면 코 닫는 거리에 위치해 있다. 내가 근무하는 플로리다 대학의 건축물들은 또 다른 곳의 끄트머리에 위치해 있다.
17. 이것들은 알도 로시의 글로서, 그가 건축이 용기(그릇)라는 고정관념을 가진 것은 잘 알려져 있으며 널리 기록되어 있다. A Scientific Autobiograph를 참조할 것.
18. 여기에서의 양성 구유자는 Tiresias로서 엘리엇의 황무지(cf. 1, 218)에서 양성애적 경험이 그를 말할 수 있다가 말 할 수 없게 만들었기 때문에 눈이 멀게 되었다. (섹스 중 여성의 쾌락—jouissance—은 남자가 느끼는 것보다 더 크다.)

INDEX

임기택
· 홍익대학교 건축학과 박사과정 수료(졸업 예정)
· 부천대학 건축과 전임강사 재직 중
저서
· 건축 CAD 프리젠테이션 16강 (기문당)
· 건축과 주거학 (서우)

건축과 텍스트 **조이스와 피라네지의 각본**
Architecture and the Text: **The (S)crypts of Joyce and Piranesi**

2006년 11월 11일 1쇄 발행 | **Jennifer Bloomer** 지음 | 임기택 옮김 | 발행인 김기현
발행처 ***Spacetime*** · 시공문화사 | 등록 1993.3.12 | 편집디자인 space | 인쇄 예림인쇄사
제본 문종문화사 | 용지 대림지업(주)

120-796 서울시 서대문구 현저동 200 극동상가 5층 | 전화 02-3147-1212 | 팩스 02-3147-2626
e-mail spacetime@korea.com www.spacetime.co.kr
ISBN 89-5592-072-5

정가 9,800원